大型水泥厂生产装置
及其工程施工

北京凯盛建材工程有限公司　组织编写

彭寿　王军　编著

中国建材工业出版社

图书在版编目（CIP）数据

大型水泥厂生产装置及其工程施工/ 彭寿，王军编著. 一北京：中国建材工业出版社，2013.7
ISBN 978 - 7 - 5160 - 0446 - 3

Ⅰ.①大… Ⅱ.①彭… ②王… Ⅲ.①水泥 - 化工生产 - 化工设备 - 设计 ②水泥 - 化工生产 - 化工设备 - 工程施工 Ⅳ.①TQ172.6

中国版本图书馆 CIP 数据核字（2013）第 105684 号

内 容 简 介

　　本书由建材工程建设行业管理、水泥生产线设计、设备制造、工程施工等专业人员编写，详细介绍了新型水泥生产线从设计、设备制造、工程施工（土建、安装）全过程。本书以新型干法水泥生产装置为主线，涉及从原料、均化、破碎、制粉、预分解、烧成、包装、收尘到余热发电的设计、设备制造及工程施工的全过程。

　　本书纵观水泥工程建设全过程，突出主要装置，可供水泥工业设计企业；水泥生产企业；水泥生产装置制造企业；建材（水泥）工程施工（土建、安装）企业；水泥余热发电施工企业；工程监理单位的相关人员阅读。还可供相关专业在校学生参考。

大型水泥厂生产装置及其工程施工

北京凯盛建材工程有限公司　组织编写
彭寿　王军　编著

出版发行：中国建材工业出版社
地　　址：北京市西城区车公庄大街 6 号
邮　　编：100044
经　　销：全国各地新华书店
印　　刷：北京雁林吉兆印刷有限公司
开　　本：787mm×1092mm　　1/16
印　　张：16.5
字　　数：406 千字
版　　次：2013 年 7 月第 1 版
印　　次：2013 年 7 月第 1 次
定　　价：58.00 元

本社网址：www.jccbs.com.cn
广告经营许可证号：京西工商广字第 8143 号
本书如出现印装质量问题，由我社发行部负责调换。联系电话：(010)88386906

发展出版传媒　服务经济建设
传播科技进步　满足社会需求

我们提供

图书出版、图书广告宣传、企业定制出版、团体用书、
会议培训、其他深度合作等优质、高效服务。

编辑部	图书广告	出版咨询	图书销售
010-88386904	010-68361706	010-68343948	010-68001605

jccbs@hotmail.com　　www.jccbs.com.cn

中国建材工业出版社
China Building Materials Press

前　　言

水泥作为三大建材之首，广泛应用于土木建筑、水利、国防等工程，是国民基础建设的基础材料。

采用窑外分解法生产水泥的生产方式被称为新型干法水泥生产工艺。其生产以悬浮预热器和窑外分解技术为核心，采用新型原料、燃料均化和节能粉磨技术及装备，全线采用计算机集散控制，以实现水泥生产过程的自动化和高效、优质、低耗、环保。

新型干法水泥生产技术是20世纪50年代发展起来的，在日本、德国等发达国家以悬浮预热和预分解为核心的新型干法水泥熟料生产设备占95%，而我国第一套悬浮预热和预分解窑是在1976年投产的，该技术具有传热迅速、热效率高、单位容积较湿法水泥产量大、热耗低等优点。

为了保证新型干法水泥生产装置的正常运转，建设单位在建厂初期应该抓好工程设计、设备选型、工程施工等三大过程，它是水泥生产企业未来经济效益的基本保证。

随着新型干法水泥生产装置的普及，新型干法水泥生产装置和设备的制造、设计、施工（含安装）的技术亦在不断提高。为了在整个建材工程建设领域推广设备的设计、制造、施工（含安装）的新技术，中国建材工程建设协会组织中国建材股份有限公司、中国建材国际工程集团有限公司、中材国际工程股份有限公司（邯郸）、中国中材苏州中材建设有限公司、中国路桥工程有限责任公司、北京凯盛建材工程有限公司、十五冶第二工程有限公司、河南省安装集团有限责任公司以及中信重工机械股份有限公司、洛阳市建设委员会建筑施工管理处、瑞安市阀门一厂、廊坊玛连尼机械有限公司等单位的人员编写了本书。

本书以新型干法水泥生产装置为主线，涉及从原料、均化、破碎、制粉、预分解、烧成、包装、收尘到余热发电的设计、设备制造及工程施工的全过程。其主要内容有：我国水泥工业及发展的概况；水泥生产线的设计、设备配置及建设投资；破碎和预均化及其设备；生料制备、生料均化及其设备；预分解系统装置及其施工；水泥熟料烧成设备及其施工；水泥粉磨系统及其设备的安装；水泥包装与散装工艺流程及设备安装；收尘器在水泥生产过程中的应用及其安装；水泥工业余热发电及其工程等内容。此书可供水泥工业设计企业、水泥生产企业、水泥生产装置制造企业、建材（水泥）工程施工（土建、安装）企业、水泥余热发电施工企业、工程监理单位的相关人员阅读。还可供相关专业在校学生参考。

各章编写人员如下：

彭　寿　　　（第一章，第二章，第十章第一、二节）

魏新棒　　　（第三章第一节）

杨军喜　　　（第三章第二节，第九章）

赵洪来　　　（第三章第三节）

王　军　　　（第四章，第五章，第八章）

何宜红　　　（第六章第一、三、五节）

秦　瑛　　　（第六章第二、四节）

韩占京　　　（第七章第一、二、三节）

祝敏安　　　（第七章第三、四、五节）

马明亮　　　（第十章第三、四、五、六节）

陈金环　　　（第十章第六节二（四））

在本书的前期策划和后期审核过程中，中国建材工程建设协会张虎、北京凯盛建材工程有限公司佟贵山、中信重工机械股份有限公司谭仁、中材国际工程股份有限公司（邯郸）陈学军、中国中材苏州中材建设有限公司刘永利、中国人民解放军 96531 部队李有利等专家、学者提出了很多好的建议和宝贵意见，特别是中国建材工程建设协会张虎、北京凯盛建材工程有限公司佟贵山、中材国际工程股份有限公司（邯郸）陈学军等专家，结合多年建材工程建设管理、水泥生产线的设计和工程总承包的经验，充实和完善了本书的内容，在此表示衷心的感谢。

编　者

2013 年 5 月 1 日于北京

目　　录

第一章 概　　述

第一节　水泥及其分类

水泥（cement），粉状水硬性无机胶凝材料。加水搅拌后成浆体，能在空气中硬化或者在水中更好地硬化，并能把砂、石等材料牢固地胶结在一起。cement 一词由拉丁文 caementum 发展而来，是碎石及片石的意思。水泥的历史最早可追溯到古罗马人在建筑中使用的石灰与火山灰的混合物，这种混合物与现代的石灰火山灰水泥很相似。用它胶结碎石制成的混凝土，硬化后不但强度较高，而且还能抵抗淡水或含盐水的侵蚀。长期以来，它作为一种重要的胶凝材料，广泛应用于土木建筑、水利、国防等工程。

一、水泥发展的历史

1756 年，英国工程师 J. 斯米顿在研究某些石灰在水中硬化的特性时发现：要获得水硬性石灰，必须采用含有黏土的石灰石来烧制；用于水下建筑的砌筑砂浆，最理想的成分是由水硬性石灰和火山灰配成的。这个重要的发现为近代水泥的研制和发展奠定了理论基础。

1796 年，英国人 J. 帕克用泥灰岩烧制出了一种水泥，外观呈棕色，很像古罗马时代的石灰和火山灰混合物，命名为罗马水泥。因为它是采用天然泥灰岩作原料，不加配料直接烧制而成的，故又名天然水泥。罗马水泥具有良好的水硬性和快凝特性，特别适用于与水接触的工程。

1813 年，法国的土木技师毕加发现了石灰和黏土按三比一混合制成的水泥性能最好。

1824 年，英国建筑工人约瑟夫·阿斯谱丁（Joseph Aspdin）发明了水泥并取得了波特兰水泥的专利权。他用石灰石和黏土为原料，按一定比例混合后，在类似于烧石灰的立窑内煅烧成熟料，再经磨细制成水泥。因水泥硬化后的颜色与英格兰岛上波特兰地方用于建筑的石头相似，被命名为波特兰水泥（Portland cement）。它具有优良的建筑性能，在水泥史上具有划时代意义。

1907 年，法国比埃利用铝矿石的铁矾土代替黏土，混合石灰岩烧制成了水泥。由于这种水泥含有大量的氧化铝，所以叫做"矾土水泥"。

1871 年，日本开始建造水泥厂。

1877 年，英国的克兰普顿发明了回转炉，并于 1885 年经兰萨姆改革成更好的回转炉。

1889 年，中国河北唐山开平煤矿附近，设立了用立窑生产的唐山"细绵土"厂。1906年在该厂的基础上建立了启新洋灰公司，年产水泥 4 万吨。

1893 年，日本人远藤秀行和内海三贞两人发明了不怕海水的硅酸盐水泥。

20 世纪，人们在不断改进波特兰水泥性能的同时，成功研制了一批适用于特殊建筑工程的水泥，如高铝水泥、特种水泥等。全世界的水泥品种已发展到 100 多种。

中国在 1952 年制订了第一个全国统一标准，确定水泥生产以多品种多标号为原则，并将波特兰水泥按其所含的主要矿物组成改称为矽酸盐水泥，后又改称为硅酸盐水泥至今。

2011 年，中国水泥产量达到 20.63 亿吨，占全球产量的 60% 以上。

二、水泥的分类

1. 水泥按用途及性能分类

（1）通用水泥：是指一般土木建筑工程通常采用的水泥。通用水泥主要是国家标准《通用硅酸盐水泥》GB 175—2007 规定的六大类水泥，即硅酸盐水泥、普通硅酸盐水泥、矿渣硅酸盐水泥、火山灰质硅酸盐水泥、粉煤灰硅酸盐水泥和复合硅酸盐水泥。

（2）专用水泥：是指专门用途的水泥。如：G 级油井水泥、道路硅酸盐水泥。

（3）特性水泥：是指某种性能比较突出的水泥。如：快硬硅酸盐水泥、低热矿渣硅酸盐水泥、膨胀硫铝酸盐水泥、磷酸盐水泥。

2. 水泥按其主要水硬性物质名称分类

硅酸盐水泥（即国外通称的波特兰水泥）、铝酸盐水泥、硫铝酸盐水泥、铁铝酸盐水泥、氟铝酸盐水泥、磷酸盐水泥、以火山灰或潜在水硬性材料及其他活性材料为主要组分的水泥。

3. 水泥按主要技术特性分类

快硬性（分为快硬和特快硬两类）、水化热（分为中热和低热两类）、抗硫酸盐性（分中抗硫酸盐腐蚀和高抗硫酸盐腐蚀两类）、膨胀性（分为膨胀和自应力两类）、耐高温性（铝酸盐水泥的耐高温性以水泥中氧化铝含量分级）。

4. 水泥命名的原则

水泥的命名按不同类别分别以水泥的主要水硬性矿物、混合材料、用途和主要特性进行，并力求简明、准确，名称过长时，允许有简称。

通用水泥以水泥的主要水硬性矿物名称冠以混合材料名称或其他适当名称命名。

专用水泥以其专门用途命名，并可冠以不同型号。

特性水泥以水泥的主要水硬性矿物名称冠以水泥的主要特性命名，并可冠以不同型号或混合材料名称。

以火山灰性或潜在水硬性材料以及其他活性材料为主要组分的水泥是以主要组成成分的名称冠以活性材料的名称进行命名，也可再冠以特性名称，如石膏矿渣水泥、石灰火山灰水泥等。

5. 水泥类型的定义

（1）水泥：加水拌和成塑性浆体，能胶结砂、石等材料，既能在空气中硬化又能在水中硬化的粉末状水硬性胶凝材料。

（2）硅酸盐水泥：由硅酸盐水泥熟料、0% ~ 5% 石灰石或粒化高炉矿渣、适量石膏磨细制成的水硬性胶凝材料，称为硅酸盐水泥，分 P.Ⅰ 和 P.Ⅱ，即国外通称的波特兰水泥。

（3）普通硅酸盐水泥：由硅酸盐水泥熟料、6% ~ 15% 混合材料、适量石膏磨细制成的水硬性胶凝材料，称为普通硅酸盐水泥（简称普通水泥），代号：P.O。

（4）矿渣硅酸盐水泥：由硅酸盐水泥熟料、粒化高炉矿渣和适量石膏磨细制成的水硬性胶凝材料，称为矿渣硅酸盐水泥，代号：P.S。

（5）火山灰质硅酸盐水泥：由硅酸盐水泥熟料、火山灰质混合材料和适量石膏磨细制成的水硬性胶凝材料，称为火山灰质硅酸盐水泥，代号：P.P。

（6）粉煤灰硅酸盐水泥：由硅酸盐水泥熟料、粉煤灰和适量石膏磨细制成的水硬性胶凝材料，称为粉煤灰硅酸盐水泥，代号：P. F。

（7）复合硅酸盐水泥：由硅酸盐水泥熟料、两种或两种以上规定的混合材料和适量石膏磨细制成的水硬性胶凝材料，称为复合硅酸盐水泥（简称复合水泥），代号 P. C。

（8）中热硅酸盐水泥：以适当成分的硅酸盐水泥熟料，加入适量石膏磨细制成的具有中等水化热的水硬性胶凝材料。

（9）低热矿渣硅酸盐水泥：以适当成分的硅酸盐水泥熟料，加入适量石膏磨细制成的具有低水化热的水硬性胶凝材料。

（10）快硬硅酸盐水泥：由硅酸盐水泥熟料加入适量石膏，磨细制成早强度高的以 3 天抗压强度表示标号的水泥。

（11）抗硫酸盐硅酸盐水泥：由硅酸盐水泥熟料，加入适量石膏磨细制成的抗硫酸盐腐蚀性能良好的水泥。

（12）白色硅酸盐水泥：由氧化铁含量少的硅酸盐水泥熟料加入适量石膏，磨细制成的白色水泥。

（13）道路硅酸盐水泥：由道路硅酸盐水泥熟料、0% ～10% 活性混合材料和适量石膏磨细制成的水硬性胶凝材料，称为道路硅酸盐水泥（简称道路水泥）。

（14）砌筑水泥：由活性混合材料，加入适量硅酸盐水泥熟料和石膏磨细制成，主要用于砌筑砂浆的低标号水泥。

（15）油井水泥：由适当矿物组成的硅酸盐水泥熟料、适量石膏和混合材料等磨细制成的适用于一定井温条件下油、气井固井工程用的水泥。

（16）石膏矿渣水泥：以粒化高炉矿渣为主要组分材料，加入适量石膏、硅酸盐水泥熟料或石灰磨细制成的水泥。

三、水泥的生产工艺

1. 硅酸盐水泥熟料的定义

硅酸盐水泥熟料，即国际上的波特兰水泥熟料（简称水泥熟料），是一种由主要含 CaO、SiO_2、Al_2O_3、Fe_2O_3 的原料按适当配比磨成细粉烧至部分熔融，所得以硅酸钙为主要矿物成分的水硬性胶凝物质。

2. 水泥生产工艺

（1）熟料形成过程

水泥熟料的形成过程，是对合格生料进行煅烧，使其连续加热，经过一系列的物理化学反应，变成熟料，再进行冷却的过程。整个过程主要分为水分蒸发、黏土质原料脱水、碳酸盐分解、固相反应、烧结反应及熟料冷却六个阶段。

第一阶段是水分蒸发：当入窑物料温度从室温升高到 $100 \sim 150℃$ 时，其中的自由水全部被排除，这一过程称为干燥过程。它是一个吸热过程。特别是湿法生产，因为料浆中的含水量为 32% ～40%，要在干燥过程中将水分全部蒸发，故此过程较为重要。

第二阶段是黏土质原料脱水：当入窑物料的温度升高到 $450℃$ 时，黏土中的主要组成高岭石（$Al_2O_3 \cdot 2SiO_2 \cdot 2H_2O$）将发生脱水反应，吸收热量脱去其中的化学结合水。

$$Al_2O_3 \cdot 2SiO_2 \cdot 2H_2O \longrightarrow Al_2O_3（无定形）+ 2SiO_2（无定形）+ 2H_2O$$

脱水后变成无定形的 Al_2O_3 和 SiO_2。在 $900 \sim 950℃$ 时，由无定形物质变成晶体，同时放出热量。此过程是放热过程。

第三阶段是碳酸盐分解：当物料温度升高到600℃以上时，石灰石中的碳酸钙和原料中夹杂的碳酸镁进行分解，在CO_2分压为1atm下，碳酸镁和碳酸钙的剧烈分解温度分别是750℃和900℃。此过程是强吸热过程。

因此，在煅烧窑内加强通风，及时将CO_2气体排出，有利于$CaCO_3$的分解。窑内废气中的CO_2含量每减少2%，可使分解时间缩短约10%；当窑内通风不畅时，CO_2含量增加，且影响燃料的燃烧，使窑温降低，延长$CaCO_3$的分解时间。

第四阶段是固相反应：硅酸盐水泥熟料的主要矿物是硅酸三钙（C_3S）、硅酸二钙（C_2S）、铝酸三钙（C_3A）、铁铝酸四钙（C_4AF），其中硅酸二钙（C_2S）、铝酸三钙（C_3A）、铁铝酸四钙（C_4AF）三种矿物是由固态物质相互反应生成的。从原料分解开始，物料中便出现了性质活泼的氧化钙，它与入窑物料中的SiO_2、Al_2O_3、Fe_2O_3行固相反应，形成熟料矿物。

第五阶段是硅酸三钙（C_3S）的形成和烧结反应：水泥熟料中主要的矿物是C_3S，而它的形成需在液相中进行。当温度达到1300℃时，C_3A、C_4AF及R_2O熔剂矿物熔融成液相，C_2S及CaO很快被高温熔融的液相所溶解并进行化学反应，形成C_3S。

烧结反应：$$2CaO \cdot SiO_2 + CaO \longrightarrow 3CaO \cdot SiO_2（C_3S）$$

该反应也称为石灰吸收过程，它是在1300℃～1450℃～1300℃范围进行，故称该温度范围为烧成温度范围；在1450℃时此反应十分迅速，故称该温度为烧成温度。

当温度降到1300℃以下时，液相开始凝固，由于反应不完全，没有参与反应的CaO就随着温度降低，凝固其中，这些CaO称为游离氧化钙，习惯上用"$f-CaO$"符号表示。为了便于区别，称其为一次游离氧化钙，它对水泥安定性有重要影响。

第六阶段是熟料的冷却过程：熟料烧成后出窑的温度很高，需要进行冷却，这不仅便于熟料的运输、储存，而且有利于改善熟料的质量，提高熟料的易磨性，还能回收熟料的余热、降低热耗、提高热效率。

熟料冷却对其改善体现在以下几个方面：

能够防止或减少C_3S的分解；能够防止或减少C_2S的晶型转变；能够防止或减少C_3S晶体长大；能够防止或减少MgO晶体析出；能够防止或减少C_3A晶体析出。

（2）水泥生产方法

水泥的生产工艺简单讲便是两磨一烧，即原料要经过采掘、破碎、磨细和混匀制成生料，生料经1450℃的高温烧成熟料，熟料再经破碎，与石膏或其他混合材一起磨细成为水泥。由于生料制备有干湿之别，所以将生产方法分为湿法、半干法或半湿法和干法三种。

①湿法生产的特点。将生料制成含水32%～36%的料浆，在回转窑内将生料浆烘干并烧成熟料。湿法制备料浆，粉磨能耗较低(约低30%)，料浆容易混匀，生料成分稳定，有利于烧出高质量的熟料。但球磨机易磨件的钢材消耗大，回转窑的熟料单位热耗比干法窑高2093～2931kJ/kg(500～700kcal/kg)，熟料出窑温度较低，不宜烧高硅酸率和高铝氧率的熟料。

②半干法生产的特点。将干生料粉加10%～15%的水制成料球入窑煅烧称半干法，带炉篦子加热机的回转窑又称立波尔窑，和立窑都是用半干法生产。国外还有一种将湿法制备的料浆用机械方法压滤脱水，制成含水19%左右的泥段再入立波尔窑煅烧，称为半湿法生产。半干法入窑物料的含水率降低了，窑的熟料单位热耗也可比湿法降低837～1675kJ/kg(200～400kcal/kg)。由于用炉篦子加热机代替部分回转窑烘干料球，效率较高，回转窑长

度可以缩短，如按窑的单位容积产量计算可以提高 2～3 倍。但半干法要求生料应有一定的塑性，以便成球，使它的应用受到一定限制，加热机机械故障多，在我国一般煅烧温度较低，不宜烧高质量的熟料。

③立窑生产的特点。立窑属半干法生产，它是水泥工业应用最早的煅烧窑，从 19 世纪中期开始由石灰立窑演变而来，到 1910 年发展成为机械化立窑。立窑生产规模小，设备简单，投资相对较低，在对水泥市场需求比较小、交通不方便、工业技术水平相对较低的地区最为适用。用立窑生产水泥热耗与电耗都比较低，我国是世界上立窑最多的国家，立窑生产技术水平较高。但是，立窑由其自身的工艺特点，熟料煅烧不均匀、不宜烧高硅酸率和高饱和比的熟料，窑的生产能力太小，日产熟料量很难超过 300 吨，从目前的技术水平来看也难以实现高水平的现代化。

④干法生产的特点。干法是将生料粉直接送入窑内煅烧，入窑生料的含水率一般仅为 1%～2%，省去了烘干生料所需的大量热量。以前的干法生产使用的是中空回转窑，窑内传热效率较低，尤其在耗热量大的分解带内，热能得不到充分利用，以致干法中空窑的热效率并没有多少改善。干法制备的生料粉不易混合均匀，影响熟料质量，因此 40 至 50 年代湿法生产曾占主导地位。20 世纪 50 年代出现了生料粉空气搅拌技术和悬浮预热技术，70 年代初诞生了预分解技术，原料预均化及生料质量控制技术。现在干法生产完全可以制备出质量均匀的生料，新型的预分解窑已将生料粉的预热和碳酸盐分解都移到窑外，在悬浮状态下进行，热效率高，减轻了回转窑的负荷，不仅热耗低使回转窑的热效率由湿法窑的 30% 左右提高到 60% 以上，又使窑的生产能力得以扩大，目前的标准窑型为 3000t/d，最大的 10000t/d。我国现在有 700t/d、1000t/d、2000t/d、4000t/d、5000t/d、12000t/d 几种规格的水泥回转窑，逐步向大型方向发展。预分解窑生料预烧得好，窑内温度较高，熟料冷却速度快，可以烧高硅酸率、高饱和比以及高铝氧率的熟料，烧制的熟料强度高，因此现在将悬浮预热和预分解窑统称为新型干法窑，或新型干法生产线，新型干法生产是今后的发展方向。新型干法窑规模大，投资相对较高，对技术水平和工业配套能力要求也比较高。

第二节　新型干法水泥生产工艺流程

水泥生产线（水泥厂设备）是生产水泥的一系列设备组成的水泥设备生产线，主要由破碎及预均化、生料制备均化、预热分解、水泥熟料的烧成、水泥粉磨、包装等过程构成。

水泥设备（水泥机械）包含：水泥回转窑、旋风预热器、篦式冷却机。

水泥回转窑是煅烧水泥熟料的主要设备，已被广泛用于水泥、冶金、化工等行业。该设备由筒体、支承装置、带挡轮支承装置、传动装置、活动窑头、窑尾密封装置、燃烧装置等部件组成，该回转窑具有结构简单、运转可靠、生产过程容易控制等特点。

旋风预热器适于各种窑型配套使用，在转化、消化引进日本川崎日产 800 吨、日产 1000 吨水泥熟料的主要设备基础上，研制了日产 500 吨、2000 吨带分解炉的五级悬浮预热器。预热器可广泛应用于大中小水泥厂设备的新建和改造。

篦式冷却机是一种骤冷式冷却机，其原理是：用鼓风机吹冷风，将铺在篦板上成层状的熟料加以骤冷，使熟料温度由 1200℃骤降至 100℃以下，冷却的大量废气除入窑作二次风。

水泥生产工艺流程（水泥厂设备流程）如图 1-1 所示。

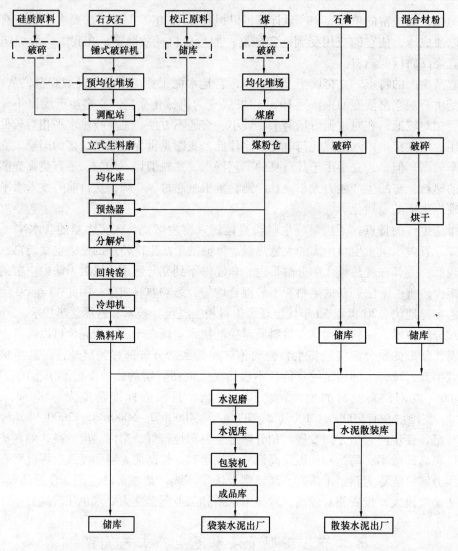

图 1-1　新型干法水泥生产工艺流程图

1. 破碎及预均化

（1）破碎。水泥生产过程中大部分原料要进行破碎，如石灰石、黏土、铁矿石及煤等。石灰石是生产水泥用量最大的原料，开采后的粒度较大，硬度较高，因此石灰石的破碎在水泥机械的物料破碎中占有比较重要的地位。

（2）原料预均化。预均化技术就是在原料的存、取过程中，运用科学的堆取料技术，实现原料的初步均化，使原料堆场同时具备贮存与均化的功能。

2. 生料制备

水泥生产过程中，每生产1吨硅酸盐水泥设备至少要粉磨3吨物料（包括各种原料、燃料、熟料、混合料、石膏等），据统计，干法水泥生产线粉磨作业需要消耗的动力约占全厂动力的60%以上，其中生料粉磨占30%以上，煤磨约占3%，水泥粉磨约占40%。因此，合理选择粉磨设备和工艺流程，优化工艺参数，正确操作，控制作业制度，对保证产品质量、降低能耗具有重大意义。

3. 生料均化

新型干法水泥生产过程中，稳定入窑生料成分是稳定熟料烧成热工制度的前提，生料均化系统起着稳定入窑生料成分的最后一道把关作用。

4. 预热分解

水泥机械把生料的预热和部分分解由预热器来完成，代替回转窑部分功能，达到缩短回转窑长度，同时使窑内以堆积状态进行气料换热过程，移到预热器内在悬浮状态下进行，使生料能够同窑内排出的炽热气体充分混合，增大了气料接触面积，传热速度快，热交换效率高，达到提高窑系统生产效率、降低熟料烧成热耗的目的。

（1）物料分散。换热80%在入口管道内进行的。喂入预热器管道中的生料，在高速上升气流的冲击下，物料折转向上随气流运动，同时被分散。

（2）气固分离。当气流携带料粉进入旋风筒后，被迫在旋风筒筒体与内筒（排气管）之间的环状空间内做旋转流动，并且一边旋转一边向下运动，由筒体到锥体，一直可以延伸到锥体的端部，然后转而向上旋转上升，由排气管排出。

（3）预分解。预分解技术的出现是水泥设备煅烧工艺的一次技术飞跃。它是在预热器和回转窑之间增设分解炉和利用窑尾上升烟道，设燃料喷入装置，使燃料燃烧的放热过程与生料的碳酸盐分解的吸热过程，在分解炉内以悬浮态或流化态下迅速进行，使入窑生料的分解率提高到90%以上。将原来在回转窑内进行的碳酸盐分解任务，移到分解炉内进行；燃料大部分从分解炉内加入，少部分由窑头加入，减轻了窑内煅烧带的热负荷，延长了衬料寿命，有利于生产大型化；由于燃料与生料混合均匀，燃料燃烧热及时传递给物料，使燃烧、换热及碳酸盐分解过程得到优化。因而具有优质、高效、低耗等一系列优良性能及特点。

5. 水泥熟料的烧成

生料在旋风预热器中完成预热和预分解后，下一道工序是进入回转窑中进行熟料的烧成。在回转窑中，碳酸盐进一步迅速分解并发生一系列的固相反应，在高温液相作用下，固相硅酸二钙和氧化钙都逐步溶解于液相中，硅酸二钙吸收氧化钙形成大量硅酸三钙、铝酸三钙和铁铝酸四钙等。熟料烧成后，温度开始降低。最后由水泥熟料冷却机将回转窑卸出的高温熟料冷却到下游输送机、贮存库和水泥机械所能承受的温度。

6. 水泥粉磨

水泥机械是水泥制造的最后工序，也是耗电最多的工序。其主要功能在于将水泥熟料（及胶凝剂、性能调节材料等）粉磨至适宜的粒度（以细度、比表面积等表示），形成一定的颗粒级配，增大其水化面积，加速水化速度，满足水泥浆体凝结、硬化要求。

7. 水泥包装

水泥出厂有袋装和散装两种发运方式。

第三节　水泥熟料烧成系统的发展

水泥的产生最早可追溯到古罗马人在古代建筑中使用的石灰与火山灰的混合物，这种混合物与现代的石灰火山灰水泥非常相似。古罗马人用它胶结碎石制成的混凝土，硬化后不但强度高，而且还能抵御自然界的淡水甚至含盐水的侵蚀。长期以来，人们将它作为一种重要的胶凝材料，广泛应用于建筑工程。但水泥的生产是一个高污染、高能耗、高排放的过程，因此，人们一直是试图改善它的烧成系统以达到既能生产出满足要求的水泥，又能尽量减少能耗和对环境的污染。自 1824 年 10 月 21 日，英国人阿斯普丁（Joseph Aspdin）用石灰石和黏土烧制成波特兰水泥，并取得了专利权以来，水泥窑的发展经历了立窑—回转窑—悬浮预热器窑—流化床煅烧的发展历程，在这个发展过程中，水泥烧成系统越来越优化，为社会的发展作出了巨大的贡献。水泥窑的发展过程经历了下面六个阶段：

1. 仓窑。1824 年阿斯普丁获得波特兰水泥专利时所用的煅烧设备叫瓶窑（Bottle-Kiln），其形状像瓶子，因此而得名。1872 年强生（I. C. Johnson）对阿斯普丁发明波特兰水泥时所使用的瓶窑进行了改进，发明了专门用于烧制水泥的仓窑，并获得专利，确定了第一代水泥窑窑型，从而使水泥生产进入了仓窑时代。

2. 立窑。1884 年，德国狄兹赫（Dietzsch）发明立窑，并取得专利权。立窑与仓窑的最大不同是将烧成过程由沿水平运动变为垂直方向。之后丹麦人史柯佛（Schoefer）对立窑进行了多次改进。1913 年前后，德国人在立窑上开始采用移动式炉箅子（Movable Grate）使熟料自动卸出，同时进一步改善通风。

立窑有两种类型：普通立窑和机械立窑。普通立窑是人工加料和人工卸料或机械加料和人工卸料；机械立窑是机械加料和机械卸料。机械立窑是连续操作的，它的产量、质量及劳动生产率都比普通立窑高。19 世纪 80 年代开始，我国已经开始要求，小型水泥厂应用机械化立窑，逐步取代普通立窑。

3. 干法回转窑。经过近二十年的努力，在 1895 年，美国工程师亨利（Hurry）和化验师西蒙（Seaman）进行回转窑煅烧波特兰水泥的试验，终于获得成功，并在英国取得专利。1897 年德国贝赫门（I. A. Bachman）博士发明余热锅炉窑。1928 年，立雷帕博士与德国水泥机械公司伯力鸠斯（Polysius）合作，制造出窑尾带回转箅式加热机的干法回转窑。

从干法中空回转窑起步，并由此发展出余热锅炉窑、干法长窑和立波尔窑等。干法将生料制成生料干粉，水分一般小于1%，因此它比湿法减少了蒸发水分所需的热量。中空式窑由于废气温度高，所以热耗不低。干法生产将生料制成干粉，其流动性比泥浆差，所以原料混合不好，成分不均匀。

中空回转窑：英国人 Cramton 于 1877 取得英国专利；1895 年美国人 Hurry 和 Seaman 煅烧水泥获得成功并取得专利。

余热锅炉窑：1897 年德国人 I. A. Bachman 发明，解决了干法中空回转窑窑尾废气温度高、热效率低的问题。该窑型流传时间长，但热效率较低，不是普遍的水泥烧成设备。

干法长窑：20 世纪三四十年代采用，热效率差、窑尾粉尘大，未能普遍推广。

立波尔窑：1928 年德国人 Lellep 与德国 Polysius 公司合作制造，用"Lepol"命名，属半干法生产，曾盛行于世界各地，直到上世纪 60 年代被新的窑型取代。

4. 湿法回转窑。1912 年丹麦史密斯（F. L. Smith）水泥机械公司用白垩土和其他辅助原料制成水泥生料浆，在回转窑上用它取代干生料粉进行煅烧试验，取得成功，从而开创出湿法回转窑生产水泥的新方法。湿法生产是将生料制成含水 32% ~ 40% 的料浆，由于制备成具有流动性的泥浆，所以各原料之间混合好，生料成分均匀，使烧成的熟料质量高，这是湿法生产的主要优点。湿法回转窑包括普通湿法窑、料浆蒸发机湿法窑、湿法长窑等。

5. 新型干法回转窑。曾在丹麦史密斯水泥机械公司工作过的工程师伏杰尔－彦琴森

（M. Vogel – Jorgensen）于 1932 年向前捷克斯洛伐克共和国专利办公室首次提出四级旋风筒悬浮预热器的专利申请，并于 1934 年被批准生效。1951 年德国工程师密勒（F. Muller）对专利内容作了多处改进，在此基础上洪堡公司制造出世界上第一台四级旋风悬浮预热器。悬浮预热器（Suspension Preheater）简称 SP。1971 年，日本石川岛播磨重工业公司在洪堡窑的基础上首创水泥预分解窑。预分解窑（New Suspension Preheater）简称 NSP 窑，即新型悬浮预热器的缩写。

旋风式悬浮预热器窑是由预热器 + 分解炉等窑尾系统 + 回转窑 + 冷却机 + 窑头燃烧器等组成的。悬浮预热器窑和预分解窑统称为新型干法水泥生产。悬浮预热器简称 SP，带悬浮预热器的回转窑称为 SP 窑。

预热器分旋风预热器和立筒预热器。旋风预热器窑主要包括 Humboidt、Smidth 和 Dopel 等；立筒预热器窑主要包括 Krapp、ZAB、PreRov 等。不同的预热器其流动换热特征包括同流旋流、逆流旋流、喷 – 旋流动、喷腾运动和旋 – 旋流动等。

6. 流化床水泥窑。回转窑是可靠的水泥熟料烧成设备，但它的致命弱点是热效率低、转动功率大，且体积庞大，一直是人们想要"革命"的对象。为此，20 世纪 50 年代以来，美国、日本、中国、俄罗斯、印度等国家都相继对不带回转窑的沸腾烧成工艺进行了研究。由于当时的科技水平所限，用沸腾炉（流化床）煅烧水泥熟料时，在高温（1300 ~ 1400℃）条件下的自造粒而不粘结炉壁，不结大块，维持正常的流态化操作难度很大，90 年代之前均未取得完全的成功，更达不到工业化的要求。在水泥工业中，流态化技术成功地应用于水泥生料的预热和预分解，从根本上改变了生料在预热和预分解过程中物料和气流间热交换过程，使生料的预热和预分解时间缩短到几十秒钟，从而成倍地增加了窑产量，大幅度降低了燃料消耗。可以说，流态化技术在水泥生料预热和预分解中的成功应用，是水泥发展史上的一次重大变革。基于流态化技术的上述优点，能否将水泥熟料的烧成环节也置于流态化状态下，一直是世界各国水泥工作者研究的课题之一。但是由于高温气固反应的复杂性和大颗粒流态化技术的不成熟以及试验装置的放大受各种因素的影响等，使得此项技术的研究工作目前仅停留在理论研究和半工业试验研究阶段。

流化床水泥窑的特点是：1）大幅度地扩大了煤种的选择范围。可选用烟煤、无烟煤或低质煤。2）良好的节能指标。可降低 10% ~ 25% 的热消耗量。3）热回收效率高。把造粒装置和烧结装置合并计算，热回收率大于 80%，比现有的箅冷机提高了 20% 以上。4）较好的环保性能。CO_2 排放减少 10% ~ 25%，NO_x 排放减少 40% 以上。5）节约建设费用，降低运行成本。与同规格的回转窑相比，设备投资节约 20%，运行成本降低 25%。由于其良好的工作指标和占地面积小等特点，适合我国目前量大面广的立窑改造。

水泥熟料烧成系统在长时间的发展过程中变得越来越完善，给人类的现代化建设带来了巨大的贡献，但是依然有很多问题有待解决，如我国的水泥能耗超出发达国家。水泥产业仍然是高能耗、高排放、高污染的行业，在环保和节能方面我们还有很多问题需要解决。

第四节 我国水泥工业的发展及现状

据国家发改委统计资料显示，截至 2010 年底，我国（不含港、澳、台地区，下同）采用国内技术和装备建设的新型干法水泥生产线已经达到1300多条，日产水泥4000吨、5000吨的生产线占60%左右，达到800多条。

截至"十一五"末，我国的水泥装备已占国际市场份额40%左右。到2010年底，采用我国水泥技术和装备累计建成投产，正在实施和已签合同的水泥成套生产线140多条，已经建成的生产线120多条，建设规模基本都是日产2000～10000吨水泥新型干法生产线。

统计还显示，到2010年底，国内1300多条新型干法水泥生产线中有700多条新型干法水泥生产线余热得到回收利用，建设了561台套余热发电机组，总装机达4786兆瓦，年发电368亿度，相当于年节约标准煤900多万吨。

一、我国水泥工业"十一五"期间的发展

"十一五"期间，我国水泥工业持续快速发展，整体素质明显提高，较好地满足了国民经济和社会发展需要，具体表现为：

1. 产量效益同步增长。2010年全国水泥产量18.8亿吨，是2005年的1.7倍，年均增长11.9%。规模以上工业企业完成销售收入7100亿元，利润总额650亿元，年均分别增长22%和58%。

2. 结构调整取得重大进展。2010年新型干法水泥熟料产能为12.6亿吨，是2005年的2.6倍。新型干法水泥熟料产能占总产能的81%，比2005年提高41个百分点。日产4000吨及以上熟料的产能占57%。五年淘汰落后产能3.4亿吨。2010年新增新型干法水泥熟料产能中，中部地区占25%，西部地区占56%，中西部布局进一步优化。

3. 生产集中度进一步提高。企业兼并重组步伐加快，大企业快速成长。2010年熟料产量过千万吨的水泥企业有22家，合计产量5.4亿吨，占水泥熟料总产量的45.8%，其中有2家产量超过1亿吨。前10家企业水泥产量4.7亿吨，占水泥总产量的25.3%，较2005年提高10个百分点。

4. 节能减排成效显著。在国家环保排放法律和行业准入的推动下，通过淘汰落后，推广余热发电、节能粉磨、变频调速、水泥助磨剂、废渣综合利用等技术，2010年每吨新型干法水泥熟料综合能耗降至115千克标准煤，比2005年下降12%。年综合利用固体废弃物超过4亿吨。55%的新型干法水泥生产线配套建设了余热发电装置。建成一批利用水泥窑无害化最终协同处置城市生活垃圾、城市污泥、各类固体废弃物示范工程。

5. 技术进步加快。大型立磨及其配套减速机、高效篦冷机、窑尾斗提机等关键设备取得重大突破。低温余热发电技术与装备、辊压机粉磨系统、变频调速系统、袋式除尘、水泥助磨剂等技术广泛推广应用。协同处置技术取得重大进展。

6. 装备水平明显提高。实现了日产万吨级水泥熟料生产装备国产化。水泥大型装备设计、制造、安装等已达到国际先进水平，依托自主开发的成套技术，广泛参与海外水泥生产线建设工程总承包，带动了大型成套水泥装备批量出口。2010年我国水泥工程建设占国际市场40%以上的份额。

但与此同时，当前我国水泥工业仍然存在以下主要问题：一是水泥基材料及制品发展滞后，产业链短，附加值低；二是落后产能规模仍然较大，节能减排任务艰巨；三是部分地区重复建设，产能严重过剩；四是产品质量检测和市场监管薄弱，部分企业社会责任意识仍待提高；五是行业管理亟待加强。

综上所述，"十一五"期间我国水泥行业发展情况见表1－1。

表1-1 "十一五"期间我国水泥行业发展

序号	指标	2005 年	2010 年	年均增长
1	水泥产量（亿吨）	10.7	18.8	11.9
2	新型干法水泥熟料比重（%）	40	81	[41] *
3	淘汰落后水泥产能（亿吨）		[3.4]	
4	前10家企业平均规模（万吨）	1600	4730	24.2
5	前10家企业生产集中度（%）	15	25	[10] *
6	新型干法水泥熟料综合能耗降低（%）			2.4
7	低温余热发电装置比例（%）		55	
8	水泥散装率（%）	36.6	48.1	[11.5] *
9	年利用工业废渣量（亿吨）	2.3	4	11.7

备注：[ ] 内为五年累计数；* 为 2010 年比 2005 年增加或减少的百分点。

二、我国水泥工业的发展环境

1. 水泥工业的发展环境分析

"十二五"是全面建设小康社会的关键时期，国民经济仍将保持平稳较快增长，水泥工业面临着发展机遇，也面临更大的挑战。一是工业化、城镇化和新农村建设进一步拉动内需，保障性安居工程以及高速铁路、轨道交通、水利、农业及农村等基础设施建设带动水泥需求继续增长。二是人民生活水平不断提高，防灾减灾意识增强，对水泥、水泥基材料及制品在质量、品种、功能等方面提出了更高的要求。三是建设资源节约型、环境友好型社会，应对气候变化，迫切需要水泥工业加快转变发展方式，大力推进节能减排，发展循环经济。

2. 水泥工业发展的需求预测

"十二五"期间，随着经济发展方式加快转变，国内市场对水泥总量需求将由高速增长逐步转为平稳增长，增速明显趋缓。但水泥基材料及制品发展加快。预测水泥年均增长3%~4%，2015 年国内水泥需求量为 22 亿吨左右。

三、我国水泥工业发展的指导思想、基本原则和主要目标

1. 我国水泥工业发展的指导思想

我国水泥工业的发展应该坚持深入贯彻落实科学发展观，加快转变水泥工业发展方式，立足国内需求，严格控制产能扩张，以调整结构为重点，大力推进节能减排、兼并重组、淘汰落后和技术进步，发展循环经济，着力开发水泥基材料及制品，延伸产业链，提高发展质量和效益，建设资源节约型、环境友好型产业，促进水泥工业转型升级。

2. 我国水泥工业发展的基本原则

我国水泥工业发展应该坚持总量控制的原则。严格控制水泥工业产能过快增长，把调整水泥工业结构放在更加突出位置，加快推进联合重组，调整产品结构，淘汰落后产能。

坚持绿色发展。全面推进清洁生产，大力推进节能减排，发展循环经济，推广协同处置，加大二氧化碳以及二氧化硫、氮氧化物等减排力度，实现绿色发展。

坚持创新发展。开发高效适用的节能减排新技术，拓展水泥基材料及制品应用领域，创新水泥行业经营模式，优化资源配置，促进工业化和信息化融合，实现创新发展。

坚持协调发展。注重发展速度与质量、效益相统一，与资源、环境相协调，实现合理布局，进一步提高产业集中度，促进有序发展。

3. 我国水泥工业发展的主要目标

到 2015 年，我国水泥工业发展的目标是：规模以上企业工业增加值年均增长 10% 以上；淘汰落后水泥产能；主要污染物实现达标排放，协同处置取得明显进展，综合利用废弃物总量提高 20%；42.5 级及以上产品消费比例力争达到 50% 以上；前 10 家企业生产集中度达到 35% 以上。我国水泥工业"十二五"主要发展目标见表 1-2。

表 1-2　我国水泥工业"十二五"主要发展目标

序号	指　　标	2010 年	2015 年	年均增长
1	规模以上工业增加值年均增长（%）			>10
2	淘汰落后产能（亿吨）		[2.5]	
3	前 10 家企业生产集中度（%）	25	35	[10]＊
4	水泥散装率（%）	48	65	[17]＊
5	低温余热发电生产线比例（%）	55	65	[10]＊
6	协同处置生产线比例（%）		10	
7	单位工业增加值二氧化碳排放量降低（%）			[17]
8	氮氧化物排放总量降低（%）			[10]
9	二氧化硫排放总量降低（%）			[8]
10	规模以上企业研究与试验发展经费支出占销售收入的比重（%）		>1.5	

备注：[ ] 内为五年累计数；＊ 为 2010 年比 2005 年增加或减少的百分点。

第五节　我国水泥工业的发展方向及重点

一、水泥工业的发展要推进绿色发展

1. 加强水泥资源保护

加强矿产资源的科学开发与保护。鼓励水泥企业拥有自备矿山，稳定矿产资源保障，加大矿产资源综合利用，提高低品位矿和尾矿利用水平。实施矿山生态、地质环境恢复治理和矿区土地复垦。

2. 推进水泥生产企业节能减排

大力实施水泥生产过程的节能减排和技术改造，建立健全能源计量管理体系，推行清洁生产，降低综合能耗，减少污染物排放。着力减少二氧化碳及氮氧化物、二氧化硫等的排放。新建水泥生产线必须配套建设效率不低于 60% 的烟气脱硝装置。严格控制水泥生产过程中的粉尘排放，推广减排降噪新技术、新设备。积极开展清洁生产审核，完善清洁生产评价体系。进一步提高散装水泥使用比例。

水泥产业节能减排工作的重点是：继续推广余热发电、布袋收尘器、高效篦冷机、立磨、辊压机、低阻高效预热器及分解炉系统、实时质量调控系统、变频调速等技术。开发推广高效氮氧化物、二氧化硫减排装置。

重点研发水泥窑炉高效节能工艺技术及装备，余热梯度利用技术及装备，新型节能粉磨技术与装备，粉尘、氮氧化物、低成本综合减排工艺及装备，二氧化碳的分离、捕获及转化利用技术。

3. 推动延寿减量

加快提升水泥基材料及制品的综合性能，延长安全使用寿命。鼓励使用高性能、高标号混凝土，减少普通水泥使用量，力争2015年42.5级及以上产品消费比例达到50%以上。逐步增加铝酸盐水泥、低碱水泥、白水泥、抗盐卤水泥、油井水泥、硫铝酸盐水泥等特种水泥的生产，以满足重点工程建设的特殊需求。

4. 发展水泥产业的循环经济

继续推进矿渣、粉煤灰、钢渣、电石渣、煤矸石、脱硫石膏、磷石膏、建筑垃圾等固体废弃物综合利用，发展水泥产业的循环经济。选择大中型城市周边已有水泥生产线，建设协同处置示范项目，并逐步推广普及和应用。推广应用水泥窑尾气生产轻质碳酸钙、养殖藻类减排二氧化碳并再生能源等技术。

二、适时调整优化水泥行业的产业结构

1. 延伸水泥行业的产业链

支持水泥优势生产企业以提高竞争力为核心，优化技术、品牌、管理、资源、市场等要素配置，着力做强以水泥熟料为龙头的主业，加快拓展集料市场，重点发展水泥基材料及制品，统筹发展研发设计、工程服务、商储物流等生产性服务业，延伸产业链，做大相关多元产业。

重点发展的水泥基材料及制品是指：推广高标号混凝土、高性能混凝土、特种工程需要的混凝土、混凝土外加剂等。开发满足建筑施工所需各种性能的装饰装修砂浆、特种聚合物干粉砂浆、抗裂砂浆等高端预拌砂浆产品。开发满足城市建设、基础设施建设所需的各种水泥基材料制品。研发集成拼装式预制建筑梁柱，水泥复合多功能保温墙体和屋面，功能性水泥制品构件等产品，以及轻质混凝土、泡沫混凝土等节能型水泥基材料及制品。

2. 提高水泥产业集中度

支持水泥优势企业跨地区、跨行业、跨所有制实施联合重组，大力整合中小型水泥企业和水泥粉磨站，提高产业集中度。培育若干家集研发、设计、生产、装备制造、工程服务、物流贸易等于一体的国际化程度较高的大型企业。到2015年末力争水泥企业户数比2010年减少三分之一。

3. 优化水泥产业的区域布局

以满足区域市场需求和抑制产能过剩为目标，严格控制水泥熟料产能增长，统筹资源、能源、环境、交通和市场等要素，着力降低物流成本，提高资源综合利用水平，优化水泥生产力布局。在石灰石资源丰富地区集中布局熟料生产基地。支持大型熟料生产企业，在有混合材来源的消费集中地区合理布局水泥粉磨站、水泥基材料及制品生产线。人均新型干法水泥熟料产能超过900千克的省份，要严格控制产能扩张，坚持减量置换落后产能，着重改造提升现有企业。人均新型干法水泥熟料产能不足900千克的省份，结合技术改造、淘汰落后和兼并重组，适度发展新型干法水泥熟料。

水泥产业区域的布局是：

华北——京津冀统筹发展，北京、天津原则上不再新增水泥熟料产能，由河北等周边地区统筹供给。河北、山西资源丰富，要在减量置换的前提下，依托现有企业适度发展新型干法水泥熟料。内蒙古可结合当地建设需求，着重调整优化结构，适度发展新型干法水泥熟料。

华东——长三角区域统筹发展，上海原则上不再新增水泥产能，由周边地区统筹供给。江苏、浙江、安徽、山东水泥工业规模较大，要严格控制产能扩张，着重改造提升现有企业。江西资源、交通具有优势，坚持减量置换，依托现有企业适度发展新型干法水泥熟料。福建可立足海西建设需要，加快结构调整，淘汰落后产能，适度发展新型干法水泥熟料。

中南——广东、广西统筹发展，珠三角中心城市原则上不再新增水泥产能，由周边地区统筹供给。广东着重改造提升现有企业，优化结构。广西具有资源、交通优势，在控制现有总量基础上，可立足当地需求并适度兼顾周边供给。湖北、湖南、河南应控制总量、淘汰落后。海南是国际旅游岛，原则上保持基本自给，少部分外进，应严控新上水泥熟料生产线项目。

西南——着重淘汰落后水泥产能。川渝要严格控制产能扩张，在加快淘汰落后产能的同时，着重改造提升现有企业。其他地区要结合当地建设需要，坚持减量置换，加快淘汰落后产能，调整优化结构。

三、大力推进水泥行业技术进步

1. 加快水泥产业的自主创新

围绕水泥产业的节能减排、综合利用、协同处置、绿色发展等行业共性和基础性的重大问题，建立以企业为主体、市场为导向、产学研用相结合的技术创新体系。着力研发水泥基材料及制品、窑炉烟气脱硫脱硝等方面的新技术、新材料、新工艺和新装备。支持专业科研设计单位和高等院校建立行业研究中心，提高水泥工业关键技术及核心装备研发制造能力。推进水泥产品销售商业模式创新。推动检测、咨询、培训、投融资等高端生产性服务业发展，构建现代生产性服务业体系。

2. 完善水泥行业的标准规范

以重大工程应用为依托，依据科技创新成果，制修订与水泥质量安全、重大工程用水泥基材料、应对气候变化密切相关的标准规范。

标准制修订重点主要有：

水泥质量安全标准——水泥及原料中有害物质限量及测试方法，协同处置技术规范，工业废渣在水泥中的合理利用等方面的标准。

重大工程用水泥基材料标准——水电工程用高镁低收缩水泥，核电工程专用水泥，海洋工程用硅酸盐水泥、管桩水泥等产品标准。

完善水泥、水泥基材料及制品产品质量国家标准体系。制修订水泥、水泥混凝土、干混砂浆、水泥混凝土外加剂、水泥混凝土集料等产品质量国家标准。

3. 推进水泥行业的两化融合

提高水泥行业信息化水平，推动工业化与信息化深度融合。利用信息技术改造提升水泥工业，提高决策水平、工作效率、产品质量、市场反应能力、自动控制水平。制订信息技术规范和标准，建立两化融合发展水平评价指标体系。利用现代信息管理手段建立和完善物流系统，降低物流运输成本。

四、我国水泥工业发展的重点工程

1. 开展协同处置示范工程

协同处置示范工程的目标为：开展协同处置，利用水泥窑缓解城市生活垃圾处置压力，减少土地占用，实现城市垃圾无害化处置，加快水泥工业向绿色功能产业转变。

其主要内容是：在若干座大中型城市周边，依托并适应性改造现有水泥熟料生产线，配套建设城市生活垃圾、污泥和各类废弃物的预处理设施，开展协同处置试点示范和推广应用。

2. 加快淘汰落后工程步伐

近期淘汰落后工程目标为：完成 2.5 亿吨落后产能淘汰任务。到 2015 年，基本淘汰落后产能。

淘汰落后工程的主要内容是：依据水泥行业准入条件和淘汰落后产能计划，严格控制新增产能，加快淘汰窑径 3 米以下的立窑生产线、窑径 2.5 米以下的水泥干法中空窑（生产高铝水泥的除外）、水泥湿法窑生产线（主要用于处理污泥、电石渣等的除外），以及无稳定熟料来源、单位产品能耗高、主要污染物超标排放的粉磨站。2012 年底，东部地区基本完成淘汰落后任务，2015 年，中西部地区基本完成淘汰落后任务。

3. 大力推广节能减排工程

推广节能减排工程目标为：推动节能减排，力争 2015 年行业平均节能减排水平接近世界先进水平。

节能减排的主要内容是：建设企业能源管理中心，建立企业能源计量管理制度，推进合同能源管理，提升能效水平，最大限度实现能源梯度利用。开展能效对标，加大技术改造力度，推广余热发电、节能粉磨、变频调速等先进技术，提高综合节能水平。推广高效减排技术与装备，重点推进氮氧化物治理，削减大气污染物排放总量。新建新型干法水泥生产线，要配套建设烟气脱硝装置。对已建成的日产 4000 吨及以上熟料的生产线，应尽快实施烟气脱硝改造。

五、确保我国水泥工业发展方向和重点的措施

1. 强化水泥产业的规划指导

各地工业主管部门要遵循本地区功能区划定位，加强与相邻地区及相关规划的衔接，按国家水泥发展规划要求，制订和调整本地区水泥工业发展规划，并报国家工业主管部门备案。将规划提出的目标任务落实到年度计划，按规划要求审核水泥投资项目，促进本地区水泥工业平稳有序发展。

2. 严格行业准入制度

严格执行水泥工业产业政策、水泥行业准入条件及相关政策法规，公告符合准入条件的企业名单。提高水泥产业的准入门槛，新增扩能项目坚持减量置换落后产能，适度有序发展新型干法水泥，杜绝低水平重复建设。

3. 加强水泥产品的质量监管

规范水泥及原辅料、水泥基材料及制品生产过程质量管理制度，强化过程管理，监控生产过程质量。各级、各地方工业主管部门应加强水泥生产质量监管，监督执行《水泥企业质量管理规程》，未获得水泥企业化验室合格证的，不得申请办理水泥生产许可证。

4. 加大对水泥生产企业的政策支持

研究制订协同处置项目在布局、准入、土地、财税、信贷等方面的扶持政策。加大对水泥产业的联合重组、淘汰落后、节能减排、综合利用和实施水泥产业的"走出去"战略等方面的政策支持。

5. 加强行业管理

完善水泥行业运行监测网络和指标体系，定期发布行业信息，促进水泥行业的平稳运行。发挥行业协会等中介组织在加强信息交流、行业自律、企业维权等方面的积极作用。

六、水泥生产企业的行业准入

为贯彻落实科学发展观，促进水泥行业节能减排、淘汰落后和结构调整，引导行业健康发展。根据国家有关法律法规和产业政策，国家工业和信息化部会同有关部门制订了《水泥行业准入条件》。2011 年 1 月 1 日起由中国建筑材料联合会、中国水泥协会及相关技术、认证和检验机构按照相关规定和要求协助、配合政府有关部门对我国境内（台湾、香港、澳门地区除外）所有企业水泥（熟料）建设项目核准、备案管理、土地审批、环境影响评价、信贷融资、生产许可、产品质量认证、工商注册登记等工作，即行业准入管理。

新出台的水泥生产企业的行业准入条件主要有以下六方面的内容。

1. 在项目建设条件与生产线布局方面

（1）投资新建或改扩建水泥（熟料）生产线、水泥粉磨站，要符合国家产业政策和产业规划，符合省级水泥行业发展规划及区域、产业规划环评要求，和项目当地资源、能源、环境、经济发展、市场需求等情况相适应，其用地必须符合土地供应政策和土地使用标准。

（2）各地要根据水泥产能总量控制、有序发展原则，严格控制新建水泥（熟料）生产线项目。对新型干法水泥熟料年产能超过人均 900 千克的省份，原则上应停止核准新建扩大水泥（熟料）产能生产线项目，新建水泥熟料生产线项目必须严格按照"等量或减量淘汰"的原则执行。

（3）鼓励现有水泥（熟料）企业兼并重组，支持不以新增产能为目的技术改造项目。

（4）投资新建水泥（熟料）生产线项目的企业应是在中国大陆地区现有从事生产经营的水泥（熟料）企业。

（5）严禁在风景名胜区、自然保护区、饮用水保护区和其他需要特别保护的区域内新建水泥（熟料）项目。禁止在无大气环境容量的区域内新建水泥（熟料）生产项目，对该区域已有水泥（熟料）生产企业的改造项目要做到"以新代老、减排治污"。

（6）新建项目要取得土地预审、矿山开采许可、环境影响评价批复后方可立项核准，必须依法取得国有建设用地使用权后方可开工。

（7）鼓励对现有水泥（熟料）生产线进行低温余热发电、粉磨系统节能、变频调速和以消纳城市生活垃圾、污泥、工业废弃物可替代原料、燃料等节能减排的技术改造投资项目。

（8）投资水泥（熟料）新、改、扩、迁建项目自有资本金的比例不得低于项目总投资的 35%。

2. 在生产线规模、工艺与装备方面

（1）新建水泥（熟料）生产线要采用新型干法生产工艺。单线建设要达到日产 4000 吨级水泥熟料规模，经济欠发达、交通不便、市场容量有限的边远地区单线最低规模不得小于日产 2000 吨级水泥熟料（利用电石渣生产水泥熟料和特种水泥生产除外）。

（2）新建水泥（熟料）生产线要配置纯低温余热发电，有可供设计开采年限 30 年以上的水泥用灰岩资源保证，并做到规范矿山勘探、设计、开采。做好资源综合利用，加强环境保护，及时复垦绿化，严防水土流失。

（3）新建水泥粉磨站的规模要达到年产水泥60万吨及以上。边远省份单线粉磨系统不得低于年产30万吨规模。粉磨站的建设应靠近市场、有稳定的熟料供应源和就近工业废渣等大宗混合材的来源地，要配套70%以上散装能力。

（4）水泥（熟料）生产线项目的建设要发包给具有相应资质等级的工程勘探、设计、施工、监理等单位。

（5）新建水泥（熟料）项目要采用先进成熟、节能环保型技术装备，保证系统的安全、稳定和长期运转。具体要求如下：采用先进的矿山安全爆破和均化开采、原料预均化、生料均化技术和设施；采用立磨、辊压机、高效选粉机等先进节能环保粉磨工艺技术和装备；采用节能降耗的窑炉、预热器、分解炉、篦冷机等煅烧工艺技术和装备；采用先进的破碎、冷却、输送、计量及烘干技术和装备；采用先进、高效及可靠的环保技术和装备；采用先进的计算机生产监视控制和管理控制系统。

3. 在能源消耗和资源综合利用方面

（1）新建水泥（熟料）生产线可比熟料综合煤耗、综合电耗、综合能耗和可比水泥综合电耗、综合能耗要达到国家规定的单位水泥能耗限额标准。

（2）水泥粉磨站可比水泥综合电耗≤38 kWh/t。

（3）利用工业废渣作为水泥混合材的，其废渣品种、品质和掺加量要符合国家标准。

（4）年耗标准煤5000吨及以上的企业，应按国家《节约能源法》规定，开展能源审计和能效环保评价检验测试，提供准确可靠的能耗数据和环境污染的基本数据。

4. 在环境保护方面

（1）水泥（熟料）建设项目环境影响评价要符合环保部门的有关规定。新建或改扩建水泥（熟料）生产线项目，必须依法编制环境影响评价文件；严格执行环境保护设施与主体工程同时设计、同时施工、同时投入使用的环境保护"三同时"制度，严格落实各项环保措施；新建或改扩建水泥（熟料）生产线项目未经环保部门验收的不得投产。

（2）严格执行《水泥工业大气污染物排放标准》和《水泥工业除尘工程技术规范》以及可替代原料、燃料处理的污染控制标准。对水泥行业大气污染物实行总量控制，新建或改扩建水泥（熟料）生产线项目须配置脱除 NO_x 效率不低于60%的烟气脱硝装置。新建水泥项目要安装在线排放监控装置，并采用高效污染治理设备。

（3）要遵守《中华人民共和国清洁生产促进法》，按国家发布的《水泥行业清洁生产评价指标体系和标准》的规定，建立清洁生产机制，依法定期实施清洁生产审核。

（4）水泥用灰岩开采应符合矿产资源规划，并严格按照业经批复的矿产资源开发利用方案进行。要分别制订矿山生态、地质环境保护方案和土地复垦方案，严格执行矿山生态恢复治理保证金制度，并按照审查通过的方案进行矿山生态、地质环境恢复治理和矿区土地复垦。

（5）原料和产品破碎、储运等过程产生的无组织排放含尘气体，要达标排放。新建或改扩建水泥（熟料）生产线项目须严格执行《水泥厂卫生防护距离标准》的要求。

（6）新建水泥粉磨站和已有水泥粉磨站除粉尘和大气污染指标应该达标外，要增设和完善噪声防治设施。

5. 在产品质量方面

（1）水泥（熟料）生产企业要按《水泥产品生产许可证实施细则》的要求取得产品生

产许可证,出厂水泥(熟料)产品质量要符合相关产品标准。

(2)水泥(熟料)企业要建立完善的质量管理体系,对生产全过程实施严格的质量管理。参照国家颁布的《水泥企业质量管理规程》建立本企业全过程的质量控制指标体系,并严格执行。

(3)水泥(熟料)企业要按国家颁布的·《水泥企业质量管理规程》建立完善的化验室,并取得化验室合格证。

(4)水泥(熟料)企业要执行国家颁布的《水泥企业质量管理规程》,建立水泥产品质量对比验证和内部抽查制度,参加国家和省组织的产品质量检验和化学分析对比验证检验和抽查对比活动。

(5)凡在水泥粉磨过程中添加水泥助磨剂后,应在水泥产品出厂检验报告单上注明所添加助磨剂的类型(液体或粉体)、主要化学成分。

6. 在安全、卫生和社会责任方面

(1)水泥(熟料)生产过程要符合《安全生产法》、《矿山安全法》、《职业病防治法》等法律法规,具备相应的安全生产和职业危害防治条件,并建立、健全安全生产责任制度和各项规章制度。新建或改扩建水泥(熟料)生产线项目安全设施和职业危害防治设施要与主体工程同时设计、同时施工、同时投入使用。

(2)要建立职业危害防治设施,配备符合国家有关标准的个人劳动防护用品和安全事故防范设施,建立健全相关制度,并通过地方行政主管部门的专项验收。

(3)不得拖欠国家税收、职工工资和医疗费,按期交纳国家规定的养老、医疗、工伤、失业保险金。

第二章　水泥生产线的设计、设备配置及建设投资

在水泥工厂（生产硅酸盐水泥、普通硅酸盐水泥、矿渣硅酸盐水泥、火山灰质硅酸盐水泥、粉煤灰硅酸盐水泥、复合硅酸盐水泥等的工厂——含原料矿山、熟料基地、水泥粉磨站及散装站）的新建、扩建、改建设计中，必须严格贯彻执行国家有关法律、法规和方针、政策，做到生产可靠，技术先进，节省投资，提高效益。

水泥工厂设计，应进行综合效益和市场需求分析，从我国国情出发，因地制宜，合理利用矿产资源，节省原材料，节约能源，节约用地、用水，保护环境；选用先进、适用、经济、可靠的生产工艺和装备；降低工程投资，提高劳动生产率，缩短建设周期，做出最优方案。

水泥工厂的设计应根据项目所在地区的条件，依托城镇或同邻近工农业在交通运输、动力公用设施、文教卫生、综合利用和生活设施等方面来考虑。改、扩建工程应充分利用原有设施、场地及资源。

水泥工厂的设计还应符合国家现行的有关强制性标准的规定，其环境保护和劳动安全卫生设计，必须贯彻执行国家有关法律、法规和标准，现阶段特别是应该遵守《水泥行业准入条件》。

本章我们分七节着重介绍水泥工厂的设计依据、总体规划、主生产装置设计、辅助生产装置设计、主要建筑结构设计以及个别设计案例等内容。

第一节　水泥生产线设计的依据和总体规划

一、设计规模及依据

1. 设计规模

水泥工厂生产线的设计规模，可划分为大、中、小三种规模型式：大型是指日产水泥熟料能力为3000t以上生产线的工厂；中型是指生产能力在日产水泥熟料在700～3000t生产线之间的工厂；小型是指生产能力在日产水泥熟料700t以下生产线的工厂。

水泥生产方法、生产工艺和装备的选择，应严格执行工业和信息化部的《水泥行业准入条件》，贯彻发展水泥工业的方针政策，根据生产规模、原料燃料性能、产品品种、资源和建厂条件等因素综合确定，并应符合下列规定：

水泥工厂在工艺上必须采用带窑外分解的新型干法水泥生产线。严格禁止落后生产工艺的建设，禁止新建、扩建湿法回转窑、立波尔窑和干法中空窑等能耗高的生产工艺；禁止新建、扩建各种立窑生产线和对直径2.2m及以下的立窑扩径改造。淘汰土（蛋）窑、普通立窑、直径2.2m及以下的机立窑和直径2.2m及以下的干法中空窑、湿法窑生产线；工艺装备与自动化控制水平的确定，在确保实现各项技术经济指标的前提下，应以国情和综合效益为依据，并结合国际上的技术发展水平；需要从国外采购的设备、部件和仪表，应进行技术

经济论证后确定。

2. 设计依据

建设单位应向设计单位提供设计基础资料，并保证其准确可靠。设计基础资料应包括下列主要内容：

在做项目可行性研究时，应有批准的项目建议书（或项目预可行性研究报告）；在做初步设计时，应有批准的项目可行性研究报告（简称可研报告）；在做施工图设计时，应有批准的初步设计文件。

经国家或省级矿产资源主管部门批准的资源勘探报告（石灰石和硅铝质原料）；批准的厂址选择报告；原燃料工艺性能试验报告。

厂区及厂外设石灰石破碎车间场地的工程地质和水文地质勘探报告；水源地水文地质和工程地质勘探报告，附水源地及输水线路的地形图 1：2000 或 1：1000；或供水意向书或协议书或可研报告。

供电、通信、外购原料、燃料供应、交通运输（承担运量、接轨方案、水运、公路运输等）意向书或协议书或可研报告以及主管部门同意征用建设用地的书面文件。与地区协作的其他协议书和文件。

各种测量图，如：区域地形测量图（1：10000、1：50000 或 1：5000）；厂区及矿区地形测量图（可行性研究、初步设计阶段 1：2000 或 1：1000，施工图设计阶段 1：1000 或 1：500）；铁路专用线地形测量图（1：2000 或 1：1000）。

建厂地区气象和水文资料（含厂区洪水资料），地震烈度的鉴定报告。

建厂地区的城建规划要求；环境影响评价报告及环境保护部门对建厂的要求；污水排放意向书或协议书。

地方建筑材料价格及概、预算和技术经济资料。

二、厂址选择及总体规划

1. 厂址选择

厂址选择应符合工业布局和地区建设规划的要求，按照国家有关法律、法规及前期工作的规定进行。厂址选择应按建设规模、原（燃）料来源、交通运输、供电、供水、工程地质、企业协作条件、场地现有设施、环境保护和产品市场流向等因素进行技术经济比较后确定。

厂址宜靠近石灰石矿山，并应有方便、经济合理的交通运输条件。厂址应具有符合生产生活要求，并满足连续生产及发展规划所需的电源和水源，其厂外输电、输水线路应短捷，维护管理方便。厂址应有利于同邻近企业和城镇的协作，不宜将厂址单独设在远离城镇、交通不便的地区。

厂址选择必须十分珍惜、合理利用土地和切实保护耕地，工厂用地应符合新型干法水泥厂建设标准的规定；充分利用地形，缩短内部运距，节约用地，提高土地利用率；应利用荒地劣地，不占或少占良田好地。厂址应根据远期发展规划的需要，在满足近期所必须的场地面积和不增加建设投资的前提下，适当留有发展的余地。厂址应具有满足工程建设需要的工程地质和水文地质条件，应避开其他有用矿藏。

厂址应位于城镇和居住区全年最小频率风向的上风侧，不应选在窝风地段。厂址标高宜高于防洪标准的洪水位加 0.5m 以上（若低于上述标高时，厂区应有可靠的防洪设施，并在初期工程中一次建成）。当厂址位于内涝地区，并有可靠的排涝设施时，厂址标高应为设计内涝水位加 0.5m 以上。厂区位于山区时，应设计有防、排山洪的设施。

大中型厂选址时，桥涵、隧道、车辆、码头等外部运输条件及运输方式，应能满足建设时大件或超大件设备的要求。

2. 总体规划

水泥工厂的总体规划，应符合所在地区的区域规划、城镇规划的要求，有条件时应与城镇居民区和邻近工业企业在环境保护、交通运输、动力公用、修理、仓储、文教卫生、生活设施等方面的协作。厂区与石灰石矿山（含爆破材料库和矿山工业场地）、硅铝质原料（砂岩、粉砂岩、页岩等）矿山、水源地（含输水管线）、给水处理场、污水处理场、总降压变电站（或高压输电线）、铁路接轨站、厂外铁路及水运码头等布置应合理。水泥工厂的总体规划应正确处理近期和远期的关系。近期合理集中布置，远期预留发展，分期征地，严禁先征后用。

（1）外部运输方式的选择，应考虑下列因素：

1）厂外运输方式宜根据当地运输条件确定。当厂区邻近自然水系，具有较好的港口和通航条件时，应优先以水运为主；采用陆路运输时，应根据运量、运距、铁路接轨条件等因素，对铁路、公路运输作技术经济比较确定，并按市场供销情况，测定铁路、公路承担运量比例。

2）应根据建厂地区对散装水泥的接受能力、中转储存及装卸运输等条件，提高散装水泥在各种运输方式中的比例。

3）厂外铁路接轨点及线路进厂方向的选定，应与厂区平面布置及竖向设计密切配合，作多方案技术经济比较后确定。同时应规划企业站、轨道衡线及机车准备作业线等设施的位置。

4）企业站的设置，应根据运量大小、作业要求、管理方式及接轨站的条件等，经技术经济比较后确定。应充分利用路网铁路站场的能力，避免重复建设。有条件时，应采用货物交接方式，不设企业站。

5）水泥工厂厂外道路与城镇及居住区公路的连接，应平顺短捷。厂区与铁路车站、码头、水源地、矿山工业场地，以及邻近协作企业之间，均应有方便的道路联系。

（2）厂外动力和公用设施的布置，应考虑下列因素：

总降压变电站宜靠近工厂负荷中心，避开污染源排放点；以江、河取水的水源地，应位于厂区的上游，岸线稳定而又不妨碍通航的地段，并应符合河道整治规划的要求。高位水池及水塔，应设置在工程地质较好，不因渗漏溢流引起滑坡、坍塌的地段；沿江、河岸边布置的污水处理场及其排出口，应位于厂区的下游，满足卫生防护距离的要求，并处于全年最小频率风向的上风侧；集中供热的锅炉房，宜靠近热负荷中心布置，处于全年最小频率风向的上风侧，有方便的燃煤储存场地及炉渣排放条件。

第二节　水泥主生产装置的设计

一、生产工艺的设计

1. 水泥生产工艺流程的设计和工艺设备的选型应考虑下列因素：

　　选择工艺流程和主机设备应根据生产方法、生产规模、产品品种、原燃料性能和建厂条件等因素经技术经济比较后确定。

　　应选择生产可靠耐用、技术先进、能耗低、投资少、管理维修方便、噪声低、扬尘少，符合国家环境保护、劳动安全卫生、防火要求的工艺流程和设备。严禁采用能耗高、技术不成熟或已经明文规定淘汰的设备。

　　在满足成品与半成品的质量要求下，应减少工艺环节，从总图布置上，使流程简捷顺畅，紧凑合理，缩短物料运输距离。

　　附属设备的选型，应保证主机生产的连续性，生产能力应有一定的储备。在保证生产的前提下，应减少附属设备的台数，同类附属设备的型号宜统一。

　　2. 工艺布置的设计应考虑下列因素：

　　工艺总平面布置应满足工艺流程的需要，结合地形、地质和工厂发展的要求，将关系密切的生产系统和控制室等靠近布置，使工艺布置紧凑合理，节约用地。

　　工艺布置，宜留有工厂合理发展的可能；车间的工艺布置应根据工艺流程和设备选型综合确定，并应在平面和空间布置上，满足施工、安装、操作、维修、热工标定和通行的方便。

　　必须符合环境保护、劳动安全卫生和防火等现行国家标准的规定，并应与相关专业的要求相协调。

　　在满足生产操作、维护检修及环保要求的条件下，宜露天布置。

　　主要工艺设备年利用率的设计，应按工厂规模、生产方法、生产系统的复杂程度、主机类型、设备来源、使用条件等因素确定。主要生产系统工作制度，可根据各系统的相互关系，以及与外部条件相联系的情况确定。各种物料储存期应根据工厂规模、生产方法、窑型、物料来源、物料性能、运输方式、储库型式、工厂控制水平、市场因素等具体情况确定。各种窑型的热耗，《水泥工厂设计规范》的规定。主机性能考核应在原燃料成分及性能均满足设计条件下进行。

　　3. 生产车间的检修设施的设计应考虑以下因素：

　　主要设备或需检修的部件较大，检修机械化水平应较高，如石灰石破碎机、大中型厂的石膏破碎机、粉磨设备的传动装置、有厂房的辊式磨、空气压缩机等的厂房内，宜设置桥式起重机、悬挂式起重机等起吊设备。对设有厂房的大型风机、大型提升机、选粉机、辊压机等设备上方，宜设置电动葫芦、单轨小车或其他型式的起吊设备。

　　检修工作比较频繁，花人力较多的地方，宜设置电动葫芦或其他型式的提升运输设备。起重设施的起重量，应按检修起吊最重件或需同时起吊的组合件重量确定。起重机的轨顶标高，以及其他起吊设施的设置高度，应满足起吊物件最大起吊高度的要求。

　　厂房的设计和设备布置，不得影响检修起重设施的运行和物件的起吊。

　　根据不同设备的安装检修需要，宜设置检修平台或留有安装检修需要的空间、门洞和设备外运检修的运输通道。如为多层厂房，各层同一位置应设吊装孔，并在顶层加装起吊设备，孔的周边设活动栏杆。设置在露天的设备可不设置专用起吊设施，检修时可根据设备具体情况，临时采用相应的起吊设施。在不设置起吊装置的小型设备上方，应设有吊钩、起吊孔等方便检修的措施。

　　4. 物料输送设计主要要求是：

物料输送设备的选型，应根据输送物料的性质、粒度，要求输送的能力、距离、高度等结合工艺布置，综合分析确定。选用的输送设备必须成熟、可靠、耐用、技术先进、经济合理、能耗低，能保证主机长期连续运转。

输送设备的输送能力，应比实际需要输送量高出一定的富余，其余量宜按不同的输送设备及来料波动情况确定。

输送设备的布置应满足施工安装、生产操作、维护检修及通行方便等要求。

空气输送斜槽输送物料的水分，应控制在1%以下。对于湿黏性物料不得采用空气输送斜槽输送。空气输送斜槽的斜度，输送水泥、生料不宜小于6°；输送圈流磨的出磨物料及粗料，生料不小于10°，水泥不小于8°。螺旋输送机宜输送粉状或小粒状物料，不得输送大粒和磨琢性大的物料，以及湿黏性粉状物料。链式输送机不宜用于输送含碎石的矿渣和磨琢性大的物料。输送设备的转运点，应进行除尘，下料溜子应降低落差，粒状物料的下料溜子内，应有防磨措施。

生产控制应根据工艺过程控制、质量控制及程序逻辑控制的需要，进行检测、调节、监控，以保证生产过程安全运行，并处于最佳状况。

5. 特殊地区的工艺设计应考虑下列要求：

在海拔高度大于500m地区建厂，空气压缩机的功率、空气压力，以及风机的功率、风压应进行校正，回转窑、预热器、烘干磨、烘干机、冷却机等设备及系统的工艺计算数据，应根据海拔高度作修正；在海拔高度大于1000m的地区及湿热地区建厂，电动机应满足特殊要求；在寒冷地区建厂，应扩大保温范围，并采取措施，保证生产时气路、油路、水路的畅通。气路、油路、水路及除尘系统应有防冻措施；在寒冷地区建厂，必须妥善处理物料的结冻问题。

二、物料破碎系统的设计

原料、燃料等破碎系统的位置，应根据工厂资源情况、矿山开采外部运输条件、厂区位置以及工艺布置等因素，综合分析确定。

石灰石破碎系统，应根据工厂规模矿石物料性能、开采粒度和产品粒度要求、矿石磨蚀性以及夹土情况等因素，选择破碎机型式和破碎段数，条件允许时，宜采用单段破碎。石灰石单段破碎系统宜选适用于单段的锤式破碎机或反击式破碎机，多段破碎系统的一级破碎机宜选颚式、旋回式等；二、三级破碎机宜选锤式、反击式或圆锥式等。

原料、燃料、熟料破碎系统的产品粒度，应满足粉磨系统的要求。

石灰石破碎系统的生产能力，应根据工厂石灰石年需要量、破碎系统年工作天数、工作班制、班工作小时以及运输不均衡等因素确定。石灰石破碎机前的喂料斗容量，应根据破碎机规格、来车车型、载重量及来车间歇时间确定。大块石灰石的喂料设备，宜采用重型板式喂料机，其宽度应适应矿石粒度和破碎机入口宽度的要求。板式喂料机应能重载启动，且能调速。大中型厂宜根据破碎机负荷自动调节板式喂料机的速度。石灰石破碎机出料口宜设置受料胶带输送机，其宽度应和出料口相适应。石灰石、砂岩、铁矿石、煤、石膏、熟料等破碎系统，应设有除尘装置，宜采用袋式除尘器。

物料破碎后输送系统的能力，应充分满足破碎机瞬时最大出料能力。

硅铝质原料应根据物料物理性能、开采粒度和产品粒度、生产能力的要求确定破碎系统段数和破碎机型式。当开采粒度能满足入磨要求时，可不进行破碎。当硅铝质原料水分较

23

大，影响物料输送、储存或破碎作业时，可采用预干燥处理或采用烘干兼破碎系统。硅铝质原料破碎机前的料仓应为浅式仓，仓出料口要大。仓壁倾角应不小于70°，仓壁上宜设置树脂衬板等防粘材料。硅铝质原料破碎的喂料设备，宜选用中型或轻型板式喂料机，并能调速。

砂岩或铁矿石的破碎宜采用一段破碎系统，并限制进厂矿石粒度小于350mm，破碎设备可选用锤式破碎机，当必须分段破碎时可选用颚式等破碎机作一级破碎。砂岩及铁矿石破碎机的喂料设备，可选用板式喂料机、振动喂料机等，并能调节喂料量。

煤的破碎可采用一段破碎系统，破碎机可选用锤式、反击式、环锤式等破碎机。

石膏破碎宜采用一段破碎系统，破碎设备可采用锤式、细颚式破碎机等。石膏破碎机的喂料设备宜采用板式喂料机，并能调速。

当生产系统设有箅式冷却机时，熟料破碎应采用与冷却机配套的锤式或辊式破碎机；当设置其他型式冷却机时，应单独设置锤式、辊式或细颚式破碎机。

三、原燃料预均化及储存的设计

原料采用预均化设施的设计，应考虑下列因素：矿床赋存条件复杂，矿石品位或主要有害元素的波动幅度较大；矿床中有可以搭配利用的夹层，覆盖物及裂隙土等低品位（石灰质或硅铝质）原料；为适应某种物料的物理性能（如水分大、黏性高等），需采取预配料或预混合式；为充分利用矿山资源，减少剥离需外购高品位原料搭配。

燃料（煤）采用预均化设施，包括预均化堆场、简易预均化堆场、配煤库等应考虑下列因素：原煤质量变化较大，或入窑煤粉质量不能保证相邻两次检测的波动范围，即控制灰分 $A\pm2\%$，挥发分 $V\pm2\%$ 的条件；原煤产地来源于多处，或煤种亦为多种；煤质较差，不符合规范要求的，或因调节硫碱比需采用配煤方式。

预均化堆场的设计除根据原燃料性能外，应结合工厂规模、储存方式、自动化水平、环保要求以及投资等综合因素确定。新型干法水泥工厂设置预均化堆场，宜符合下列规定：日产水泥熟料2000t及以上的工厂宜设置预均化堆场；日产水泥熟料1000t至2000t的工厂可设预均化堆场或简易预均化设施；日产水泥熟料小于1000t的工厂可设简易预均化设施。

原料、燃料预均化堆场设计应考虑下列因素：料堆层数原料宜为400~500层，煤可略少，均化系数可取3~7，应根据进入堆场原燃料成分的波动大小确定。堆场的型式（矩形或圆形）的选择，应根据工厂的总体布置、厂区地形、扩建前景、物料性能及质量波动等因素综合比较确定。堆料方式可采用人字形堆料法。对堆料机型式，如有屋架轨道式胶带堆料机、悬臂胶带侧堆料机和回转悬臂式胶带堆料机等，应根据堆场型式选用。取料方式可采用端面取料或侧面取料。端面取料宜采用桥式刮板取料机、桥式斗轮取料机。侧面取料宜采用悬臂耙式取料机、门架耙式取料机等。混合预均化堆场适用于石灰石和硅铝质原料预混合。预混合前应进行预料配。当采用两种或两种以上的煤时，应分别堆存搭配后进入预均化堆场。堆料机卸料端应设料位探测器，并能随料堆高低自动调节卸料点高度。地沟内应有通风设施。

预均化堆场的厂房设置应根据建厂地区的气候条件、环保要求确定。高寒、风沙、多雨雪地区宜设厂房。

简易预均化堆场或库的设计应考虑下列因素：简易预均化堆场宜设两个料堆，可用胶带机分层堆料，装载机取料。简易预均化库宜分两组，轮流进料和出料，可用胶带输送机分层堆料，多点搭配出料。简易预均化库的进出料处应设除尘点，宜采用袋式除尘器。

四、原料粉磨系统的设计

原料粉磨配料站设计应考虑下列因素：根据采用的原料粉磨系统，确定物料的粒度；配料仓的容量应满足原料磨的生产需要。当采用储存库配料时，其容量应按储存要求确定；对于湿黏物料，应采用浅仓，加大出料口，宜在仓壁铺设防粘、耐磨材料；喂料设备宜选用定量给料机，称量精度误差为 $\pm 1\%$，喂料量调节范围 1：10；对流动性较差的物料，宜选用胶带宽度较大、速度低的给料机；对湿粘性物料，仓底宜用板式喂料机，下接定量给料机；配料仓设在联合储库内时，仓的上口尺寸应满足抓斗起重机卸料的要求；当选用辊式磨、辊压机等作为预粉磨或粉磨设备时，应设有除铁及报警装置。

原料粉磨系统的选型应考虑下列因素：当利用预热器废气余热进行烘干时，宜一台窑配置一套原料粉磨系统；系统选择应根据原料的易磨性和磨蚀性、对系统的产量要求及各种粉磨系统特点等因素比较确定，应优先选用节能的粉磨设备。

原料磨的产量应根据窑日产量、料耗、磨机日工作小时、台数等因素确定。

原料粉磨系统的布置应考虑下列因素：原料粉磨系统在利用预热器废气烘干原料时，应靠近预热器塔和废气处理系统布置；在原料粉磨系统设计中，粗粉分离器、选粉机等设备的布置应便于操作和维护检修；带烘干的磨机在进、出料口必须设置锁风装置；利用废气余热的原料粉磨系统可设置备用燃烧室；辊式磨可露天布置；钢球磨机中心的高度宜取磨机直径的 0.8～1 倍；磨机研磨体的装载宜设置提升装置；圈流磨出磨生料及选粉机的粗料采用空气输送斜槽输送时，倾角不宜小于 $10°$；磨机润滑系统油泵站的布置，应保证回油管的斜度不小于 2.5%；磨机两端轴承基础内侧应设顶磨基础；中心传动的钢球磨机，其传动部分和磨机厂房之间宜设隔墙；根据原料特性不宜入辊压机的原料，可直接送入磨机或选粉机；辊压机喂料仓内应保持一定的料柱，以保证喂料的连续性和均匀性，并宜设置旁路直接入磨。

原料粉磨系统产品质量应考虑下列因素：出磨生料水分应控制在 0.5% 以下，最大不得超过 0.8%；生料细度宜按窑型和原料易烧性试验确定，预分解窑和旋风预热器窑宜取 $80\mu m$ 方孔筛筛余 10%～14%，$200\mu m$ 方孔筛筛余应不大于 1.5%。

原料粉磨系统的除尘设计应考虑下列因素：配料仓顶和仓底及输送设备转运点均应设除尘设施，宜采用袋式除尘器；磨机用顶热器废气作为烘干热源时，可和预热器废气合用一台除尘器，可采用电除尘器或袋式除尘器。除尘系统应保温。

五、生料均化、储存及入窑的设计

生料均化库的选型应考虑下列因素：连续式或间歇式生料均化库的选择，应根据进厂原料成分的波动、预均化条件及出磨生料质量控制水平等因素确定，应优先选用连续式均化库；入窑生料碳酸钙含量的标准偏差宜不大于 $\pm 0.3\%$；入库生料水分应控制在 0.5% 以下，最大不得超过 0.8%，入库生料中不得混有大颗粒原料、研磨体等杂物；生料均化库顶和库底应设置除尘设备，宜选用袋式除尘器。

连续式生料均化库的设计应考虑下列因素：每条工艺生产线宜配备 1～2 个连续式均化库，其高径比宜取 2～2.5；生料入库应均匀分散。库顶进料装置可选用库顶生料分配器多点入库或单点入库；充气系统的设计应降低阻力。充气箱布置应减少库内的充气死区，选择透气性能好、布气均匀及耐磨的透气层材料。充气箱和管路系统必须密封良好；宜选用定容式鼓风机供气，鼓风机应有备用，充气量根据库底充气型式确定，充气压力宜为 30～

90kPa；库底的配气设备，宜选用空气分配器、电磁阀、气动或电动蝶阀；可采用库底或库侧卸料，每库应有两个及以上卸料口，选用配有手动检修闸门、快速开闭阀和流量控制阀的卸料装置；在严寒或多雨地区，宜设置库顶房。库顶与预热器塔架之间，如有条件可设置走道；宜设有出库生料回库的输送回路。

间歇式生料均化库的设计应考虑下列因素：间歇式均化库由搅拌库和储存库组成，也可由搅拌兼储存库组成。库的个数应根据生料储量和生产控制要求确定。不宜少于4个；搅拌库单库有效容量宜按库几何容量的70%～75%计算；库底充气系统应采用分区充气，自动控制。库配气设备宜选用空气分配器、电磁阀、气动或电动蝶阀；搅拌库充气箱有效面积宜大于库截面积的65%；搅拌库充气箱宜选用透气性能好、布气均匀及耐磨的透气层材料。充气箱和管路系统必须密封良好；搅拌库充气气源宜采用200～250kPa的无油、干燥压缩空气。

干法生料入窑系统设计应考虑下列因素：干法生料入窑系统包括喂料仓、计量、喂料装置以及入窑输送设备。计量、喂料及输送设备的选型必须技术先进、运行可靠、能耗低、便于操作维护；并应结合工厂规模、控制水平、投资条件等因素比较后确定；喂料仓的料位必须稳定，可采用料位计，或设置荷重传感器和相应的调节回路来保持料位，稳定仓压，规模较小的生产线可用溢流回料设施保持料位；喂料设备必须喂料准确，便于控制且能有效地调节喂料量。计量设备精度允许误差为±1%，并应设有计量标定装置；入窑系统输送设备转运点，必须除尘，宜选用袋式除尘器。

六、煤粉制备的设计

煤粉制备系统应根据窑的工艺要求及煤的品种、煤质等因素选用。当采用预分解窑时，宜采用中间仓式系统，分别向窑头和分解炉供煤。

煤粉制备系统设计应考虑下列因素：煤粉制备宜选用烘干带粉磨的系统。要求对不同煤质的适应性强时，宜采用钢球磨；当煤质较好，原煤水分较大，且煤源稳定时，宜选用辊式磨；煤粉制备的位置应根据窑的工艺要求确定，可布置在窑头或顶热器塔附近；煤磨的生产能力应为窑系统及其他所需总煤粉量的120%～135%；原煤仓的容量应满足煤磨生产的需要，下料应通畅；喂煤设备可采用密闭式定量或定容式喂料机，并设有下料锁风装置；粗粉分离器的布置应便于锥体部分的检查和上部风叶的调节，管上应设锁风装置；细粉分离器可布置在露天，并应便于上部防爆阀的检修；在出料部位应有锁风设施；煤粉仓的容量应满足窑生产的需要。煤粉仓应下料通畅，下料部位应有锁风设施；煤粉制备系统的粗粉分离器、细粉分离器、除尘器及全部风管均应保温、接地；煤粉系统的所有风管应减少拐弯，必须拐弯时，应防止煤粉堆积；当采用辊式磨时，原煤入磨前应设有除铁及报警装置。

出磨的煤粉水分应不大于1.5%，细度根据煤质和燃烧器型式确定。

煤粉制备系统的安全防爆设计必须考虑下列因素：粗粉分离器、旋风分离器、除尘器、煤粉仓磨尾等处必须装设防爆阀。防爆阀的个数和截面积应按照《水泥工业劳动安全卫生设计规定》的要求确定；煤磨进出口必须设温度监测装置，在煤粉仓、除尘器上也必须设温度和一氧化碳监测及报警装置；在除尘器进口必须设有快速截断阀或电动阀；煤粉仓、除尘器等设备必须设置灭火装置。

煤粉制备烘干热源设计应考虑下列因素：用烧成系统余热作为烘干热源时，宜在热风入煤磨前设置旋风除尘器；利用废气余热烘干的煤粉制备系统宜设置备用燃烧室，当设有两台煤磨时可共用一座备用燃烧室。

煤粉制备系统的除尘设计应考虑下列因素：除尘设备应选用煤磨专用的电除尘器或袋式除尘器，除尘设备必须有完善的防燃、防爆及防静电的设施；煤磨专用除尘器下的输送设备应有富裕能力；进入除尘器的气体温度应高于露点温度25℃以上。

煤粉供窑（分解炉）系统的设计应考虑下列因素：供窑和分解炉的煤粉可设置一个或两个煤粉仓，并设有荷重传感器；供窑和分解炉的煤粉应分别设置计量喂煤装置；煤粉输送采用气力输送或机械输送可根据输送距离确定。预分解窑的煤粉输送宜采用气力输送。

七、干法烧成系统的设计

分解炉选型及设计应考虑下列因素：分解炉按照燃料燃烧用气的不同，分为在纯空气中燃烧和混合气体中燃烧两种方式，具体采用哪种方式，可根据燃料性质确定。当燃料的挥发分含量低时，宜采用纯空气燃烧型分解炉。根据气流和物料在分解炉内的运动方式，分解炉有多种型式，宜根据原燃料性能及具体情况选择炉型和确定炉体结构尺寸。分解炉中气体的停留时间可根据分解炉的型式及原燃料性能确定，其停留时间应不低于2%。

分解炉用煤量的比例应符合：当采用三次热风从回转窑内通过时，分解炉用煤量宜占总用煤量的10%～30%；当采用有三次风管的分解炉时，分解炉的用煤量宜占总用煤量的55%～65%；当采用旁路放风时，应根据不同的放风量，使分解炉的用煤比例相应变化。

分解炉的设计应考虑下列因素：对燃料的适应性强，要求燃料在分解炉内能完全燃烧；入窑物料的表观分解率应达到85%～95%；分解炉内温度场要均匀；物料和气体在分解炉内停留时间之比要大；物料和燃料在分解炉内的分散性要好；出分解炉气体中 NO_x 含量要低；压力损失要小；炉体结构要简单。

预热器系统的设计应考虑下列因素：预热器系统应按窑能力的不同而确定采用单列双列或三列。当预热器废气用于烘干原燃料时，应根据入磨水分的大小，通过热平衡计算确定采用五级或四级；若采用六级预热器时，应根据工厂具体情况，通过技术经济比较确定；当预热器废气直接引入破碎烘干系统或其他热交换装置时，应根据不同装置对废气温度的要求，确定预热器级数。在小型预热器系统中，当原燃料中有害成分影响系统的操作时，可采用立筒预热器或立筒与旋风混合的预热器。

预热器技术性能应考虑下列因素：应采用高效低压损型预热器；系统的压损（包括分解炉的压损）应不大于5.5kPa；要求物料在气流中的分散性好，热交换效率高，排出气体的温度低。当采用四级预热器系统时，排出气体的温度不应高于380℃；当采用五级预热器时，不应高于350℃；预热器的分离效率高，一级预热器的分离效率应不低于92%；系统的密闭性能好，锁风装置灵活；预热器的风管和料管应有吸收热膨胀的措施；预热器应有捅料和防堵措施。当原燃料中有害成分高，并影响窑系统生产或要求生产低碱水泥时，可采用旁路放风系统。

预热预分解窑系统的布置应考虑下列因素：在满足预热预分解窑系统工艺生产要求的前提下，布置应紧凑，占地面积小，预热器塔架高度较低。预热器塔架根据布置要求，除设置各层主平台外，在需要操作和维护的地方都必须设置平台，并应有足够的平面和空间。检修时需要临时堆放耐火材料的各层楼面上，应有放置耐火材料的位置。压缩空气管路系统应送至预热器塔架各层主平台。窑尾塔架宜设置客货两用电梯。

湿磨干烧预热预分解窑系统的设计应考虑下列因素：湿磨干烧的料浆必须进行过滤性能

试验后，方能确定降低水分的工艺设备及工艺方案。当采用料浆过滤时，宜采用连续式过滤设备；入过滤机前的料浆应先除去粗颗粒及杂物。当料浆过滤性能差，不宜采用连续式过滤设备时，可采用压滤设备，或在料浆中掺入干料粉。过滤后的料饼入预热预分解窑系统前，必须烘干破碎。湿磨干烧的减水、滤饼处理等装置，应靠近预热器系统布置。

窑尾高温风机选型、布置与调速应考虑下列因素：高温风机的选型要求耐高温，最高温度为450℃，并耐磨损、耐磨蚀，风机效率要高，应不低于80%；风量储备系数不低于1.15，风压储备系数不低于1.2。高温风机应调速，可根据工厂规模、控制水平及工艺要求等条件选择调速方式。高温风机进风口应设自动调节阀门。高温风机在系统中，可布置在预热器后，增湿塔前，或放在增湿塔后，应根据工艺系统的要求确定。高温风机放在露天时，其传动部分应加设防雨措施。

废气处理系统设计应考虑下列因素：预热器系统排出的废气余热必须加以利用。废气处理系统的布置应靠近预热器塔架。余热利用的废气由有关工艺系统处理，多余的废气可选用电除尘器或袋式除尘器，经过调质除尘处理后，排入大气。增湿塔应有良好的调节性能，满足长期安全运行的要求。系统各部分阀门应可靠灵活，便于操作维护。废气处理系统的风管、增湿塔、除尘器应采取保温措施。废气处理热风管道布置应紧凑合理，避免水平布置。设备与管道连接处及管道两个固定支座间均应设膨胀节。增湿塔和除尘器下的输送设备能力应大于计算灰量的3倍。废气烟囱出口直径应根据烟囱出口流速确定，其流速可取10～16m/s。废气烟囱高度，应符合国家现行的《水泥厂大气污染物排放标准》的规定。在电除尘器入口应设检测一氧化碳的装置。当一氧化碳含量达1.5%时，自动报警；一氧化碳含量达2%时，自动切断高压电源。废气处理系统的控制和窑及原料磨密切相关，应平衡预热器排风机、磨尾排风机和除尘器排风机三者之间的关系。废气处理系统的回灰，应有送入生料均化库或原料磨、或直接输送入窑的可能。设有旁路放风系统的工厂，旁路放风收下的回灰，必须同时提出处理方案。

回转窑的设计应考虑下列因素：回转窑的规格应根据对烧成系统产量的要求，结合原燃料条件以及预热器、分解炉、冷却机的配置情况等因素综合确定预热器窑及预分解窑的长径比（L/D），宜取11～16。预热器窑及预分解窑的斜度应为3.5%～4%；最高转速：预分解窑宜为3.0～3.5r/min，预热器窑宜为2.0～2.5r/min；调速范围1：10。回转窑烧成带应有筒体温度的检测措施，筒体的冷却宜采用强制风冷。回转窑的主电机宜采用无级变速电动机，并需设置辅助传动，辅助传动应有备用电源。

回转窑的布置应考虑下列因素：回转窑中心高度宜根据熟料冷却机的型式及布置确定。

回转窑基础墩布置应考虑下列因素：回转窑的安装尺寸应一律以冷窑为依据；基础墩之间的水平距离，应根据热膨胀后的尺寸确定；窑筒体轴向热膨胀计算，应以设在传动装置附近带挡轮的轮带中心为基准点，向两端膨胀；基础面的斜度应与窑筒体斜度相等，基础孔应垂直于基础面。

当设有两台以上回转窑时，两窑中心距的确定应考虑下列因素：满足窑头和窑尾设备的布置要求；要便于设备操作和检修；结合中央控制室的合理位置。

窑墩间应设置联通走道，并与窑头平台及窑尾平台相联通；走道应设安全栏杆。

回转窑传动部分可不设厂房和专用的检修设备，但应有防雨设施，它与窑筒之间应有隔热措施。

分解炉三次风管的设计应符合下列规定：供分解炉用的助燃空气需从冷却机单独引出时，应设置三次风管。三次风管可从冷却机的上壳体或窑头罩引出。三次风管可布置成"V"字形或倾斜"一"字形，并宜设清灰措施。三次风管内的风速宜取 17～22m/s。

八、熟料、混合材料、石膏储存及输送的设计

熟料输送系统的设计应考虑下列因素：熟料输送机的能力应满足窑生产的需要。一台窑宜设置一台熟料输送机。当有两台以上窑合用一台输送机时，则应备用一台输送机。自冷却机至熟料库的熟料输送机宜采用链斗输送机、槽式（链板）输送机或链式输送机等，不应采用胶带输送机。熟料输送机地坑应有良好的通风和防水措施。在熟料输送机进料处，应设有除尘点；在转运点和入熟料库的下料处，宜设置袋式除尘器。

储库设计应考虑下列因素：储库的规格、个数按生产规模及物料储存期要求确定。熟料储存宜设生烧料储库。圆库、大圆库、帐篷库等卸料口个数的设置，应保证储库的卸空率不低于65%。熟料、混合材料、石膏储库的卸料设备，可选用振动给料机、扇形阀门等。当卸料量有计量配料要求时，宜选用定量给料机。储库出料口与卸料设备之间宜设置闸门，卸料设备的下料应降低落差、减少扬尘。熟料出库输送设备宜选用耐热胶带输送机，其上倾角度宜小于13°。库顶厂房的设置应根据建厂地区的气候条件确定。当不设库顶厂房时，在库顶的设备、管件与库顶板连接处必须防雨密封。熟料、混合材料、石膏储库的库顶及库底应设有除尘装置、可采用袋式除尘器。联合储库宜采用密闭式防尘。大圆库或帐篷库卸料输送地沟必须通风换气。对有熟料外运的工厂，需单独设置熟料出库装车系统，并设外运计量设施。

储库选型应考虑下列因素：熟料储存方式选用圆库、帐篷库、大圆库或联合储库等，应根据工厂规模、地基条件、熟料温度、环保要求等因素确定。石膏的储存可分露天堆存及库内储存两部分，大块石膏宜采用露天堆存，碎石膏宜用储库储存。粒状湿混合材料宜采用露天堆场、堆棚或联合储库储存。粒状干混合材料宜采用圆库储存。混合材料为粉煤灰等干粉状物料时，应采用圆库储存。

九、水泥粉磨的设计

水泥粉磨配料站设计应考虑下列因素：喂入粉磨系统的物料粒度，宜根据粉磨设备的型式和规格来确定。配料仓的容量应满足水泥粉磨生产的需要。当采用储存库配料时，其容量按储存期要求确定。喂料设备宜选用定量给料机，称量误差应小于±1%。喂料量调节范围为1：10。当选用辊式磨、辊压机作为预粉磨设备时，必须设置除铁及报警装置。配料仓设在联合贮库内时，上口尺寸应满足抓斗起重机的卸料要求。

水泥粉磨系统选用开路或闭路球磨系统，带辊压机或辊式磨的粉磨系统，可根据生产规模、物料性能、水泥品种、投资条件及粉磨系统的特点，经过技术经济比较确定。

水泥粉磨系统中主要设备的选型应考虑下列因素：水泥磨的选型，应根据生产规模、品种、粉磨系统特点等因素确定磨机台数，根据生产能力、日工作小时、物料的易磨性等确定磨机的规格，并应选用节能的粉磨设备。选粉机应选用高效选粉机。预粉磨装置应根据系统的不同进行选型。水泥输送应根据输送距离、高度、总图布置、能耗、投资等综合比较后确定采用机械输送或气力输送。

水泥粉磨系统的布置应考虑下列因素：钢球磨机中心的高度宜取磨机直径的0.8～1.0倍。中心传动的钢球磨机其传动部分和磨机厂房之间宜设隔墙。磨机研磨体的装载宜设置提升装置。选粉机、提升机、大型风机及大型阀门等上方应设提升装置或吊钩,并留出必要的起吊空间。闭路粉磨系统的出磨水泥及选粉机的粗料,采用空气输送斜槽输送时,斜度不宜小于8°。磨机润滑系统的油泵站布置,应保证回油管的斜度不小于2.5%。磨机两端轴承基础内侧应设顶磨基础。不宜入辊压机的物料,可直接送入磨机或选粉机。辊压机喂料仓内应保持一定的料柱,以保证喂料的连续性和均匀性。并宜设置旁路。磨机出料口应设锁风装置。

水泥粉磨成品的质量,应符合水泥现行国家标准的要求。水泥粉磨系统应采用磨内通风。大型磨机宜加设磨内喷水。在水泥粉磨系统的配料仓顶和仓底输送设备转运点,磨机系统应除尘,宜采用袋式除尘器。配料仓顶、仓底及除尘系统应根据当地气候条件确定保温措施。

十、水泥库的设计

水泥库的个数应根据装库和卸库的要求、入库前的水泥质量控制水平、水泥成品质量的检验要求、同时生产的水泥品种以及市场需要与运输条件等因素确定,并应符合储存期规定。当水泥库双排布置时,水泥库个数宜为偶数。水泥库底应设充气卸料装置,卸料口宜设置防止压料起拱的减压锥或其他设施。在寒冷地区的充气卸料装置应防止结冻。水泥库底充气气源宜采用回转式鼓风机,库底充气箱总面积不少于库底总面积的30%。水泥库卸料设备宜采用电动流量控制阀、电控气动开关阀等。水泥库库底卸料装置,宜由包装机前中间仓的荷重传感器或料位计控制开停。水泥库顶、底均应设除尘装置,可采用袋式除尘器。

十一、水泥包装、成品堆存及水泥散装系统的设计

包装机的选型和台数,应根据工厂规模、水泥品种、袋装比例、运输方式、运输条件等因素确定。水泥库输送至包装系统,其间宜设置中间仓,中间仓的容积应有足够的缓冲量,容量大小宜根据输送距离而定。包装机前必须设置筛分设备。在包装机所在平面,应有足够的操作空间及包装袋堆存空间,并设置提升装置吊运包装袋。包装机和卸袋输送装置下方,应设有回灰仓,并有回灰输送装置。袋装水泥胶带输送装置应为平型胶带输送机。当袋装水泥单包质量为50kg时,20包总质量应不小于1000kg。单包净重不小于49kg,合格率为100%。包装机的气控系统,应采用无油干燥的压缩空气。

包装生产线的控制系统,应与水泥库底的卸料设备相联锁。中间仓需设高、低料位计及报警装置,也可设置荷重传感器,根据仓内水泥的料位或质量报警,控制水泥库底卸料装置的开停。水泥包装系统的提升机、筛分设备、中间仓、包装机清包器、卸袋机、胶带输送机等处均应设除尘点,除尘设备宜用袋式除尘器。

根据运输和水泥发运条件、包装、散装的能力以及水泥库储存量等因素,确定水泥厂成品库的设置和成品库的储存量,储存期可为0~1d。成品库站台及铁路专用线上方应设雨棚,站台建筑物与铁路装车线之间的关系,应符合现行铁路规范的要求。设汽车袋装站台时,站台标高应根据车型确定。当不设成品库,采用直接装车时,包装机台数和发运设备的配置,应能满足装车车位和装车时间的要求。当采用大袋包装,设置成品库时,成品库荷载应根据大袋规格及堆存情况确定,并应在成品库中设置相应的起吊运输设备。包装袋库储存量,应根据包装袋供应来源确定。包装袋库设计应防潮防火。水泥散装宜单独设置散装库,散装设施应按火车、汽车、水运等散装运输方式配置,并分别满足车位、舶位、散装量、装车装船时间的要求。

新建厂的散装能力不宜小于70％，改、扩建厂的散装能力不宜小于50％。散装水泥出厂前应经过均化或多库搭配，确保水泥的均匀性。散装水泥库宜采用充气卸料，气源可采用回转式鼓风机。散装水泥的入库、卸料及装车应除尘，除尘设备可采用袋式除尘器。

十二、物料烘干系统的设计

烘干系统的设计应考虑下列因素：应根据物料的性能及需要烘干物料量选择烘干系统的工艺方案。烘干机前应满足喂料设备的要求，设置喂料仓，湿黏物料应设防堵浅仓。喂料设备应根据物料的性能选用，对湿黏性物料宜用板式喂料机，并需调速。烘干机的进料和出料输送系统中宜设计量装置。烘干机的热源可利用预热器废气，或篦式冷却机的废气余热。当无法利用废气余热时，也可单独设置燃烧室。

烘干系统的设置应考虑下列因素：在干法生产中，当硅铝质原料水分较高、粘结性较大、输送与储存困难时，宜单独设烘干系统。当矿渣、原煤、粉煤灰等物料因水分大需要单独烘干时，可设烘干系统。烘干后物料中水分必须满足输送、储存、计量及入磨物料综合水分要求。

烘干系统的布置应考虑下列因素：烘干系统的位置应便于余热利用，并靠近储库。烘干厂房设计及设备布置，应满足安装、检修、生产操作及通风散热的要求。烘干机和燃烧室须设置必要的热工测量孔和仪表。

烘干系统必须除尘，其排出气体的含尘浓度，应符合国家现行的《水泥厂大气污染物排放标准》的规定。

燃烧室的设计应考虑下列因素：燃烧室型式应根据工厂具体条件选用块煤燃烧室、煤粉燃烧室或沸腾燃烧室；块煤燃烧室宜采用机械加煤，不宜采用人工加煤；燃烧室应设防爆阀。烘干系统的设计应符合现行的《水泥工业劳动安全卫生设计规定》的有关要求。

十三、各装置耐火材料的设计

耐火材料的选择和配套应考虑下列因素：烧成系统设备配用的衬料品种，应根据窑的规格、原燃料性能、工艺操作参数以及配用设备类型等因素确定。预分解窑窑用耐火材料的配置，应符合《水泥工厂设计规范》的相关规定。预分解窑系统的不动设备，包括预热器、分解炉、窑门罩、三次风管、篦冷机、喷煤管等，其耐火材料的配置应符合《水泥工厂设计规范》的相关规定；单筒冷却机耐火材料的配置，应符合《水泥工厂设计规范》的相关规定。

耐火泥浆必须与耐火砖性能匹配，不同类别的耐火砖和耐火泥浆不得相互配用，耐火砖与耐火泥浆匹配的要求应符合《水泥工厂设计规范》的相关规定。

1. 窑内砖型设计宜考虑下列因素：

高铝质、黏土质衬砖宜用ISO标准系列；窑内衬砖宜用单层；窑内低温部位使用的高强隔热砖强度不得小于10MPa；窑内衬砖厚度范围值宜符合《水泥工厂设计规范》的相关规定；新型干法窑衬砖长度宜为198mm；窑内楔形砖的小头必须有标记。

2. 窑内衬砖的衬砌宜符合下列要求：

窑内衬砖宜用环砌；镁质砖宜用干砌或湿砌；高铝质、黏土质砖应湿砌；窑内衬砖的砌筑，纵向砖缝：镁质衬砖为2mm，高铝质、黏土质衬砖不得大于2mm；环向砖缝：镁质衬砖2mm；高铝质、黏土质衬砖为2mm。镁质衬砖干砌时，应使用铁板和衬板填塞砖缝。

3. 窑内衬砖使用的耐火泥浆宜符合下列要求：

窑内衬砖使用的耐火泥浆品种宜符合《水泥工厂设计规范》的相关规定。当衬砖配用对筒体有腐蚀性的耐火泥浆砌筑时，该耐火泥浆只能接触砖面，不能直接接触筒体，与筒体接触的砖面必须配用对筒体没有腐蚀性的耐火泥浆。

4. 窑内挡砖圈设计宜符合下列要求：

窑头应设置一道挡砖圈，窑尾挡砖圈的数量应按窑长和衬砖外形等条件确定；窑皮稳定部位可不设置挡砖圈；距轮带和大牙轮4m内不得设置挡砖圈；挡砖圈应有足够的强度、受热变形小，其型式应根据使用条件而定；挡砖圈应与筒体垂直，其偏斜不得大于1.5mm。

5. 窑头衬砖的外形应与保护铁匹配，使保护铁不直接接触高温气流。

6. 窑筒体孔洞四周的衬砖砌筑应使热气流不接触金属筒体。

7. 窑筒体两端，及筒体孔洞四周衬砌宜用耐火浇筑料。耐火浇筑料应配置锚钉，锚钉形状及数量、排列方式以固定浇筑料为准，并预留灌注、振捣位置，设置结构缝、伸缩缝。

预分解窑不动设备衬料设计应考虑下列因素：圆柱体和锥体衬砖宜用两种砖型搭配设计；若平面墙体，宜用直形砖和锚固砖搭配设计；若平面墙体按弧形面设计，宜用直形砖和楔形砖搭配设计；衬体高度较高时，必须设置托砖板分段砌筑。托砖板在工作温度下应有足够的强度，板面应平整。托砖必须与托砖板匹配，应使托砖板不直接接触热气流；所有墙体砌筑，均应设置隔热层；工作层耐火砖厚度及隔热砖厚度，宜用65、114、230或75、124、250mm；隔热层厚度应根据工作温度、筒体表面温度的要求和所选用隔热材料的导热系数来确定。当工作温度小于1000℃时，隔热导层宜选用硅酸钙板，其单层厚度小于80mm；当厚度大于80mm时，宜用双层，每层厚度应大于30mm；当工作温度大于1000℃时，应采用隔热砖；锚固件在工作温度下应具有足够的强度；必须选配相应的锚固砖；锚固件焊在壳体上，其设置的数量及位置的确定，应使墙体上衬砖牢固，紧靠壳体为宜；不动设备墙体砌筑时，衬砖应错砖，砖缝不得大于2mm，隔热层与工作层之间的缝隙宜取1~2mm；墙体应留有膨胀缝，其纵向膨胀缝宽度不大于10mm，二道缝膨胀的间距应经计算确定，隔热层不设膨胀缝。每排托砖板与下层墙体之间，应留有膨胀缝，缝内堵塞耐高温的陶瓷纤维棉；各不动设备墙体的直墙、顶盖、孔洞四周以及形状复杂的部位，宜使用耐火浇筑料，其厚度不小于50mm；耐火浇筑料与金属筒壁之间的隔热层宜选用硅酸钙板；使用耐火浇筑料应配置锚钉，锚钉形状及数量、排列方式以固定住浇筑料为准，并应预留振捣位置及设置结构缝和膨胀缝。

单筒冷却机的衬料设计应考虑下列因素：单筒冷却机的砖型应按ISO标准系列设计；单筒冷却机内衬砖的厚度宜符合《水泥工厂设计规范》的相关规定；单筒冷却机衬砖长度宜为198mm；单筒冷却机衬砌要求应符合《水泥工厂设计规范》的相关规定。

耐火材料的储存应考虑下列因素：耐火材料必须放置在耐火材料库内储存；耐火材料库宜靠近烧成车间，运输方便；耐火材料库有效面积宜符合《水泥工厂设计规范》的相关规定；耐火材料库应干燥、通风、搬运方便，宜采用水泥地面。

第三节 辅助设施的设计

1. 配料设计

配料设计应考虑下列因素：熟料率值目标值和波动范围，应根据原燃料质量特性、窑型、产品品种要求等因素确定；配料所用原燃料化学成分及煤质资料必须准确可靠，并应具有代表性和实用性。应经多方案比较，提出适宜的几组方案，并推荐最佳方案；六种通用水泥中化学组分的允许含量，应符合相关规定的要求。

原燃料选择应考虑下列因素：满足工厂产品方案（品种、标号、有害组分限量等）的要求；根据不同的生产方法和窑型，采用适宜的熟料率值和矿物组成；根据原燃料特征，优化配料方案，简化原料品种。原料产地宜靠近厂址，就近选择；主要配料用原料应在满足国家现行《水泥原料矿地质勘探规范》的前提下，根据矿床赋存条件和质量特征，经济合理地充分利用矿产资源，提出不同品级的质量要求；石灰石和硅铝质原料应有国家或省级矿产资源主管部门批准的资源勘探地质报告。其他配料用原料应有可靠的资源保证；应根据原燃料质量、储量及原料工艺性能试验等因素，最终确定或调整生产方法、产品方案和原料品种；在保证配料要求前提下，应采用或搭配掺用低品位原料和工业废渣，并应经原料工艺性能试验，确认其技术可行性和经济合理性。

2. 矿山设计

石灰质原料应考虑的因素主要是石灰质原料质量指标：氧化钙（CaO）含量大于48%；氧化镁（MgO）含量小于3%；碱（$K_2O + Na_2O$）含量小于0.6%；三氧化硫（SO_3）含量小于1%；游离氧化硅（f–SiO_2）含量小于6%（石英质），或小于4%（燧石质）；氯离子（Cl^-）含量小于0.015%。矿区内赋存的夹层、围岩及覆盖层等岩石质物料，条件许可时，可合理搭配掺用。矿床中的裂隙土、岩溶充填物及覆盖土等松散物料，当其化学成分适宜时，在满足水泥原料配料前提下，可搭配掺用。

硅铝质原料应考虑下列因素：产品方案中对氧化镁或碱含量有限量要求时，氧化镁（MgO）含量小于3%；应首选岩石状硅铝质原料（如页岩类、粉砂岩类、砂矿类等）。

对铁质原料质量指标的要求是：原料硅酸率较低，不能满足配料要求时，应增加硅质校正原料，其主要质量指标宜考虑下列因素：以石灰质原料质量指标为主，其他原料的质量指标可作适当调整，最终应以满足熟料率值及其有害成分限量为准。

水泥原料矿山设计，必须对已探明的矿产资源充分利用。对多品级矿山宜首先采用计算机技术优化搭配开采、降低剥采比的方案，扩大矿山资源利用量。必须对矿山的开发进行总体规划。在近期效果最佳的前提下，合理确定采矿范围，处理好近期生产与远期生产、高品位与低品位、优质与劣质之间的关系，做到统一规划，合理开采，综合利用。矿山设计生产规模的划分应按水泥工厂设计生产规模确定。矿山开采应采用机械化生产，其装备水平应与水泥工厂装备水平相适应。大中型矿山的服务年限不应小于30年。石灰石矿山年工作日数不宜大于300d，日工作班制宜采用两班。辅助原料矿山年工作日数不宜小于250d。矿山开采过程中，各生产环节产生的粉尘、噪声，必须控制在现行的国家标准规定范围内。矿山设计应少占、分期占用或租用土地。对占用的耕地和森林，在开采工艺设计时应提出土地复垦的意见。土地复垦规划应与土地利用总体规划相协调。在制定土地复垦规划时，根据土地破坏状态及自然条件，经济合理地确定土地复垦后的用途。在城市规划区内，复垦后的土地利用应符合城市规划。

3. 车间配电及控制

电动机的选择应考虑下列因素：主机对起动条件、调速及制动无特殊要求时，应采用鼠笼型电动机；颚式破碎机、大容量锤式破碎机等对起动转矩、转动惯量、电源容量有特殊要求，当按起动条件不允许采用鼠笼型电动机时，应采用绕线型电动机；磨机电动机选型，应根据电源条件和磨机设备的要求，经过技术经济比较后，可选鼠笼型电动机、绕线型电动机、同步电动机、感应同步电动机等；需要调速的风机电动机（如窑尾高温风机），根据不同的调速方案，经技术经济比较，可采用鼠笼型电动机、绕线型电动机或直流电动机；回转窑宜采用直流电动机，并须满足起动转矩的要求；需要调速的各种喂料机，根据不同的调速要求，可以采用鼠笼型电动机变频调速、变极多速异步电动机、电磁调速异步电动机和直流电动机等。

选择电动机的额定功率，应考虑下列因素：对负荷平衡的连续工作方式的机械，应按机械的轴功率选择。对装备飞轮等装置的机械，应计入转动惯量的影响；对负荷变动的连续工作方式的机械，宜按等值电流或等值转矩法选择，并应按允许过载转矩校验；选择电动机额定功率时，应根据机械类型及其重要性，计入储备系数；电动机使用地点的海拔高度和介质温度，应符合电动机的技术条件。当与规定工作条件不符时，电动机的额定功率应按制造厂的资料予以校正；交流电动机的电压宜按容量选择。200kW 及以上时，采用 6kV 或 10kV；200kW 以下时，采用 380V；电动机的型式及防护等级，应与周围环境条件相适应。

设计电动机的起动方式应考虑下列因素：

鼠笼型电动机和同步电动机，当满足以下条件时，应采用全电压起动：生产机械允许承受全电压起动时的冲击力矩；电动机起动时，其端子电压应能保证机械要求的起动转矩，配电母线上的电压，应符合国家现行有关标准和规范的规定；制造厂对电动机的运动方式无特殊要求。

鼠笼电动机和同步电动机，当不符合全电压起动条件时，电动机宜降压起动，或选用其他起动方式。低压电动机宜采用切换绕组接线，串接阻抗或自耦变压器起动。高压电动机宜采用电抗器起动。当不能同时满足降低起动电流和保证起动转矩的要求时，应采用自耦变压器起动。轻载起动的低压鼠笼型电动机经技术经济比较合理时，也可选用软起动装置。大型电动机（200kW 以上）尚需根据电动机的结构条件、允许温升以及制造厂规定的方式起动。

当有调速要求时，电动机的起动方式应与调速方式相配合。

绕线型电动机，宜采用转子回路接入频敏变阻器或液体变阻器起动，其起动转矩应符合生产机械的要求。

直流电动机，宜采用调节电枢电压降压起动，起动电流不应超过制造厂规定的允许值，起动转矩应符合生产机械的要求。

设计电动机的调速方式应考虑下列因素：电动机调速方案的选择，应满足工艺设备对调速范围、调速精度和平滑性的要求。并应对调速方案的技术先进、安全可靠、节能效果、功率因数、谐波干扰、使用维护、投资等进行综合技术经济比较后选定；需要调速的喂料机、选粉机、冷却机等宜采用变频调速，或采用直流可控硅调速，也可采用电磁调速异步电动机调速；回转窑宜采用数字式直流可控硅调速、调节电枢电压实现恒转矩调速。回转窑采用双电机拖动时，应对两台电动机由于特性不一致引起的负荷分配不均衡采取措施；需要调速的风机（如窑尾高温风机等）的调速方案应经技术经济比较后确定。可选用变频调速、数字式直流可控硅调速、可控硅逆变串级调速，以及调速型液力耦合器调速等；对于调速要求不多于四级，允许分级调速的机械，也可采用交流变极调速。

设计电动机的保护方式应考虑下列因素：低压交流电动机应装设短路保护和接地故障保

护，并根据具体情况分别装设过负荷保护、断相保护和低电压保护，并应符合现行国家标准《通用用电设备配电设计规范》的规定；低压交流电动机的短路保护装置，宜采用低压断路器的瞬动过电流脱扣器或采用熔断器，并应满足灵敏度要求及电动机起动要求；低压交流电动机的接地故障保护应符合现行国家标准《低压配电装置及线路设计规范》的规定；低压交流电动机的过负荷保护装置，宜采用热继电器或低压断路器的长延时过电流脱扣器。也可采用反时限或定时限过电流继电器，其时限应满足电动机正常起动不动作；低压交流电动机的断相保护装置，宜采用断相保护的三相热继电器，亦可采用温度保护或专用断相保护装置；交流电动机的低电压保护装置，宜采用接触器的电磁线圈或低压断路器的失压脱扣器作为低电压保护装置。当采用电磁线圈作为低压保护时，其控制回路宜由电动机的主回路供电；当由其他电源供电主回路失压时，应自动断开控制电源。

当遇到下列情况必须设计电动机的过负荷保护：容易过负荷的电动机；风机类电动机、磨机、破碎机电动机等起动困难，而需限制起动时间的电动机；连续运行无人监视的电动机；连续运行的三相电动机应装设断相保护装置；同步电动机应装设失步保护。并宜在转子回路中加装失磁保护和强行励磁装置；直流电动机应装设短路保护、过负荷保护和失磁保护；3～10kV 异步电动机和同步电动机的保护，应符合现行国家标准《电力装置的继电保护和自动装置设计规范》的规定。

电动机的控制设计应考虑下列要求：机旁手动操作长期运行的大、中型绕线电动机，应带有提刷装置，并设有电刷提起位置的联锁装置；电动机在集中控制时，凡控制岗位看不到的设备，在起动前应先发起动预报信号；控制点应设电动机运行信号和故障报警信号；对于远离控制岗位的移动设备，应有设备位置信号。生产上互有关联的集中控制点之间，或集中控制点与有关岗位之间，应设联络信号；正常生产时，集中控制的电动机应设有"集中－机旁"的控制方式选择。选择在机旁方式时，电动机可通过机旁控制按钮进行单机试车。在控制岗位看不到的设备，电动机应设带钥匙的紧急停车按钮；斗式提升机应在尾轮部位增设紧急停车按钮。输送距离大于 30m 的带式输送机（不带保护罩），应在巡视通道侧（一侧或两侧）设拉绳开关，宜每隔 50m 安装一个。与其他设备有联锁关系的输送设备，宜用速度开关作应答信号；移动机械（如卸料小车）有行程限制时，行程两端应设有限位保护；起吊设备、检修设备的电源回路，宜增设就地安装的保护开关，并应设漏电保护装置。

车间控制的设计应考虑下列要求：车间控制水平应和工厂规模、工厂自动化水平相适应；大、中型新型干法水泥工厂的主要工艺流程控制（从预均化堆场或原料配料站到水泥入库），应采用全厂设中央控制室的计算机集散型控制方式。其他车间可采用分点集中控制；小型新型干法水泥工厂的主要生产车间，以及有条件的车间，宜设控制室集中或分点集中控制；中央控制室应选择在靠近负荷中心、进出线方便、便于生产操作和监视电气设备的运行、有较好的采光和通风、噪声小、灰尘少、振动小、无有害气体侵袭的地方，宜与仪表室合建；电动机的联锁关系和逻辑控制，应满足工艺生产和设备保护的要求；当采用接触器转换开关（按钮）控制方式时，电动机宜采用设在控制箱上的操作开关控制，并应按逆工艺流程起动，顺工艺流程停车。当电动机事故停车时，与其有联锁关系的电动机应顺序停车。控制箱上应设解锁开关；工艺流程复杂的车间，在车间控制室宜设工艺流程模拟图。

设计低压配电系统时应考虑下列因素：车间用电设备的交流低压电源，宜由设在电力室

（或车间变电所）的变压器提供。车间低压配电宜采用 380/220V 的 TN 系统；以一、二级负荷为主的电力室（或车间变电所）宜安装两台及以上变压器，单母线分段运行。当只设一台变压器时，应设低压联络线，由附近电力室（或车间变电所）取得备用电源；供给三级负荷的车间变电所，可只设一台变压器；同一车间内、同一生产流程中的高、低压电动机，应由同一段高压母线供电。平行的生产线，宜由不同段高压母线供电。平行生产线的公用设备，应能从供电给各平行生产线中的两路电源受电，并设电源切换装置；大、中型新型干法水泥工厂，有条件时，宜在电力室内设电动机控制中心，直接对车间用电设备放射式供电，对于非生产线的检修设备、可以采用放射式、树干式相结合的配电方式；小型新型干法水泥工厂，宜在车间变电所设低压配电屏，对每个车间以放射式供电。容量 55kW 及以上的电动机，宜由车间变电所直接供电。对于距离变电所较远的辅助车间，可以采用树干式供电方式；小型新型干法水泥工厂，宜在车间控制室或车间内负荷集中的地方，设置低压二次配电点，对本车间用电设备放射式供电，对非生产线的检修设备，可以采用放射式树干式结合的配电方式；车间的单相负荷，宜均匀地分配在三相线路中。在 TN 及 TT 系统接地型式的低压电网中，当选用"D，yn0"结线组别的三相变压器时，其由单相不平衡负荷引起的中性线电流，不得超过低压绕组额定电流的 25%，且其一相的电流在满载时，不得超过额定电流值；在同一工程中，变压器的型号应一致，并应减少规格。

电气测量仪表的配置，应符合现行的国家标准《电力装置的电测量仪表装置设计规范》的规定，并应考虑下列因素：各电力室、变电所的低压进线回路，宜装设带转换开关测三相电压的电压表、三相电流表、三相四线电度表；负荷容量在 50kW 以上，需要单独进行经济核算的馈电回路、总照明回路，应装三相电流表及三相四线有功电度表；容量在 20kW 及以上的电动机、调速电动机，经常过载的电动机（如提升机等）及工艺要求监视负荷的电动机，宜装设电流表。55kW 以上电动机应装单相电度表；车间内的配电箱或控制箱应装指示电源电压的电压表；无功补偿电容器回路应装三相电流表、功率因数表、三相无功电度表；母线联络回路宜装三相电流表；供直流电动机用电的整流装置上，宜装设测电枢回路的直流电压表、电流表，以及测励磁回路的电压表、电流表及电动机转速表；同步电动机应装设交流电流表、电压表、功率因数表，以及直流励磁回路电压、电流表；当采用 DCS（集散型计算机控制系统）控制时，高压电动机的功率，调速电动机的电流，工艺要求监视负荷的电动机电流，应变换成 DCS 可以接受的信号，送入 DCS 系统。

4. 生产过程自动化

（1）4000t/d 及以上新型干法熟料生产线的自动化设计，应考虑下列因素：

①应设置集散型计算机控制系统（简称 DCS），对生产过程进行监视、控制和管理。其控制、管理范围宜从预均化堆场至水泥入库。水泥成品的管理和控制，宜采用独立的可编程序控制系统（简称 PLC），但其运行信号应用 DCS 系统通讯。通讯网络宜采用冗余配置。DCS 的选择原则，除应可靠、先进外，还应具备开放性和可扩展性、易操作性和易维护性、完整性和成套性，并具有合理的性能价格比。

②应设生料质量控制系统，宜采用 X 射线多道光谱分析仪，分析 8~10 种元素，有条件时可加一个扫描通道，并与 DCS 通讯进行在线实时生料配料控制。应采用连续性自动取样、人工送样和人工制样装置，有条件时，可增加自动送样和自动制样装置。对两台以上的生料磨工艺线，宜配两台制样研磨机。

③测量窑筒体温度和窑轮带间隙，应采用定点式带微机控制的线扫描红外测温装置。

④窑头和篦式冷却机应设置专用工业电视装置：在生产过程的关键区域，应设置工业电视装置。

⑤宜设水泥工厂生产信息管理系统，对生产经营进行计划、协调、管理与决策。

（2）2000t/d以上4000t/d以下新型干法熟料生产线的自动化设计，应考虑下列因素：

①应设DCS系统对主要生产过程进行监视、控制和管理。其控制、管理范围宜从出预均化堆场至水泥入库。当条件允许时，可适当扩大其控制、管理范围。水泥成品的管理和控制，宜采用独立的PLC系统，但其运行信号应与DCS系统通讯。通讯网络宜采用冗余配置。DCS的选择原则，应符合《水泥工厂设计规范》的相应规定。

②应设生料质量控制系统，采用X射线多道光谱分析仪，或X射线分析仪，分析8种元素，并与DCS通讯进行在线实时生料配料控制。应采用连续自动取样、人工送样和人工制样装置，有条件时，可增加自动送样装置。

③窑筒体测温和工业电视设置，应符合《水泥工厂设计规范》的相关规定。

④有条件时，宜设水泥工厂生产信息管理系统。

（3）1000t/d以上2000t/d以下新型干法熟料生产线的自动化设计，应考虑下列因素：

①宜设DCS系统，对主要生产过程进行监视、控制和管理。其控制、管理范围宜从原料配料站至水泥入库。其他车间可采用智能化仪表和DLC系统等组成的过程检测控制系统。

②DCS的选择原则，应符合《水泥工厂设计规范》的相应规定。

③窑筒体测温宜采用定点式带微机控制的线扫描红外测温装置；生料质量控制系统应符合《水泥工厂设计规范》的相关规定。

④窑头和篦式冷却机宜设专用工业电视装置。

（4）1000t/d以下新型干法熟料生产线的自动化设计，应考虑下列因素：

①有条件时，宜采用DCS系统，对主要生产过程进行监视、控制和管理。DCS的选择原则应符合《水泥工厂设计规范》的相关规定。

②新型干法工艺生产线生料质量控制，宜设X射线分析仪或其他多元素分析仪。

③有条件时，可设置测量窑筒体温度的红外扫描监视装置和窑头专用工业电视装置。

（5）原料系统过程检测与控制设计应考虑下列因素：

①根据工艺及设备保护要求，原料破碎及输送宜设置：原料计量、破碎机轴承温度检测及破碎机负荷调节等装置。

②原料预均化堆场的堆、取料机的控制设计，应设置PLC为主的控制系统；其控制系统应具备手/自动及遥控等功能；宜设置工业电视监视系统。

③原料粉磨系统的检测与控制设计，应符合下列规定：应对反映主机设备安全及工艺过程正常运行的参数，进行检测、显示、报警；宜设原料磨负荷控制回路；宜设磨机出口气体温度、磨机进口气体压力、磨机风量控制回路；应设增湿塔出口气体温度控制回路。

（6）煤粉制备系统过程检测与控制设计，应考虑下列要求：火灾危险场所自动化设计，应符合现行的国家标准《爆炸和火灾危险环境电力装置设计规范》及《水泥工厂设计规范》的相关规定；应对反映主机设备安全及工艺过程正常运行的参数，进行检测显示报警；应设电除尘器或袋除尘器出口一氧化碳含量及煤粉仓温度检测；宜设煤粉仓一氧化碳含量检测；宜设磨机出口温度、磨机风量及磨机负荷控制。

（7）烧成系统过程检测与控制的设计，应考虑下列因素：

①生料均化库及生料入窑

生料均化库库底充气控制，宜采用 PLC 控制装置，条件允许时可采用 DCS 控制；应设生料喂料控制回路，宜设置自动在线流量校正装置；应设仓重控制回路。

②预热器及分解炉

在各级预热器的出口或进口，应设气体温度、压力检测；在预热器卸料管，宜设物料温度检测；在易发生堵料的预热器锥体部，宜设防堵检测；在预热器出口，宜设气体成分检测分析。有条件时，预热器出口设气体流量检测，在窑尾烟室增设气体成分检测分析；宜设分解炉温度控制回路；宜设三次风空气温度及压力检测。

③回转窑

应设窑尾烟室气体温度、压力检测；宜设窑烧成带温度检测、二次空气温度检测；应设回转窑托轮轴承温度检测，宜设回转窑位移及轮带间隙等检测。对窑的减速机和主电机的润滑装置，按设备要求设相应的检测；宜设窑头负压控制回路。

④冷却机及熟料输送

应设篦冷机篦板温度、篦下压力等参数检测；应设各室风机风量、篦床负荷检测及篦板速度控制回路；宜设熟料温度检测及熟料计量装置；熟料库应设料位检测。

（8）水泥粉磨系统过程检测与控制的设计，应考虑下列因素：

①水泥磨采用球磨时，应对反映主机设备安全及工艺过程正常运行的参数进行检测、显示、报警；宜设粉磨系统负荷控制回路。

②水泥磨采用预粉磨装置时，宜增设喂料仓料位控制回路；应根据预粉磨装置本身的控制要求，设置相应的控制回路。

（9）水泥储存、包装及发送系统过程检测与控制的设计，应考虑下列因素：水泥库应设料位检测；宜设中间仓料位控制回路；当工厂的 DCS 不包括水泥包装时，宜采用微机控制管理系统。

5. 控制室

（1）控制室设置应考虑下列因素：应根据工艺控制要求和自动化设计原则，确定设置中央控制室，或分车间控制室；辅助车间应按需要设置控制室；对于分车间控制，控制室不宜过于分散。控制室位于被控区域的适中位置，要满足生产控制的要求，方便电缆管线进出和敷设，避开电磁干扰源、尘源和震源等的影响。

（2）控制室的设计应考虑下列因素：应有防尘、防火、隔音、隔热和通风等设施；面积应满足设备安装、操作维修和检修等要求；室内不应有无关的工艺管道通过；对采用集散型计算机控制系统的新建生产工艺线，宜设中央控制楼。内设中央控制室、荧光分析室、生料样品制备室和仪表维修室等；中央控制室净空高度宜为 2.8~3.2m，应铺设防静电活动地板，其高度宜为 250~350mm；设有 DCS 系统和 X 射线分析仪等的控制室，应根据设备的要求设置空气调节系统，其室内计算温度、湿度应符合《水泥工厂设计规范》的规定。其他控制室应根据设备要求设空气调节装置；控制室应按现行的国家标准设置消防设施，并应符合《水泥工厂设计规范》的相关规定。

6. 节能的设计

水泥工厂的设计应遵照国务院《节约能源管理暂行条例》和原国家建材总局实施《建

材节能综合工程》的要求，及国家节约能源的其他有关规定，做到节约和合理利用能源。

在可行性研究和初步设计文件中，必须有论述本工程项目节约与合理利用能源的篇章。各专业采用的节能措施必须相互协调，充分发挥节能效益，使工程项目的整体节能效果最佳。主体车间应布置紧凑，并使各功能区总体布局合理。设计中应采用能耗低的工艺和设备，能耗指标应达到现行国家标准《水泥能耗等级定额》的规定，严禁选用已经公布的淘汰产品。设计中应充分利用余热，因地制宜合理选择余热利用方案。设计中应根据当地条件，变废兴利，节约能耗，综合利用工业废渣，如利用高炉渣、电石渣、粉煤灰、磷石膏等生产水泥。设计中应经济合理地确定隔热与保温材料，及其结构形式和厚度，减少热损失。

7. 热能利用

热能利用设计中应采用先进的、节能降耗的工艺技术和装备，并应符合《水泥工厂设计规范》及《水泥工厂余热发电设计规范》的相关规定要求。

（1）新型干法水泥工厂的烧成系统降低热耗应考虑下列因素：回转窑的燃煤装置，应优先采用多通道燃烧器。宜采用高效冷却机，提高冷却机的热效率。在系统设计和设备设计中，应减少窑系统漏风，加强窑头、窑尾的密封。窑尾预热器系统应根据余热利用情况，合理配置预热器级数，并配有锁风性能强的下料阀和有效的撒料装置。烧成系统应合理地采用优质耐火材料和隔热材料。烧成系统应配有计量准确、稳定运行的喂料、喂煤系统，达到优质、高产、低耗。

（2）余热综合利用应考虑下列因素：设计新型干法水泥工厂时，将窑尾预热器和冷却机排出的废气，作烘干用的气源，实现热能回收利用。对水泥工厂的各类热风管路，均应敷设性能好的保温材料，加强保温。输送热风和物料系统中，各种法兰连接和锁风装置应严密，不得漏风漏料。在条件具备时，应利用窑尾预热器和篦式冷却机的废气，设计低温余热发电。

第四节 建筑结构的设计

1. 主要结构设计及选型

水泥工厂建（构）筑物的基础，应优先采用天然地基。若遇有下列情况时，可采用人工地基：天然地基的承载力或变形不能满足建（构）筑物的使用要求；地基有好的下卧层，经技术经济比较，采用人工地基比天然地基更为经济合理；在地震区天然地基有不能满足抗液化要求的土层。

多层厂房宜采用现浇钢筋混凝土框架结构。单层厂房宜采用预制装配式钢筋混凝土结构或钢结构。

预热器塔架的选型，小型厂宜选用钢筋混凝土结构，大中型厂可选用钢结构、钢筋混凝土结构或钢-钢筋混凝土（混合）结构。

圆形预均化库、帐篷库和长条形预均化库等的屋盖结构，宜采用钢结构。

筒仓应采用现浇钢筋混凝土结构。直径小于 8m 时，可采用砖筒仓；直径大于 18m 时，经比较经济合理时，可采用预应力钢筋混凝土筒仓。

回转窑基础，可采用大块式、墙式、箱形或框架式的结构。

2. 结构设计布置

厂房的柱网，在满足生产工艺要求和不增加面积的原则下，应整齐，符合建筑模数；平台梁板的布置，应规则，受力明确。厂房内的大型设备基础、独立的构筑物、整体的地坑等，宜与厂房柱子基础分开。厂房外毗邻的建筑物，宜用沉降缝或伸缩缝与厂房分开。筒仓边的喂料楼、提升机楼和楼梯间，宜完全附着在筒仓上。辊压机基础宜放在地面上，当放在楼板上时，应采取加强措施。建筑在高压缩性软土地基上的厂房，应根据地面大面积堆料对建筑物的影响，采取相应的措施。输送天桥支在厂房上或筒仓上时，应在天桥支点处设置滚动支座。对窑、磨基础，预热器塔，筒仓，烟囱等建（构）筑物，应设置沉降观测点。

3. 结构的设计计算

预热器塔架、双曲线冷却塔、水塔、烟囱以及高度与宽度之比大于 4 的框架、天桥支架等的设计，均应计入风振系数。预热器塔架、高度与宽度之比大于 4 的框架及天桥支架，在风荷载作用下，顶点的水平位移 Δ 与总高度 H 之比/ΔH，不应超过 1/500。在多遇地震作用下，Δ/H 不应超过 1/450。计算地震作用时，可变荷载的组合值系数，应按《水泥工程设计规范》中相关系数采用。回转窑基础和磨基础的地基反力，不宜出现拉力。相邻两个基础之间的不均匀差异沉降量不应大于 10mm。回转窑基础和管磨基础，可不作动力计算。回转窑基础、磨基础、破碎机基础和大型风机基础，可不作抗震验算。对有温度变化的管磨基础和筒式烘干机的基础，应计入轴向的温度伸缩力。设计长胶带头部支架和导向轮的承重结构时，应计入长胶带拉力对结构的作用。

第五节 生产线设备的配置及建设投资

众所周知，一套完整的新型干法水泥生产线是由原料均化系统、预分解窑系统、粉碎粉磨系统、自动化控制系统、环保除尘等系统组成的。科学合理的系统配置不仅节约投资，而且可以得到投入产出比与生产效率最大化，以及使资源得到充分的利用。因此，不同规模新型干法水泥生产线设备的配置直接影响着投资规模，同时也是设计部门和建设单位首先应该考虑到的重要问题。

一、不同规模生产线主要设备的配置

由于不同规模新型干法水泥生产线存在着各种差异，实施的设备配置方案也就不同，按 2500t/d、3200t/d、5000t/d 及 10000t/d 设计的配置方案分别见表 2-1、2-2、2-3 及 2-4：

表 2-1 2500t/d 熟料预分解窑生产线主要设备配置

序号	名 称		型式规格	生产能力	数量
1	石灰石破碎机		单段锤式 TKLPC20.22	650t/h	1
2	石灰石预均化堆场		悬臂式侧堆料机	600t/h	1
			桥式刮板取料机	250t/h	1
3	原料粉磨	方案一	中卸烘干磨 $\phi 4.6 \times (8.5+3.5)$ m	185~200t/h	1
			组合式选粉机 TLS2800		1
		方案二	辊式磨 TRM36.40		1

续表

序号	名　称		型式规格	生产能力	数量
4	回转窑		$\phi4.0\times60m$	2500t/d	1
5	预分解系统	方案一	带 TDF 炉的单系列五级低压损预热器	2500t/d	1
		方案二	带 TDF 炉的双系列五级低压损预热器		1
6	冷却机		可控气流篦冷机 TC－1164 出料温度：65℃＋环境温度	2500t/d	1
7	煤磨	方案一	辊式磨 TRMC1720	16～17t/h	1
		方案二	风扫磨 $\phi2.8\times(5+3)m$		1
8	水泥粉磨	方案一：预粉磨系统	辊压机 TRP120×80，2×500kW	120t/h（P.O42.5）	1
			球磨 $\phi4.2\times11m$，2800kW		1
		方案二：联合粉磨系统	辊压机 TRP140×100，2×630kW		1
			V 型选粉机 120000m³/h		1
			球磨 $\phi3.8\times13m$，2500kW		1
		方案三：圈流粉磨系统	球磨 $\phi4.0\times13m$，2800kW	78t/h（P.O42.5）	2
9	水泥包装		回转式水泥包装机 6RS	90t/h	2

表 2－2　3200t/d 熟料预分解窑生产线主要设备配置

序号	车间名称	主机名称	主要参数	数量（台）
1	石灰石破碎	单段锤式破碎机	进料粒度：≤1250×1000×1000mm 出料粒度：<10% R 75mm 能　　　力：600～750t/h	1
2	砂岩破碎	反击式粗碎机	进料粒度：≤600mm 出料粒度：<50mm 能　　　力：120t/h	1
3	煤破碎	环锤式破碎机	进料粒度：≤300mm 出料粒度：≤50mm 能　　　力：150t/h	1
4	石灰石预均化堆场	悬臂式堆料机	能　　　力：600t/h（正常），750t/h（最大）	1
		刮板取料机	能　　　力：70～420t/h	1
5	辅助原料、煤预均化堆场	悬臂式堆料机	能　　　力：300t/h	1
		悬臂侧式取料机	能　　　力：120t/h（取砂岩、铁粉） 80t/h（取煤）	2
6	原料粉磨	辊式磨	入磨物料粒度：≤80mm 物料综合水分：≤8% 成品水分：≤0.5% 产品细度：80μm 方孔筛筛余 12% 生产能力：240t/h	1

序号	车间名称	主机名称	主要参数	数量(台)
7	煤粉制备	辊式磨	原煤水分：≤10% 原煤粒度：≤50mm 煤粉水分：≤1% 煤粉细度：80μm 方孔筛筛余 10% 生产能力：25t/h	1
8	熟料烧成	双系列五级旋风预热器	C1：2 - φ5300mm C2：2 - φ5300mm C3：2 - φ5500mm C4：2 - φ5500mm C5：2 - φ5800mm	1
		分解炉	φ6200mm	
		回转窑	φ4.3×64m 转　速：0.396~3.96r/min 能　力：3200t/d(保证值)	
		箅式冷却机	能　力：3500t/d 有效箅面积：86.8m²	
9	石膏破碎	锤式破碎机	进料粒度：≤600mm 出料粒度：≤30mm(>90%) 能　力：60t/h	1
10	水泥粉磨	双仓管磨	比表面积：360~380m²/kg 能　力：95t/h	2
11	水泥包装	回转式包装机	能　力：90t/h	2

表 2-3　5000t/d 熟料预分解窑生产线主要设备配置

序号	车间名称	主机名称	主要性能	数量
1	石灰石破碎	单段锤式破碎机 TKLPC 型	进料粒度：<1000mm 排料粒度：≤25mm 或 80(85%) 能　力：600~800t/h	1
2	石灰石预均化	堆料机	能　力：800t/h	1
		堆场取料机	能　力：600t/h	1
3	石英砂岩、铁矿石破碎	辊齿式细碎机	能　力：250t/h	1
4	辅助原料	侧式悬臂堆料机	能　力：300t/h	1
		侧式刮板取料机	能　力：250t/h	1
	煤预均化堆场	侧式悬臂堆料机	能　力：200t/h	1
		侧式刮板取料机	能　力：150t/h	1

序号	车间名称	主机名称	主要性能	数量
5	原料粉磨方案1	中卸式烘干管磨	入磨物料：粒度≤25mm 综合水分≤6% 成　品：水分≤0.5% 细度80μm 筛筛余≤12% 生产能力：190t/h	2
	原料粉磨方案2	辊式磨（引进）	入磨物料：粒度≤80mm 综合水分：≤8% 成　品：水分≤0.5% 细度80μm 筛筛余≤12% 生产能力：400t/h	1
	原料粉磨方案3	辊式磨（国产）	入磨物料：粒度≤80mm 综合水分≤8% 成　品：水分≤0.5% 细度80μm 筛筛余≤12% 生产能力：200t/h	2
6	煤粉制备方案1	辊式磨	原　煤：水分≤10% 粒度≤50mm 煤　粉：水分≤1% 细度 80μm 筛筛余 ≤10% ~15% 生产能力：35t/h	1
	煤粉制备方案2	风扫磨	原　煤：水分≤10% 粒度≤25mm 煤　粉：水分≤1% 细度 80μm 筛筛余 ≤10% ~15% 生产能力：35t/h	1
7	烧成系统	双系列五级旋风预热器	C1：4 - φ4500mm C2：2 - φ6400mm C3：2 - φ6600mm C4：2 - φ6600mm C5：2 - φ6800mm	1
		分解炉	TDF 型分解炉（烟煤） TSD 型分解炉（无烟煤）	
		回转窑	φ4.8×72m　　生产能力：5000t/d	
		控制流篦式冷却机	生产能力：5000t/d 出料温度：65℃＋环境温度	

序号	车间名称	主机名称	主要性能		数量
8	熟料散装	汽车散装机	能　　力：200t/h		6
		火车散装机	能　　力：200t/h		10
9	石膏破碎	TKPC 锤式破碎机	能　　力：40~80t/d		
10	水泥粉磨	辊压机	$\phi 1400 \times 1100$mm	功　　率：2×710kW	2
			系统能力：150t/h		
		双仓管磨	$\phi 4.2 \times 13$m	功　　率：3150kW	2
			系统能力：150t/h		
11	水泥包装	八嘴回转式包装机	能　　力：90t/h		2
12	水泥散装机	水泥汽车散装机	能　　力：200t/h		
		火车散装或水运	根据项目需要配置火车散装或水运系统		

表2-4　10000t/d 熟料预分解窑生产线主要设备配置

序号	车间名称	主机名称	主要性能	数量
1	石灰石预均化堆场	悬臂侧堆料机	堆料能力：1800t/h	1
		刮板取料机	取料能力：1200t/h	1
2	辅助原料 长形预均化堆场	堆料机	堆料能力：500t/h	1
		刮板取料机	取料能力：300t/h	1
3	辅助原料 圆形预均化堆场	堆料机	能　　力：500t/h	1
		取料机	能　　力：300t/h	1
4	煤圆形预均化堆场	堆料机	能　　力：500t/h	1
		取料机	能　　力：300t/h	1
5	原料粉磨	立磨	入磨粒度：95% ≤80mm 综合水分：≤6% 成品水分：≤0.5% 成品细度：80μm 方孔筛筛余≤12% 生产能力：400t/h	2
6	煤粉制备	辊式磨	原煤水分：≤12% 原煤粒度：≤50mm 煤粉水分：≤0.5% 煤粉细度：80μm 方孔筛筛余≤12% 生产能力：40t/h	2
7	烧成系统	旋风预热器和分解炉	双系列五级	1
		回转窑	$\phi 6.0/6.4 \times 90$m 生产能力：10000t/d	1
		篦式冷却机	生产能力：10000t/d	1

二、生产工艺线建设的投资与估算

长期以来，国内水泥工程设计院按照"国产化、低投资"的指示，开展设计研究工作。在各专业之间共同协作下，通过技术与装备的发展和优化工程设计及积极配合建设单位，来降低工程投资，主要内容为：

1. 在工艺技术装备进展的基础上，提高设备的国产化率。

2. 工艺装备技术与生产线产量的提高。

3. 系统装备功能的优化和提高。

4. 适当降低各生产环节的物料储存期。

5. 生产线占地面积逐年下降。

6. 优化土建结构设计。

重视厂址地质条件、提高生产线产量、减少单位土建投资、优化工艺生产线装备、减少工艺设备设计负荷、筒库大型化、简化检修吊车设置、输送设备结构一体化设计、土建专业自身技术的进展。

7. 合理缩短设计周期，为加快建厂进度创造条件。

8. 工程费用估算。

一个项目的投资高低，是由建设条件、生产规模、设备配置、设计内容、工程建设管理、物价因素等多方面条件决定的。但是，决定工程造价的主要因素还是设计确定的全部实物工程量。

近些年来，建设物资的价格大幅下降；设备招标采购，工程招标，也使造价得到了控制，这些外部因素为降低新型干法水泥生产线的投资，创造了极为有利的条件。

根据国内 2000～5000t/d 规模生产线投资的统计，按 2010 年物价水平，在正常情况下，每 1000t/d 规模的生产能力需要投资 1 亿人民币。现分别以 2500t/d、3000t/d 以及 5000t/d 三种规模新型干法水泥生产线的工程投资，进行估算见表 2−5、2−6 及 2−7。

表 2−5　2500t/d 新型干法水泥生产线工程投资总估算表

| 序号 | 工程项目及费用名称 | 工程估价（万元） | | | | |
		建筑工程	设备购置	安装工程	其他费用	总　值
一	工程费用					
1	厂区工程	6839.70	11914.57	2466.54		21220.80
	（其中进口）		(195.94)			(195.94)
1.1	建设场地准备	203.67				203.67
1.2	主要生产工程	6114.16	10799.47	2257.04		19170.67
	（其中进口）		(195.94)			(195.94)
1.3	辅助生产及服务设施	130.11				130.11
1.4	电气动力工程	41.71	662.79	181.59		886.10
1.5	运输工程	200.81	182.32	1.92		385.05
1.6	给排水及热力工程	139.23	269.99	25.98		435.21
1.7	绿化工程	10.00				10.00

序号	工程项目及费用名称	工程估价(万元)				
		建筑工程	设备购置	安装工程	其他费用	总 值
2	调试和两年生产备品费		700.00			700.00
	工程费用合计	6839.70	12614.57	2466.54		21920.80
	(其中进口)		(195.94)			(195.94)
二	其他费用				2560.00	2560.00
	工程总估算(一+二)	6839.70	12614.57	2466.54	2560.00	24480.80
	(其中进口)		(195.94)			(195.94)
	各部分所占比例(%)	27.94	51.53	10.08	10.46	100.00

表 2 – 6　3000t/d 新型干法水泥生产线工程投资总估算表

序号	工程项目及费用名称	工程估价(万元)				
		建筑工程	设备购置	安装工程	其他费用	总 值
一	工程费用					
1	厂区工程	8755.53	12455.88	3151.49		24362.90
	(其中进口)		(306.51)			(306.51)
1.1	建设场地准备	397.36				397.36
1.2	主要生产工程	6732.00	11274.59	2749.33		20755.91
	(其中进口)		(306.51)			(306.51)
1.3	辅助生产及服务设施	359.58	141.95	15.24		516.77
1.4	电气动力工程	162.78	680.32	331.43		1174.53
1.5	运输工程	339.80	212.22	3.56		555.58
1.6	给排水及热力工程	222.36	134.66	20.44		377.46
1.7	生活福利设施	541.66	12.14	31.50		585.29
2	石灰石矿山工程	1715.58	2161.80	132.06		4009.44
3	备品备件及生产工器具		644.00			644.00
4	厂外工程			168.00		168.00
一	工程费用合计	10471.11	15261.69	3451.55		29184.34
	(其中进口)		(306.51)			(306.51)
二	其他工程				3137.25	3137.25
	一、二部分合计	10471.11	15261.69	3451.55	3137.25	32321.59
	(其中进口)		(306.51)			(306.51)
三	基本预备费				1292.87	1292.87
	工程总估价(一+二+三)	10471.11	15261.69	3451.55	4430.11	33614.46
	(其中进口)		(306.51)			(306.51)
	各部分所占比例(%)	31.15	45.40	10.27	13.18	100.00

表 2 - 7　5000t/d 新型干法水泥生产线工程投资总估算表

序号	工程项目及费用名称	工程估价(万元)				
		建筑工程	设备购置	安装工程	其他费用	总 值
一	工程费用					
1	厂区工程	15108.06	24259.19	4075.72		43442.97
	(其中进口)		(4058.55)			(4058.55)
1.1	建设场地准备	800.97				800.97
1.2	主要生产工程	11837.61	22106.96	3478.99		37423.56
	(其中进口)		(306.51)			(306.51)
1.3	辅助生产及服务设施	266.63	160.46	10.66		437.75
1.4	电气动力工程	191.68	1296.36	538.56		2026.60
1.5	运输工程	858.10	371.00	9.60		1238.70
1.6	给排水、通风空调及热力工程	424.78	300.40	34.08		759.26
1.7	绿化工程	50.00				50.00
1.8	生活福利设施	678.29	24.01	3.83		706.13
2	石灰石矿山工程	6499.33	5074.40	250.57		11824.30
3	备品备件及生产工器具		1642.88			1642.88
一	工程费用合计	21607.39	30976.47	4326.29		56910.15
	(其中进口)		(4058.55)			(4058.55)
二	其他工程				4743.64	4743.64
	一、二部分合计	21607.39	30976.47	4326.29	4743.46	61653.79
	(其中进口)		(4058.55)			(4058.55)
三	基本预备费				3082.69	3082.69
	工程总估价(一 + 二 + 三)	21607.39	30976.47	4326.29	7826.33	64736.48
	(其中进口)		(4058.55)			(4058.55)
	各部分所占比例(%)	33.38	47.85	6.68	12.09	100.00

第六节　日产熟料 5000 吨普通水泥水泥厂设计实例

2010 年,我国的水泥总产量已达到了 18.7 亿吨。其总产量连续 25 年位居世界第一。但是,我国水泥行业处在控制总量、调整结构的时期,国家产业导向提倡新型干法生产。

20 世纪 50~70 年代出现的悬浮预热和预分解技术(即新型干法水泥技术)大大提高了水泥窑的热效率和单机生产能力,以其技术先进性、设备可靠性、生产适应性和工艺性能优良等特点,促进水泥工业向大型化进一步发展,也是实现水泥工业现代化的必经之路。

我国预热分解技术起步晚,但在"控制总量、调整结构、上大改小"的产业政策指导下和贯彻"发展与淘汰"相结合的结构调整机制下,大力开发、发展预热分解技术,大大提升了新型干法预分解窑(PC)的结构比例,截至 2010 年底,我国(不含港、澳、台地区,下同)采用国内技术和装备建设的新型干法水泥生产线已经达到 1300 多条,日产 4000 吨、5000

吨水泥的生产线占 60% 左右，达到 800 多条生产线。

水泥生产主要工艺过程简要包括为"两磨一烧"。按主要生产环节论述为：矿山采运（自备矿山时，包括矿山开采、破碎、均化）、生料制备（包括物料破碎、原料预均化、原料的配比、生料的粉磨和均化等）、熟料煅烧（包括煤粉制备、熟料煅烧和冷却等）、水泥的粉磨（包括粉磨站）与水泥包装（包括散装）等。

新型干法是以悬浮预热和预分解技术装备为核心；以先进的环保、热工、粉磨、均化、储运、在线检测、信息化等技术装备为基础；采用新技术和新材料；节约资源和能源，充分利用废料、矿渣，促进环境经济，实现人与自然和谐相处的现代化。

一、设计的依据及其计算（以 5000 吨为例）

1. 设计任务

日产熟料 5000 吨普通水泥水泥厂的设计。

2. 生产产品的种类、意义和价值

（1）生产产品的种类及技术要求

普通硅酸盐水泥简称普通水泥。凡由硅酸盐水泥熟料、6% ~ 15% 的混合材料及适量石膏磨细制成的水硬性胶凝材料，称为普通硅酸盐水泥，简称普通水泥。国家标准对普通硅酸盐水泥的技术要求有：

①细度——筛孔尺寸为 80μm 的方孔筛的筛余不得超过 10%，否则为不合格。

②凝结时间——初凝时间不得早于 45min，终凝时间不得迟于 10h。

③标号——根据抗压和抗折强度，将硅酸盐水泥划分为 325、425、525、625 四个标号。

普通硅酸盐水泥由于混合材料掺量较少，其性质与硅酸盐水泥基本相同，略有差异，主要表现为：早期强度略低；耐腐蚀性稍好；水化热略低；抗冻性和抗渗性好；抗炭化性略差；耐磨性略差。

（2）产品的意义和价值

水泥为建筑工业三大基本材料之首。使用广，用量大，素有"建筑工业的粮食"之称。其单位质量的能耗仅有钢材的 1/5 ~ 1/6，合金的 1/25，比红砖还低 35%。根据预测，下一个世纪的主要建筑材料还将是水泥和混凝土，因此水泥的生产和研究仍然极为重要。水泥粉磨和搅拌后，表面的熟料矿物立即与水发生水化反应，放出热量，形成一定的水化产物。由于各种水化产物的溶解度很小，就在水泥颗粒周围析出。随着水化作用的进行，析出的水化产物不断增多，以致互相结合。这个过程的进行，使水泥浆体稠化而凝结。随后变硬，并能将与其搅拌在一起的混合材或矿渣、石等胶结成整体，逐渐产生强度。因此，水泥混凝土的强度是随龄期延长而逐渐增长的。早期增长快，但是，只要维持适当的温度和湿度，其强度在几个月、几年后还会进一步有所增长。也可能在几十年后尚有未水化的部分残留，仍具有继续进行水化作用的潜在能力。

作为胶凝材料，除水硬性外，水泥还有许多优点：水泥浆有很好的可塑性，与石拌合后仍能使混合物具有和易性，可浇筑成各种形状尺寸的构件，以满足设计的不同要求；适应性强，还可以用于海上、地下、深水或者严寒、干热的地区，以及耐侵蚀、防辐射核电站等特殊要求的工程；硬化后可以获得较高的强度，并且改变水泥的组成，可以适当调节其性能，满足一些工程的不同需要；尚可与纤维或者聚合物等多种有机、无机材料匹配，制成各种水泥基复合材料，有效发挥材料的潜力；与普通的钢铁相比，水泥制品不会生锈，也没有木材这类材料易腐朽的特点，更不会有塑性年久老化的问题，耐久性好，维修工作量小，等等。因此水泥不但大量用于工业和民用建筑，还广泛应用于交通、城市建设、农林、水利及海港等工程，制成各种形式的混凝土、钢筋混凝土的构件和构件物，从而使水泥管、水泥船等各种特殊功能的建筑物、构筑物的出现有了可能。此外，宇宙工业、核工业以及其他新型工业的建设也需要各种无机非金属材料，其中最为基本的是以水泥为主的新型复合材料，因此，水泥工业的发展对保证国家建设计划顺利进行，人民生活水平提高具有十分重要的意义，而且，其他领域的新技术也必须渗透到水泥工业中来，传统的水泥工业势必随着科学技术的发展而带来新的工艺变革和品种演变。应用领域必将有新的开拓，从而使其在国民经济中起到重要的作用。

二、厂址选择

1. 建厂的原始资料

（1）原料资源及化学成分

① 石灰石：介绍所选石灰石矿山的储量和级别（万吨）。特别强调其中 B 级储量。

② 砂岩：介绍砂岩资源是自有矿山生产还是外购。

③ 铁矿石：介绍铁矿石是自有矿山生产还是外购，还要介绍其含量，如含 Fe_2O_3 约百分之多少。

④ 矿渣（混合材）：介绍自有矿山生产还是外购，其碱性矿渣及含水量。

⑤ 石膏：介绍外购的产地、含量、品相，如 SO_3：40%；W：少量；块度 <300mm 等。

⑥ 燃料：介绍外购的产地、含量、品相，如：某某煤矿烟煤；易磨性系数 1.36；块度 <20mm 等。

⑦ 电源：介绍电源的来源，电压等级，输送距离等。

⑧ 水源：介绍水源的距离、品质，是地下水还是河水等。

⑨ 交通：介绍工厂周边的交通状况，是铁路、公路还是水运；车站、码头、高速入口的名称，距离多少，配置"交通位置图"。

（2）厂址周边气象条件

依次对气温（如热力学最低温度、热力学最高温度和平均温度等）、降雨量（如年平均降雨量、最大月降雨量、雨量主要集中在哪几个月份等）、相对温度（如最高百分之多少，最低百分之多少，平均百分之多少）、风向（该地区风向年频率，夏季为什么风向，最大风速多少 m/s）、最大冻土深度和最大积雪深度等进行介绍。

（3）水文、工程地质资料

依次对洪水水位最大标高（历史记录的海拔多少米，地区水利部门下达设计指标为多少米），经钻孔勘测发现的溶洞、裂隙和断层（不能存在）的情况，地震等级（国家地震局、区域性地震大队近期调查的该地区几十年内地震烈度）等进行介绍。

（4）附图及附件

该矿区交通位置图、"1：10000 的该地区地形图"和该石灰石矿区地质评价报告摘要等。

2. 厂址的选择

（1）概述

水泥厂厂址选择工作是可行性研究工作的重要坏节，在提交可行性研究报告的同时，应同时提交厂址选择报告。厂址选择的合理与否，将直接影响工厂建设的投资建设进度，同时也长期影响工厂投资后的生产、管理和工厂今后的发展。因而，对于新建项目的厂址选择，必须予以足够的重视。

厂址选择工作是一项综合性工作，需要有经验的专业技术人员参加，一般包括：技术经济专业、总图运输专业、原料专业、采矿专业、工艺专业、水道专业、环保专业、电气专业等。

（2）地质

按"石灰石矿区地质评价报告"摘要简要介绍该矿山的地理位置、隶属关系、交通条件（铁路、公路以及水运状况）、电源、水源等状况。对地形地貌、河流干枯汛期、最高水位、雨季、风向等一一进行介绍。

（3）矿山矿石质量

对矿山矿石质量、化学成分进行评价，对主要成分如氧化钙、氧化镁和其他有害杂质含量进行介绍。描述矿床储量、已探明的 C1 + C2 级储量和工作程度是否能够满足办好水泥厂的要求。

（4）地形图

按 1：10000 绘制水泥厂所在地区的地形图。

（5）方案比较

按照地质报告给出的条件从地理位置、地形地貌、交通条件、环境影响、矿山爆破影响、原（燃）料供给和生活设施等方面进行比较。表 2 – 8 为某设计中方案的比较。

表 2 – 8　三种方案的综合比较

项目	A 方案	B 方案	C 方案
位置	距石灰石矿 1.1km	距石灰石矿 1.6km	距石灰石矿 0.1km
地形	东低西高，坡度大约 2%，有坡地	东低西高，坡度大约 3%，有坡地	东低西高，比较平坦，略有坡地
交通	厂外交通工程量大，建一条铁路经两山之间与车站接轨以运产品	厂外交通工程量小于 A，建一条铁路通矿山，但短于 A，为 1km 左右	石灰石有汽车直接进厂进行二破，在湖上架桥，接公路以运产品
对周围环境卫生的影响	由于都是丘陵地带，各建厂地点周围都无村落，故不存在污染周围村落卫生条件问题。另外，周围无农田，也不存在占用耕地等问题		
距水、电源距离	较远	较远	最近
矿山爆破安全性	不受影响	不受影响	略有影响
原料、燃料供给	相同		
生活设施	距村落较远	最远	最近

从以上比较情况可见，综合实际和各方面的情况来考察，以 C 方案为最佳方案。

3. 窑的选型及标定

回转窑系统的设计计算内容，是根据原料和燃料情况，生产的水泥品种和质量，工厂的自然条件和生产规模来确定窑系统的类型和尺寸，或对已建成的窑进行产量标定，以及计算单位产品的燃料消耗量，回转窑系统的重要配套设备，如冷却机、预热器、分解炉、煤磨、收尘器、喂料装置及通风设备也要在窑的产量和燃料消耗量确定后进行设计计算。

（1）窑的标定的意义

水泥厂设计过程中，当窑型与规格一旦确定之后，窑产量的标定是选择生产系统设备，计算工厂的烧成能力和熟料年产量的依据，同类窑在不同的生产条件下，其产量差异相当大，即使同一规格的窑，由于煅烧制度不同，产量也有较大的差别。

窑产量应该是工厂生产能力的限制因素，在窑以前的所有生产车间的生产能力，均以窑的产量为依据进行计算。窑产量标定过高或过低，均将产生不良后果，如标定过高，生产中窑长期达不到设计产量，则浪费辅助设备的生产能力，降低工厂的经济效益；如果产量标定过低，生产中，窑很快大大超过设计产量，不仅使建厂经济效益降低，而且由于其他设备的生产能力的限制，窑本身的生产能力也得不到正常发挥。

（2）窑的选型计算

由生产要求，选用 $\phi4.8 \times 72$ 的新型干法窑（产量 5000t/d 左右）。查《新型干法水泥厂工艺设计手册》得到 $\phi4.8 \times 72$ 回转窑的窑型技术参数如表 2-9 所示。

表 2-9 选定的窑型技术参数表

规格	生产能力（t/d）	筒体内径（m）	筒体长度（m）	筒体斜度	转速		功率（kW）		支撑数
					主转（r/min）	辅转（r/h）	主转	辅转	
$\phi4.8 \times 72$	5000	4.8	72	3.5%	0.369~3.69	11.45	630	75	3 档

（3）回转窑产量的标定

① 用经验公式计算。

回转窑的产量是确定工厂生产规模、原料和燃料消耗定额以及全厂设备选型设计的依据，因而是水泥厂设计的重要指标。

回转窑产量的标定通常按常用的一些公式进行设计。这些计算公式都是总结分析了国内外众多正在运行的回转窑的数据，采用回归法推导出来的，我们称之为经验公式。经验公式计算符合实际运行的情况，可以起到指导设计的作用。但是，这些公式也受到诸如煤粉称、燃烧器、分解炉的形式、规格等的制约和影响。

② 实际例子（现实生产中 $\phi4.8 \times 72$ 窑的产量）

如：中材系统某厂、安徽某厂、河南某厂家都应用 $\phi4.8 \times 72$ 回转窑组成日产熟料 5000 吨的干法烧成线生产水泥，且达到预期效果。

江苏、河南某重机厂都生产 $\phi4.8 \times 72$ 窑外分解系统回转窑，其日产熟料量为 5000 吨。

③ 结论

回转窑的产量是确定工厂生产规模、原料、燃料消耗定额和全厂设备选型设计的依据，因而是水泥厂设计的重要指标。

除了窑的类型和尺寸外，影响回转窑产量的因素很多，特别是近年来，随着生料预均化系统的完善，悬浮预热与窑外分解技术的不断发展，电子计算机过程控制的广泛应用和科学管理的加强，使窑的单位产量指标有所提高。因此，对设计中已确定的回转窑，必须进行产量的标定。

产量的标定应该是在确保优质、低消耗、长期安全运转的情况下，窑所能达到的合理产量。如果对窑的产量标定过低或过高，均会使整个系统不配套，生产操作出现不平衡。利用经验公式计算窑的产量，是标定产量的主要方法，另外还需要根据工厂具体条件和我国实际生产水平进行综合考虑。

科技在不断进步，水泥厂管理水平也日益提高，生产线的逐步完善将使窑的生产能力进一步提高，结合厂家生产和重工机械公司给出的技术参数，这里标定窑的产量为 5000t/d（或台时产量 $G = 208.3t/h$）。

所以在这里标定窑的日产量是 5000t/d 熟料。

④ 窑的年利用率

不同窑的年利用率可参考以下参数：湿法窑 0.90；传统干法窑 0.85；机立窑 0.8 ~ 0.85；悬浮预热窑、预分解窑 0.8 ~ 0.82（国外 < 0.85）。所以窑的年利用率 $\eta = 310/365 = 0.85$。

⑤ 烧成系统的生产能力

熟料的小时产量：$Q_h = nQ_{h \cdot 1} = 208.3t/h$

熟料的日产量：$Q_d = 24Q_h = 5000t/d$

熟料的年产量：$Q_y = 8760\eta Q_h = 1551001.8t/y$

⑥ 确定窑的台数：

利用公式 $n = \dfrac{Q_y}{8760\eta Q_{h \cdot 1}}$ 计算台数

式中：n——窑的台数；

　　　Q_y——要求的熟料年产量(t/年)

　　　$Q_{h \cdot 1}$——所选窑的标定台时产量(t/台·时)

　　　η——窑的年利用率

所以 $n = \dfrac{1551001.8}{8760 \times 0.85 \times 208.3} = 1.00016$（台）

⑦ 确定窑的烧成热耗

对新建窑确定燃料消耗量，计算单位熟料热耗分析窑系统热工性能，为优质、高产、低耗及节能技改提供科学的依据。

窑的单位热耗是指窑系统生产单位熟料产量的实际烧成热耗。由于熟料在煅烧过程中损失了大量的热量，如废气和熟料带走的热量、窑体向外界散失的热量、湿法生产中蒸发料浆水分的热耗量等。因此窑的实际热耗比理论热耗高得多。不同窑型对应的烧成热耗如表 2 - 10 所示。

表 2 - 10　窑型与熟料烧成热耗

窑　型	熟料烧成热耗		窑　型	熟料烧成热耗	
	kJ/kg 熟料	kg 熟料		kJ/kg 熟料	kg 熟料
湿法长窑	5000 ~ 5900	1200 ~ 1400	旋风预热器窑	3300 ~ 3600	780 ~ 850
干法长窑	4600 ~ 5000	1100 ~ 1200	预分解窑	3100 ~ 3300	740 ~ 780
带预热锅炉窑	5900 ~ 6700	1400 ~ 1600	立窑	3600 ~ 3800	850 ~ 900
立波尔窑	3600 ~ 3800	850 ~ 900			

目前已经投产，正常生产运营的实际企业的案例如表 2 - 11 所示。

表2-11 正常生产企业的案例

企业名称	窑型	生产能力	热耗
山东某水泥公司	$\phi 4.8 \times 72m$	5000t/d	2968.9kJ/kg
河南某水泥公司	$\phi 4.8 \times 74m$	5000t/d	≤2970kJ/kg
安徽某水泥公司	$\phi 4 \times 72m$	5000t/d	3100kJ/kg

从以上两个表可以看出，熟料烧成过程所消耗的实际热量与煅烧全过程有关，除涉及到原、燃料性质和回转窑(包括分解炉)外，还与废气热回收装置(各类预热器或余热锅炉、余热烘干等)和熟料余热回收装置(各类冷却机)等有关。结合《水泥厂设计规范》的相关要求后，综合考虑确定热耗为3000kJ/kg。

4. 石膏和混合材

(1)石膏概述

传统的硅酸盐水泥材料固有的韧性差、水化热高、抗冻、抗渗、抗腐蚀性差等缺点，越来越不适应混凝土发展的需要。石膏作为水泥的缓凝剂，用于调节水泥的凝结时间，也可以增加水泥的强度，特别对矿渣水泥作用更明显；石膏也可作矿化剂用于熟料煅烧，对提高熟料产量和质量有明显的效果。

(2)石膏的分类

在《天然石膏》国家标准中对石膏和硬石膏矿产品按矿物组分分为三类：即G类(称为石膏产品)、A类(称为硬石膏产品)和M类(称为混合石膏产品)。

(3)技术要求

《天然石膏》标准中规定的技术要求。各类产品按其品位分级，并应符合表2-12的要求。

表2-12 石膏的标准要求

产品名称	石膏(G)	硬石膏(A)	混合石膏(M)
品位%(m/m)级别	$CaSO_4 \cdot 2H_2O$	$CaSO_4 \cdot 2H_2O + CaSO_4$ [且 $\frac{CaSO_4}{CaSO_4 + CaSO_4 \cdot 2H_2O} \geq 0.80$ (质量比)]	$CaSO_4 \cdot 2H_2O + CaSO_4$ [且 $\frac{CaSO_4}{CaSO_4 + CaSO_4 \cdot 2H_2O} < 0.80$ (质量比)]

产品名称	石膏(G)	硬石膏(A)	混合石膏(M)
特级	≥95	—	≥95
一级		≥85	
二级		≥75	
三级		≥65	
四级		≥55	

(4)混合材概述

为了增加水泥产量，节约能源，降低成本，改善和调节水泥的某些性能，综合利用工业废渣，减少环境污染，在磨制水泥时，可以掺加数量不超过国家标准规定的混合材料。混合材料按其性质可以分为两大类：活性混合材料和非活性混合材料。凡是天然的或人工制成的

53

矿物质材料，磨成细粉，加水后其本身不硬化，但与石灰加水调和成胶泥状态，不仅能在空气中硬化，并能在水中硬化，这类材料称为活性混合材料或水硬化混合材料。

5. 配料计算

配料计算主要内容是确定率值。确定率值要考虑：计算粉煤灰掺入量；计算物料平衡；计算原燃料消耗定额（原料消耗定额和干石膏消耗定额）。

三、生产车间工艺设计及主机设备选型

生产车间工艺流程的选择，工艺设备选型与生产车间的工艺布置密切相关。因为工艺布置直接取决于所选定的工艺流程和设备；同时，工艺布置对工艺流程和设备的选择又有很大的影响。

车间设备选型一般步骤如下：

(1)确定车间的工作制度，确定设备的年利用率。

(2)选择主机的型式和规格，根据车间要求的小时产量、进料性质、产品质量要求以及其他技术条件，选择适当型式和规格的主机设备，务必使所选的主机技术先进，管理方便，能适应进料的情况，能生产出质量符合要求的产品。同时，还应考虑设备的来源和保证。

(3)标定主机的生产能力，同类型规格的设备，在不同的生产条件下（如物料的易磨性、易烧性、产品质量要求以及具体操作条件等），其产量可以有很大的差异。所以，在确定了主机的型式和规格后，应对主机的小时生产能力进行标定，即根据设计中的具体技术条件，确定设备的小时生产能力。标定设备生产能力的主要依据是：定型设备的技术性能说明；经验公式（理论公式）的推算；与同类型同规格生产设备的实际生产数据对比。

(4)计算主机的数量。

(5)核算主机的年利用率。

1. 物料破碎

(1)影响破碎系统的选择因素

①物料的性质——物料的硬度、水分、形式和杂质含量均将直接影响破碎系统的技术，经济指标。

②物料的粒度——对破碎系统的物料粒度、组成有充分的了解，有利于合理地选择破碎系统和破碎设备。

(2)石灰石破碎

设计时应从：确定破碎车间的工作制度；根据车间运作班制和主机运转小时数，确定主机的年利用率；主机要求小时产量；设备的选型；生产能力的标定；石灰石的输送方式；计算主机的数量和核算主机的年利用率等方面考虑。

(3)砂岩破碎

设计时应从：确定砂岩破碎车间的工作制度；根据车间运作班制和主机运转小时数，确定主机的年利用率；主机要求小时产量；设备的选型；生产能力的标定；计算主机的数量和核算主机的年利用率等方面考虑。

(4)石膏破碎

设计时应从：确定破碎车间的工作制度；根据车间运作班制和主机运转小时数，确定主机的年利用率；主机要求小时产量；设备的选型；生产能力的标定；计算主机的数量和核算主机的年利用率等方面考虑。

2. 物料的粉磨系统

（1）生料粉磨

设计时应从：确定粉磨车间的工作制度；根据车间运作班制和主机运转小时数，确定主机的年利用率；主机要求小时产量；设备的选型；生产能力的标定；计算主机的数量和核算主机的年利用率等方面考虑。

（2）水泥粉磨

设计时应从：确定粉磨车间的工作制度；根据车间运作班制和主机运转小时数，确定主机的年利用率；主机要求小时产量；设备的选型；生产能力的标定；计算主机的数量和核算主机的年利用率等方面考虑。

（3）煤粉制备

设计时应从：确定煤粉制备车间的工作制度；根据车间运作班制和主机运转小时数，确定主机的年利用率；主机要求小时产量；设备的选型；HRM2200M 立式煤磨系统工艺流程；生产能力的标定；计算主机的数量和核算主机的年利用率等方面考虑。

3. 熟料烧成系统

熟料烧成系统采用预分解窑系统流程。以五级旋风为例，生料首先喂入最上一级旋风筒（C1）入口的上升管道内，分散的粉体颗粒与热气流迅速进行气固相热交换，并随热风上升，在 C1 旋风筒中气料分离。收下的热生料经卸料管进入 C2 级筒的上升管道和旋风筒再次进行热交换分离。生料粉按此依次在各级单元进行热交换、分离。预热后的热生料，由 C4 的卸料管进入分解炉，在炉中生料被加热、分解，分解后生料（分解率 85% ~ 95%）经 C5 分离后，入窑煅烧成熟料，再经冷却机冷却后卸出。选用 $\phi 4.8 \times 72$ 回转窑配套设备。

4. 水泥包装车间

水泥由库底充气卸料系统卸出后由空气输送斜槽等输送设备送往包装车间。

设计时应从：确定工作制度（根据经验数据可知，采用二班制，每班工作 7 小时，每年工作 290 天。25% 包装，75% 散装）；根据车间运作班制和主机运转小时数，确定主机的年利用率；主机要求小时产量；设备的选型；生产能力的标定；计算主机的数量和核算主机的年利用率等方面考虑。

5. 主机平衡

主机平衡主要考虑锤式破碎机、单段锤式破碎机、双转子锤式破碎机、立式煤磨、水泥磨、包装机和回转窑的主机型号规格、主机产量（t/h）、主机台数、要求主机小时产量（t/h）、车间生产能力（t/h）、主机工作制度和实际年利用率等内容。

四、物料的储存和均化

水泥是连续生产的工厂，为了避免由于外部运输的不均衡、设备之间生产能力的不平衡或由于前后段生产工序的工作班制不同等因素造成物料供应的中断或物料滞留堆积堵塞的现象，保证工厂生产连续均衡进行和水泥均衡出厂，以及满足生产过程中原材料、燃料、半成品、成品等质量控制的需要，水泥厂必须设置各种物料储存库（包括各种堆场、堆棚、储库、成品库等）。这些物料的物理性状有浆状、粉状、粒块状等。有些物料具有粘性或高含水率，有些物料具有较高的温度，有些物料在储存的同时还需要进行均化或预均化，在作物料储存设计时必须予以考虑。

1. 物料的储存期

某物料的储存量所能满足工厂生产需要的天数，称为该物料的储存期。各种物料储存期的确定，需要考虑到许多因素。物料储存期的长短应适当，过长则会增加基建投资和经营费用，过短将影响生产。确定物料储存期长短的主要因素有：物料供应点离工厂的远近及运输方式；物料成分波动情况；地区气候的影响程度；均化工艺上的要求和质量检验的要求。

2. 储存设施的选择

储存设施的选择主要取决于工厂的规模，工厂的机械自动化的水平，投资的大小，物料性质以及对环境保护的要求等。

联合堆棚——是一种用于多种块、粒状物料储存，倒运的设施，各种原料、燃料、混合材料在储库内分别堆放，物料之间用隔墙分隔。

圆库——常用于小块状、粒状、粉状物料的储存，湿法生产水泥采用圆库和料浆搅拌池储存料浆和粘土浆。

露天堆场——用于块、粒状物料的储存，倒运的设施。

此外，在确定物料储存期时，尚需考虑生产工艺线的数目、工厂规模、物料用量的多少、工厂生产管理水平和质量控制的水平以及装卸机械化程度等因素的影响。

（1）堆场和堆棚

①石灰石均化库。主要考虑储存量、库的选型、库的数量和实际储存期等内容。

②砂岩堆场。主要考虑储存量、占地面积、实际储量和实际储期等内容。

③原煤堆场。主要考虑储存量、占地面积、实际储量和实际储期等内容。

④铁粉堆棚。主要考虑储存量、占地面积、实际储量和实际储期等内容。

⑤石膏堆棚。主要考虑储存量、占地面积、实际储量和实际储期等内容。

（2）库的选择

为了保证水泥生产和销售的连续均衡进行，根据水泥生产各要素的特点，在作物料储存库的设计时应考虑物料的储存期、储存设施的选择等因素。此外，储存不同物料也有不同的考虑，如：

①石灰石调备库：主要考虑储存量、库的选型、库的数量和实际储期等内容。

②砂岩库：主要考虑储存量、库的选型、库的数量、实际储存量和实际储期等内容。

③铁粉库：主要考虑储存量、库的选型、库的数量、实际储存量和实际储期等内容。

④粉煤灰库：主要考虑储存量、库的选型、库的数量、实际储期等内容。

⑤生料库：主要考虑储存量、库的选型、库的数量和实际储期等内容。

⑥熟料库：主要考虑储存量、库的选型、库的数量和实际储期等内容。此外，还应设置熟料调备库。

⑦石膏库：主要考虑储存量、库的选型、库的数量、实际储存量和实际储期等内容。

⑧水泥库：主要考虑储存量、库的选型、库的数量、实际储存量和实际储期等内容。

⑨成品库：成品库是用来储存袋装水泥的仓库，其面积决定于需要袋装水泥的储存时间，袋装水泥的储存时间一般不少于 1 天。因此，设计时主要考虑：成品库面积、库的选型、实际储存量和实际储期等内容。

⑩混合材粉煤灰库：主要考虑要求储存量、库的选型、库的数量和实际储期等内容。

五、总平面布置和工艺流程

工厂总平面设计的任务，是根据厂区地形、进出厂物料运输方向和运输方式、工程地址、电源进线方向等，全面衡量，合理布置全厂所有建筑物、构筑物、铁路、道路以及地下和地上工程管线的平面和竖向的相互位置，使之适合于工艺流程，并与场地地形及绿化、美化相适应，保证劳动者有良好的劳动条件，从而使工厂组成一个有机的生产整体，以使工厂能发挥其最大的生产效能。

现代化的水泥企业，从生产所需原料的机械化开采起，经过一系列的运输和加工，到水泥的包装或散装输出为止，是极其复杂而科学的生产过程，故其总平面图设计必须处理许多复杂的技术问题。而总平面设计的合理与否，对工厂的建设、生产以及将来的发展都有直接而深远的影响。因此，工厂的主管部门和设计等建筑单位都必须十分重视平面布置的设计。

1. 水泥工厂总平面设计的步骤

工厂总平面图设计按初步设计及施工图设计两阶段进行。每个设计阶段又分为资料图和成品图两个步骤进行工作。现将各阶段工作分别叙述如下：

（1）初步设计

①工厂总平面轮廓图（资料图）。工艺专业人员根据与有关专业人员商定的各项建筑物设想的外形轮廓尺寸，并结合所选厂址的厂区地形、主导风向、铁路专用线及公路布置、电源等具体条件，绘出生产车间总平面轮廓资料图。在布置过程中应考虑厂内外道路及预留各种管线位置。

②工厂总平面图（初步设计成品图）。在调整、补充、完善工厂总平面轮廓图的基础上，绘制工厂总平面布置图，作为初步设计主要附图之一，由总图专业人员完成。

（2）施工图设计

首先是工厂总平面资料图。

其次是工厂总平面布置施工图。工厂总平面布置施工图又细分为：竖向布置图（具体表示厂区设计标高的关系和边坡处理）；土方工程图（具体表示厂区场地平整土石方的调拨和工程量）；铁路专用线施工图（表示铁路专用线坐标、标高、桥涵、纵横剖面等施工要求）；厂区道路及雨水排除施工图；管线汇总施工图（表示厂区内地上、地下各种管线的位置关系）。

2. 工艺设计的基本原则和程序

（1）工艺设计的基本原则

根据计划任务书规定的产品品种、质量、规模进行设计；主要设备的能力应与工厂规模相适应；选择技术先进、经济合理的工艺流程和设备；全面解决工厂生产、厂外运输和各种物料的储存关系；注意考虑工厂建成后生产挖潜的可能和留有工厂发展的余地；合理考虑机械化、自动化装备水平；重视消声除尘，满足环保要求；方便施工、安装，方便生产、维修。

（2）工艺设计的程序

①初步设计阶段：资源地质详细勘探报告→原料加工试验，配料计算→设计基础资料的收集→物料平衡、主机平衡、储库平衡→全厂生产车间总平面轮廓图→工厂总平面资料图→各车间工艺布置图→其他专业配合设计→全厂生产车间平、剖面图、设计表、设计说明书→审查批准。

②施工设计阶段：工艺施工资料图→其他专业配合设计→施工图（成品图）。

3. 工艺流程简介

水泥生产过程可概括为生料制备、熟料煅烧、水泥粉磨。

生产方法依生料制备方法不同分为干法和湿法。湿法生产产量低、熟料热耗高、耗水量大，逐渐被干法生产取代。干法生产主要包括干法回转窑生产、悬浮预热窑生产、预分解窑生产，其熟料的煅烧大致分为预热、分解及烧成三个过程。其中窑外分解技术是将水泥煅烧过程中的不同阶段分别在旋风预热器、分解炉和回转窑内进行，把烧成用煤的 50% ~ 60% 放在窑外分解炉内，使燃料燃烧过程与生料吸热同时在悬浮状态下极其迅速地进行，使入窑物料的分解率达到 90% 以上，使生料入窑前基本完成硅酸盐的分解。预热分解窑生产工艺，煅烧系统的热工布局更加合理、窑生产效率高、产品质量好、能源消耗低、窑内衬体寿命长，环境保护诸多方面具有更加优越的性能。

本工程水泥生产工艺采用先进的预分解窑干法生产工艺，其工艺流程简述如下：

(1) 生料制备

①原料破碎、输送及均化

石灰石破碎车间设在矿区，采用一段破碎。自卸汽车将石灰石倒入板式喂料机，再喂入单段锤式破碎机破碎，破碎后，由长带式输送机送到厂区 $\phi90m$ 的圆形石灰石均化库，由悬臂堆料皮带机人字形堆料，由桥式刮板取料机取料，将预均化后的石灰石由带式输送机送至石灰石调备库。

砂岩由汽车运进厂先入砂岩堆场储存，由铲车卸入破碎机破碎，选用一台 TPC1750 × 1550 单段锤式破碎机，经破碎后的砂岩由带式输送机送入砂岩库。

铁粉矿由汽车运进厂先入铁粉堆棚储存，由铲车卸入下料仓后经带式输送机送入铁粉库。

各物料的配料在各自的调备库内进行，配料采用多种元素荧光分析仪和微机组成的生料质量控制系统、自动调节的定量给料机。四种原料由各自的定量给料机计量后，由带式输送机送入生料磨。

所有物料破碎与转运点设有除尘器，确保粉尘达标排放。

②生料粉磨与废气处理

生料粉磨采用带外循环的立式磨系统，利用窑尾排出的高温废气作为烘干热源。生料由锁风阀进入磨内，经磨辊碾磨后的物料在风环处被高速气流带起，经分离器分离后，粗物料落回磨内继续被碾压，细粉随气流出磨，经电收尘收集，收下的成品经空气输送斜槽、斗式提升机送入生料均化库。出电收尘的废气经循环风机后，一部分废气作为循环风重新回磨；剩下的含尘废气进入磨废气处理系统，经净化后排入大气。

当生料磨停磨而烧成系统运转时，窑尾废气经增湿塔作调质处理后，直接进入窑尾收尘器净化处理，增湿塔喷水量根据增湿塔出口废气温度自动控制，使废气温度处于窑尾袋收尘器的最佳范围内，废气经净化后排入大气。

由袋收尘器收下的粉尘，经链运机、空气输送斜槽，由提升机送入生料库。增湿塔下的窑灰直接与出库生料搭配，喂入预热器系统。

③生料均化及生料入窑

生料均化采用 $\phi22.5 \times 54m$ 型库，库内分八个卸料区，生料按一定顺序分别由各自的卸料区卸出进入均化小库，由库内重力切割和均化小库的搅拌实现均化，均化后的生料由斗式提升机、空气输送斜槽送入生料缓冲仓，经计量器计量后由空气输送斜槽送入气力提升泵，再送至窑尾预热器的进口。

（2）熟料烧成

烧成系统由五级旋风预热器、分解炉、回转窑、篦冷机组成。喂入预热器的生料经预热器预热，在分解炉内分解后，喂入窑内煅烧；出窑高温熟料在水平推动篦式冷却机内得到冷却，大块熟料经冷却机出口处锤式破碎机破碎后，汇同出冷却机的小粒熟料经盘式输送机送至熟料库。篦冷机排出的热空气，部分作为高温风入窑和三次风送往分解炉，部分作为煤粉制备的烘干热源，剩余废气经电收尘净化后排入大气。

熟料库规格 $\phi22.5 \times 54m$，熟料经库底卸出后，由带式输送机分别送往水泥磨前的熟料调备库和汽车散装熟料库。熟料散装库顶采用多点盘式输送机卸料。

原煤由火车运输进厂卸入原煤堆场，由铲车卸入下料仓后，经定量给料机喂入煤磨。

煤粉制备采用立式煤磨，利用窑头高温废气作为烘干热源。原煤由定量给料机喂入磨内烘干与粉磨。通过各阀门的调节改变磨内的风速，配合调整分离器的转速，从而实现合格煤粉与粗煤粉的分离，使细粉随气流进防爆型袋收尘器，粗粉继续在磨内循环，重新被粉碎。经袋收尘器收集下的煤粉通过锁风阀和螺旋输送机送入窑头、分解炉、回转烘干机供应其燃煤，废气经收尘器净化后排入大气。

煤粉制备系统设有防爆阀、CO 浓度检测仪、N_2 自动灭火系统等安全措施。

（3）水泥粉磨

①混合材备料。石膏由汽车运进厂先入堆棚内储存，由铲车卸入破碎机破碎（选用双转子锤式破碎机），经破碎后的石膏由带式输送机送入石膏库。粉煤灰由汽车运进厂先入圆库储存。

②水泥粉磨及选粉。按不同水泥品种，设定相应的物量配比，经定量给料机配好的物料由带式输送机输送至水泥粉磨系统。水泥磨采用 $\phi4.2 \times 13m$ 水泥磨机和 O – Sepa 选粉机组成的闭路预粉磨系统，出磨物料由斗式提升机送入选粉机中分选，粗粉返回磨内再次粉磨，成品随出选粉机气流进入袋收尘器后被收集下来，由斜槽、提升机送至水泥库储存。废气经净化后排入大气。

③水泥储存、散装、包装。设 4 座 $\phi22.5 \times 54m$ 的 IBAU 型储存兼均化库，每库库底各设两台移动式散装机。水泥由库底充气卸料系统卸出后由空气输送斜槽、斗提机送往包装车间包装或送入水泥汽车散装库进行汽车散装，或送入散装机进行火车散装。

水泥包装采用一台 BHYW – 8 型回转包装机，包装成的袋装水泥直接装车发送或送成品库储存。

水泥库顶、库底均化仓等分别设气箱脉冲袋收尘器处理系统中的含尘气体。包装车间用脉冲袋收尘器对各扬尘点进行收尘。

六、附属设备选型

1. 斗式提升机的选型

斗式提升料斗的牵引构件有环链、板链和胶带等几种。其提升高度一般不超过 40m，如果需要提升高度较高时，最好采用多级提升。

在已建的水泥厂中，较多的采用 D 型、HL 型、PL 型和 TH 型斗式提升机。

D 型——胶带斗式提升机。适用于输送磨琢性小的块粒状和粉状物料。

HL 型——环链斗式提升机。适用于输送磨琢性较大的块粒状物料。

PL 型——板式套筒滚子链斗式提升机。适用于输送中等及大块易碎的和磨琢性小的物料。

TH 型——圆环链斗式提升机。适用于输送堆积密度不大于 $1.5t/m^3$ 的物料的粉状、粒状、小块状的低磨琢性物料，物料的温度不得超过 250°。

2. 收尘设备的选型

为达到排放标准，出磨机的含尘气体一般需设置二次除尘设备，一级采用旋风除尘器，二级采用电除尘器。

(1) 旋风收尘器的选型

由于收尘器用于处理温度较高、含尘浓度较高的气体，风量及其密度发生较大变化，需进行计算。选用 4DC42 型旋风收尘器，其特点是：结构较完善，能在阻力损失小的条件下具有较高的收尘效率，收尘器的阻力系数 $\varepsilon = 105$，处理能力：$56000 \sim 90000 \ m^3/h$。

(2) 电收尘器的选型

含尘气流经过旋风收尘器后，粉尘浓度大大减小，并有 1/4 的热气体作为循环风重新入磨，所以进入电收尘器的热气体流量为总流量的 3/4。由于管道的散热损失，进入电收尘器的热风温度降为 80℃，并考虑漏风系数 3%。

(3) 循环风机的选型

在整个生产过程中，有 1/4 的除尘气体作为循环风继续使用，故根据循环风量选用 4 – 79 型离心通风机，其型号为 4 – 79 – 10；转速：1170r/min；全压：$2119 \sim 1907Pa$；流量：$34600 \sim 57100m^3/h$；电动功率：40kW。

(4) 排风机的选型

系统排风量为 126823 m^3/h，考虑 10% ~20% 的备用系数，选用 G4 – 73 锅炉离心通风机。全压：$2140 \sim 1400Pa$；流量：$100972 \sim 193700m^3/h$；电机功率：132 kW。

(5) 螺旋输送机的选型

与旋风收尘器配套的螺旋输送机的选型，旋风收尘效率 90%，风量 180816 m^3/h，进口速度为 904.4g/ m^3。则输出量为：$S = 904.4 \times 90\% \times 180816 = 150t/h$。故选用 LS800 型螺旋输送机(螺旋直径 800mm；螺距 500mm；转速 40r/min；输送量 200m^3/h)。

与电收尘器配套的螺旋输送机的选型。已知电收尘器效率为 99.89%，入口浓度为 80g/m^3，入电收尘器风量为 160619.27m^3/h，输送量为：$S = 99.89\% \times 80 \times 135832.4/106 = 10t/h$。故选用 LS200 型螺旋输送机(螺旋直径 200mm；转速 100r/min；输送量 13t/h)。

3. 除尘系统输送气体管道直径的计算

管道直径的计算包括：从磨机到旋风收尘器段和从旋风收尘器到电收尘器。具体内容有：每个旋风筒出风口水平段、出旋风收尘器的垂直段、去掉一部分循环风后管道的垂直段、出电收尘段管道直径的计算和循环风管道直径计算。

4. 增湿塔的选型

本案采用窑尾废气烘干和预热物料，废气经过增湿塔后进入生料磨烘干物料，根据所选窑及同类型窑的经验数据，窑尾排气量取 350000 m^3/h。

第三章　破碎和预均化及其设备

第一节　破碎的意义、破碎设备的结构及其工作原理

一、粉碎过程及其概念

1. 物料粉碎的基本概念

（1）粉碎

固体物料在外力的作用下，克服各质点间的内聚力，使其碎裂的过程称之为粉碎。粉碎是利用机械力克服固体物料内部凝聚力使之破碎成符合要求的小颗粒的单元操作。

施加的外力一般是人力、机械力、电力或爆破等。矿山开采大多采用爆破的方法，而加工过程中将大块物料破碎为小粒状物料，多数采用机械的方法。

（2）粉碎的分类

根据处理物料要求的不同，一般可将粉碎分为破碎和粉磨两个阶段（破碎是大料块变成小料块的过程）。破碎又可分为粗碎、中碎和细碎三类。粉磨又可分为粗磨、细磨、超细磨三类。粉碎一般情况下按其粒度（表征粉碎程度）的大小进行划分。

（3）破碎比

①平均破碎比。在破碎作业中，破碎前物料的平均直径 D 与破碎后物料的平均直径 d 之比，称为平均破碎比，用符号 i 表示，即 $i_m = \dfrac{D_m}{d_m}$。

平均破碎比表示物料破碎前后物料粒度变化情况，作为衡量破碎力学性能的一项指标，供设备选型时参考。

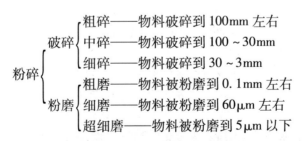

②公称破碎比。公称破碎比是表示破碎机械特性的一项指标，通常是指物料破碎前允许最大进料粒度 B 和最大出料粒度 b 之比，用符号 i 表示，即 $i_n = \dfrac{B}{b}$。

2. 粉碎的意义及目的

在实际生产中，最大进料尺寸总是比破碎设备允许最大进料尺寸要小一些。所以，破碎物料时的实际破碎比总要比公称破碎比小一些，这是选择破碎设备时要加以考虑的问题。

在水泥生产过程中，有大量的物料需要粉碎，如原材料、燃料、半成品等。粉碎的目的在于：提高物料的流动性，便于输送和储存；便于物料的均化，提高物料的均匀性；降低入磨物料的粒度，提高磨机产量，降低粉磨电耗；增加物料的比表面积，提高烘干效率。

一般来讲，每生产 1t 水泥，大约需要粉磨的各种原料、燃料达 4t 左右。在粉碎作业中所消耗的电量占整个水泥生产总电耗的 70% 左右，所消耗的钢材占全厂钢材耗量的 50% 左右，粉碎成本占水泥生产总成本的 35% 以上。其中，破碎物料的电耗约占 10% ~ 12%。

3. 破碎系统与级数

(1)破碎系统

在水泥生产中，破碎流程一般分为开路和闭路两种。凡在破碎系统中不带任何筛分设备或仅带有预筛分设备的称为开路系统，凡在破碎系统中带有筛分设备的称为闭路系统。

开路破碎系统的优点是工艺流程简单、设备少、工程投资小、维护管理简单；缺点是产品粒度不均匀，效率低。

闭路破碎系统的优点是产品粒度较均匀，破碎效率高。缺点是工艺流程复杂、设备多、一次性投资大、维护管理要求高。

(2)破碎系统的级数

各种破碎机的破碎比总是有一定的范围，而生产过程中要求的破碎比一般都比较大，靠单台设备很难一次性达到生产要求。一般情况下是将两台或两台以上的破碎机串联起来使用，串联使用的破碎机的台数称为破碎级数，有时也称为破碎段数。第一级破碎机的平均入料粒度和最后一级破碎机的平均出料粒度之比，称为总破碎比。

4. 粉碎的三大理论假说、方法及破碎机械的分类

(1)三大理论假说

粉碎分类(根据物料和操作性质)目前公认的有表面积假说、体积假说、裂缝假说三种假说。

第一假说：表面积假说(适合微粉碎和超微粉碎)——粉碎能耗与粉碎后物料的新生表面积成正比。

第二假说：体积假说(适合于粗中粉碎)——物料粉碎所消耗的能量与物料的体积成正比。

第三假说：裂缝假说(适合于两者之间 1 ~ 100 mm)——物料粉碎所消耗的能量与粉碎物料的直径平方根成反比。

$$E = C_B \left(\frac{1}{\sqrt{D_2}} - \frac{1}{\sqrt{D_1}} \right)$$

(2)破碎方法

破碎的方法很多，如图 3 - 1 所示为常见的物料破碎方法。

①击碎：物料在瞬间受到外来冲击力的作用被破碎。冲击破碎的方法很多，如静止的物料受到外来冲击物体的打击被破碎；高速运动的物料撞击钢板而被破碎；运动中的物料相互撞击而破碎等。此法适用于脆性物料的破碎。

②压碎：在两个工作面之间的物料，受到缓慢增大的压力作用而被破碎的方法称为压碎。此破碎方法适用于破碎大块硬质物。

③磨碎：物料受到两个相对移动的工作面的作用，或在各种形状的研磨体之间的摩擦作

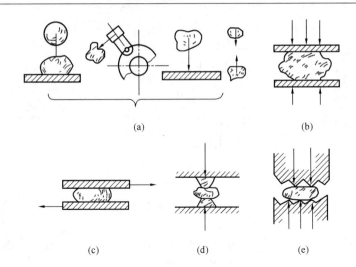

图 3 - 1　物料的破碎方法

(a)击碎；(b)压碎；(c)磨碎；(d)折碎；(e)劈碎

用下而被破碎的方法称为磨碎。该法主要适用于研磨小块物料。

④折碎：物料在受到两个相互错开的凸棱工作面间的压力作用而被破碎的方法。此法主要适用于破碎硬脆性物料。

⑤劈碎：物料在两个尖棱工作面之间，受到尖棱的劈裂作用而被破碎的方法。此法多适用于破碎脆性物料。

二、常用的破碎设备及其工作原理

1. 破碎机械分类

(1)颚式破碎机：活动颚板对固定颚板作周期性的往复运动，物料在两颚板之间被压碎，见图 3 - 2(a)。

(2)圆锥式破碎机：外锥体是固定的，内锥体被安装在偏心轴套里的立轴带动作偏心回转，物料在两锥体之间受到压力和弯曲力的作用而破碎，见图 3 - 2(b)。

(3)辊式破碎机：物料在两个作相对旋转的辊筒之间被压碎。若两个辊筒的转速不同，还会起到部分磨碎作用，见图 3 - 2(c)。

(4)锤式破碎机：物料受到快速回转部件的冲击作用而被破碎，见图 3 - 2(d)。

(5)轮碾机：物料在旋转的碾盘上被圆柱形碾轮压碎和磨碎，见图 3 - 2(e)。

(6)反击式破碎机：物料被高速旋转的板锤打击，使物料弹向反击板撞击而破碎，见图 3 - 2(f)。

2. 破碎机械的结构和工作原理

(1)颚式破碎机

①类型及工作原理

颚式破碎机按其活动颚板的摆动方式不同分为简单摆动颚式破碎机和复杂摆动颚式破碎机两种类型；按其破碎物料大小的不同分为粗式破碎机和细式破碎机。它们的工作原理是相似的，只是动颚的运动轨迹不同。

简单摆动颚式破碎机，因动颚是悬挂在支撑轴上，所以动颚作往复运动时，其上各点的运动轨迹都是圆弧形，而且水平行程上小下大，而以动颚的底部(排矿口处)为最大。由于

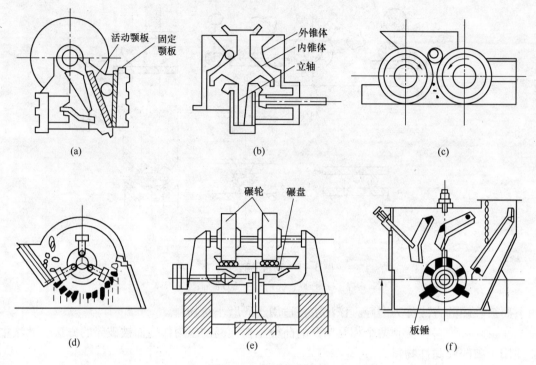

图 3-2　常用破碎机械

(a)颚式破碎机；(b)圆锥式破碎机；(c)辊式破碎机；(d)锤式破碎机；(e)轮碾机；(f)反击式破碎机

落入破碎腔的矿石，其上部均为大矿石，因此往往达不到矿石破碎所必须的压缩量，故上部的矿石，需要反复压碎多次，才能破碎。破碎负荷大都集中在破碎腔的下部，整个颚板没有均匀工作，从而降低了破碎机的生产能力，同时这个破碎机的垂直行程小，磨剥作用小，排矿速度慢。但颚板的磨损较轻，产品过粉碎少。

复杂摆动颚式破碎机，由于其动颚又是曲柄连杆机构的连杆，在偏心轴的带动下，动颚板上各点的运动轨迹近似椭圆形，椭圆度是上小下大，其上部则接近于圆形。这种破碎机的水平行程正好与简单摆动颚式破碎机相反，其上部大下部小，上部的水平行程约为下部的1.5 倍，这样就可以满足破碎腔上部大块矿石破碎所需的压缩量。同时整个动颚的垂直行程都比水平行程大，尤其是排矿口处，其垂直行程约为水平行程的 3 倍，有利于促进排矿和提高生产能力。实践证明，在相同条件下，复摆颚式破碎机的生产能力比简摆颚式破碎机高近三成左右。但颚板的磨损快，产品粉碎比简摆颚式破碎机较严重。

简单地说，颚式破碎机的工作原理是通过动颚的周期性运动来破碎物料。在动颚绕悬挂心轴向固定颚摆动的过程中，位于两颚板之间的物料便受到压碎、劈裂和弯曲等综合作用。开始时，压力较小，使物料的体积缩小，物料之间互相靠近、挤紧；压力上升到超过物料所能承受的强度时，即发生破碎。反之，当动颚离开固定颚向相反方向摆动时，物料则靠自重向下运动。动颚的每一个周期性运动就使物料受到一次压碎作用，并向下排送一段距离。经若干个周期后，被破碎的物料便从排料口排出机外。

②构造、性能及应用

颚破的结构主要由机架、动颚部、主轴部、连杆、前肘板、后肘板、拉杆、调整千斤顶、固定颚板与活动颚板等组成(见图 3-3)，其中肘板还起到保险作用。

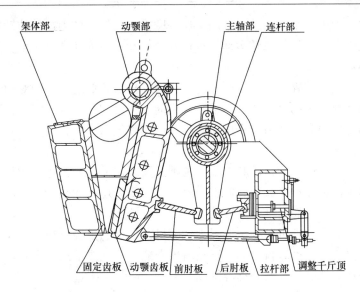

架体部　　　动颚部　　　主轴部　连杆部

固定齿板　动颚齿板　前肘板　后肘板　拉杆部　调整千斤顶

图 3 - 3　颚式破碎机结构示意图

两种类型的颚式破碎机，都是间歇性地工作。简摆颚式破碎机动颚的往复运动，是由偏心轮旋转，通过连杆机构传递而带动的。因此当偏心轮旋转一周，动颚只能前进后退各一次，所以只有一半时间做功。而复摆颚式破碎机，由于动颚上端直接悬挂在偏心轴上，而下端又受衬板的约束，所以当偏心轴按逆时针方向旋转时，每转中约有四分之三的时间在破碎矿石，即当动颚上端后退时，下端向前压矿，下端后退时，上端向前压矿，这也是复摆型颚式破碎机生产能力较高的主要原因之一。

为了改善颚式破碎机性能和提高工作效率，国内外曾研制过各种各样的颚式破碎机。如德国和前苏联都曾研制过液压驱动的颚式破碎机；原西德制造过冲击式颚式破碎机；原苏联也制造了振动颚式破碎机和双动颚颚式破碎机；原东德曾制造过一种简摆双腔颚式破碎机；美国生产过复摆双腔颚式破碎机和倾斜式颚式破碎机；北京某设计院以及湖南某大学都曾与工厂合作研制了双腔颚式破碎机等。但得到最广泛使用的还是传统复摆颚式破碎机。

简摆颚式破碎机在破碎矿石时，其破碎矿石的反作用力主要作用在动颚悬挂轴上，因而破碎机主要零件受力较为合理，所以它一般做成大、中型的。而复摆颚式破碎机的动颚悬挂轴也是偏心轴，虽具有结构紧凑、生产率高、质量小的优点，但在破碎矿石时，动颚受到巨大的挤压力，大部分作用在偏心轴及其轴承上，使其受力恶化，易于损坏；所以这种破碎机虽然越来越得到广泛应用，但一般都制成中、小型的。应当指出，随着耐冲击的大型滚动轴承的出现，复摆颚式破碎机有向大型化发展的趋势。

(2)圆锥式破碎机

在圆锥破碎机中，破碎料块的工作部件是两个截锥体。动锥(又称内锥)固定在主轴上，定锥(又称外锥)是机架的一部分，是静置的。主轴的中心线与定锥的中心线相交成 β 角。主要悬挂在交点上，轴的下方则活动地插在偏心衬套中。衬套以偏心距绕着定锥的中心线旋转，使得动锥沿着定锥的内表面作偏旋运动。靠拢定锥的地方，该处的物料就受到动锥挤压和弯曲作用而破碎，偏离定锥的地方，已经破碎的物料由于重力的作用就从锥底落下。因为偏心衬套连续转动，动锥也就连续旋转，故破碎过程和卸料过程也就沿着定锥的内表面连续依次进行。

在破碎物料时，由于破碎力的作用，在动锥表面上产生了摩擦力，其方向与动锥运动方向相反。因为主轴上下方都是活动连接的，这一摩擦力所形成的力矩，使动锥在绕定锥作偏旋运动的同时还作方向相反的自转运动，这种自转运动，可促使产品粒度更加均匀，并使动锥表面的磨损亦均匀。

由上述可知，圆锥破碎机的工作原理与颚式破碎机有相似之处，即对物料都是施予挤压力，破碎后自由卸料。不同之处在于圆锥破碎机的工作过程是连续进行的，物料夹在两个锥面之间同时受到弯曲力和剪切力的作用而破碎，故破碎较易进行，因此，其生产能力较颚式破碎机大，动力消耗低。

圆锥破碎机按用途可分为粗碎和中细碎两种；按结构又可分为悬挂式和托轴式两种。

用作粗碎的圆锥破碎机，又称旋回破碎机。因为要处理尺寸较大的料块。要求进料口宽大，因此动锥是正置的，而定锥是倒置的。

用作中细碎的圆锥破碎机又称菌形圆锥破碎机，处理的是经过初次破碎后的料块，故进料口不必很大，但要求加大卸料范围，以提高生产能力，且要求破碎产品具有比较均匀的粒度。所以动锥和定锥都是正置的。动锥制成菌形，在卸料口附近，动、定锥之间有一段距离相等的平行带，以保证卸出物料的料度均匀。这类破碎机因为动锥体表面斜度较小，卸料时物料是沿着动锥斜面滚下，因此，卸料就会受到斜面的摩擦阻力作用，同时也会受到锥体偏转、自转时的离心惯性力的作用。故这类破碎机并非自由卸料的，因而工作原理和计算上均与粗碎圆锥破碎机有些不同。

由于破碎力对动锥的反力方向不同，这两种破碎机动锥的支承方式也不相同。旋回破碎机反力的垂直分力不大，故动锥可以用悬吊方式支承，支承装置在破碎机的顶部。因此，支承装置的结构比较简单，维修也比较方便。菌形圆锥破碎机反力的垂直分力较大，故用球面座在下方将动锥支托起来。支承面积较大，可使压强降低。不过这种支承装置正处于破碎室的下方，粉尘较大，要有完善的防尘装置，因而构造比较复杂，维修也比较困难。

（3）辊式破碎机

辊式破碎机在水泥工业中主要用于破碎黏土质物料、煤和某种混合材料。

辊式破碎机按照辊筒表面形状分为光面辊、齿面辊或槽面辊三种。

辊式破碎机按辊筒的数目分为：单辊破碎机、双辊破碎机和多辊破碎机，在国外，按辊筒对数分为：单辊（一对辊）、双辊（二对辊）、三辊（三对辊）破碎机。

图3-4是双辊式破碎机。第一个辊筒固定在机轴上，轴由固定在机座上的轴承支承。第二个辊筒装在机轴上，轴被支承在可在机座上前后移动的轴承上，这一对轴承被压力弹簧或液压装置6压紧，在可移动的轴承和固定轴承之间装有支撑架和可拆卸的钢质垫片，用来调整两个辊筒的间隙。

工作时，电动机带动皮带轮，使两个辊筒作相对回转。这时物料从两个辊筒间的加料口加入，靠摩擦力及辊齿把物料引入两辊之间，受到挤压而破碎卸出。

当不能破碎的硬质物料或金属块落入时，弹簧被压缩，辊筒向后移动，使硬物料卸出，然后靠弹簧再使辊筒恢复原位。为了在入料粒度或硬度改变时，保持出料粒度均匀不变，可及时调整螺栓。

在水泥工业中，采用的辊式破碎机主要是双齿辊式破碎机，用来破碎黏土、冻土。设备规格较少，使用效果也不尽理想。特别是对含水量大、塑性指数高的黏土质原料或冻土效果更差。现在我国一些正在设计的大型现代化水泥厂中基本是选用国外的黏土破碎设备，即双

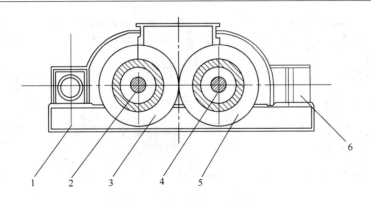

图 3 - 4　双辊式破碎机结构图

1—机座；2—机轴；3—第一个辊筒；4—机轴；5—第二个辊筒；6—压力弹簧或液压装置

辊式破碎机。这种设备能比较好地对黏土或冻土进行破碎处理。

(4)锤式破碎机

1)工作原理及类型

锤式破碎机的主要工作部件为带有锤子的转子。通过高速旋转的锤子对料块的冲击进行粉碎。由于各种脆性物料的抗冲击性差，因此，在作用原理上这种破碎机是比较合理的。

锤式破碎机的种类很多，可以按照下述结构特征进行分类：

按转子的数目，分为单转子和双转子两类。分别用 PC 和 2PC 表示。

按转子的回转方向，分为不可逆式及可逆式两类。分别用 PCB 和 PCK 表示。

按锤子的排列方式，分为单排式和多排式两类。前者锤子安装在同一回转平面上，后者锤子分布在好几个回转平面上。

按用途的不同，分为一般用途的和特殊用途的两类。

按锤子在转子上的连接方式，还可以分为固定锤式和活动锤式两类。固定锤式主要用于软质物料的细碎和粉磨。用于粉磨的称为锤磨机。

锤式破碎机的规格用转子的直径 D 和长度 L 表示。例如 2000 × 1200 锤式破碎机，即转子直径 D 为 2000mm，转子长度 L 为 1200mm。

2)构造、性能及应用

①单转子锤式破碎机

图 3 - 5 所示为单转子、多排、不可逆式锤式破碎机。它主要由机壳、转子、箅条和打击板等部件组成。机壳由上下两部分组成，分别用钢板焊成，各部分用螺栓连接成一体。顶部有喂料口，机壳内壁镶有高锰钢衬板，衬板磨损后可以拆换。

为了便于检修、调整和更换箅条，机壳的前后两面均开有检修孔。为了检修时更换锤子方便，两侧壁也开有检修孔。

破碎机的主轴上安装数排挂锤体。在其圆周的销孔上贯穿着销轴，用销轴将锤子铰接在各排挂锤体之间。锤子磨损后可调换工作面。挂锤体上开有两圈销孔，销孔中心至回转轴心之半径距离是不同的，用来调整锤子与箅条之间的间隙。为了防止挂锤体和锤子的轴向窜动，在挂锤体两端用压紧锤盘和锁紧螺母固定。转子两端支承在滚动轴承上，轴承用螺栓固定在机壳上。主轴与电动机用弹性联轴器 5 直接联接。为了使转子运转平稳，在主轴的一端还装有一个飞轮。

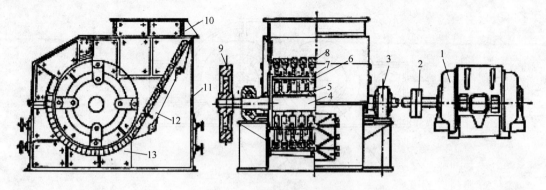

图 3-5　单转子锤式破碎机

1—电动机；2—联轴器；3—轴承；4—主轴；5—圆盘；6—销轴；7—轴套；8—锤子；9—分轮；
10—给料口；11—机壳；12—衬板；13—筛板

圆弧状卸料箅条筛安装在转子下方，箅条的两端装在横梁上，最外面的箅条用压板压紧，箅条排列方向与转子运动方向垂直。箅条间隙由箅条中间凸出部分形成。为了便于物料排出，箅条之间构成向下扩大的筛缝，同时还向转子回转方向倾斜。

在进料部分还安装有打击板；是首先承受物料冲击和磨损的地方。它由托板和衬板等部件组装而成。托板是用普通钢板焊接的，上面的衬板是高锰钢铸件，组装后用两根轴架装在破碎机的机体上。进料角度可用调整丝杆进行调整，磨损后可以更换。

转子静止时，由于重力关系，锤子下垂。当转子转动时，锤子在离心惯性力的作用下，作辐射状向四周伸开。进入机内的料块受到锤子打击而破碎。继而，由于料块获得动能，以较高的速度向打击板冲击或互相冲击而破碎。小于箅缝的物料，通过箅缝向下卸出，少部分尚未达到要求尺寸的料块，仍留在筛面上继续受到锤子的冲击和磨剥作用，直至达到要求尺寸后从箅缝卸出。

由于锤子是自由悬挂的，当遇上难碎物件时，能沿销轴回转，从而避免机械损坏，起着保护作用。另外，在传动装置上还装有专门的保险装置，利用保险销钉，在过载时被剪断，使电动机和破碎机转子联接脱开，而起保护作用。

② 双转子锤式破碎机

双转子锤式破碎机如图3-6所示。在机壳内，平行安装有两个转子。转子由臂形的挂锤体及铰接在其上的锤子组成。挂锤体安装在方轴上。锤子是多排式排列，相邻的挂锤体互相交叉成十字形。两转子由单独的电动机带动作相向旋转。

破碎机的进料口设在机壳上方正中，进料口下面，在两转子中间设有弓形箅篮，箅篮由一组互相平行的弓形箅条组成。各排锤

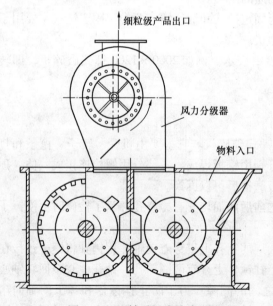

图 3-6　双转子锤式破碎机

1—弓形箅篮；2—转子；3—锤子；4—挂锤体；
5—箅条筛；6—机壳；7—方轴；8—马鞍状砧座

子可以自由通过篦条之间的间隙。篦篮底部有凸起成马鞍状砧座。

料块由进料口喂入到弓形篦篮后，落在弓形篦条上的大块物料，受到从篦条间隙扫过的锤子冲击粉碎。预碎后落在砧座及两边转子下方的篦条筛上，连续受到锤子的冲击成为小块物料，最后经篦缝卸出。

双转子锤式破碎机由于分几个破碎区，同时具有两个带有多排锤子的转子，所以破碎比较大，可达40；生产能力相当于两台同规格单转子锤式破碎机。

③ 粉碎粘湿物料的锤式破碎机

上述各种锤式破碎机由于容易堵塞，都不能粉碎粘湿物料。为了提高锤式破碎机对粘性物料的适应性，有一种粉碎粘湿物料的锤式破碎机，如图3-7所示。破碎机的外壳内装有转子，转子前面装有作为破碎板用的履带式回转承击板。这种回转承击板，可以防止物料在破碎腔进口处堆积起来，粘结在承击板上的物料则被锤头扫除。承击板由单独的电动机经传动轴带动。承击板的底部有垫板，以承受锤子的冲击力。

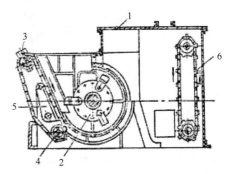

图3-7 粉碎粘湿物料的锤式破碎机
1—外壳；2—转子；3—履带式回转承击板；
4—传动轴；5—垫板；6—清理装置

料块喂到回转承击板上，被强制喂到转子的作用范围内。为了避免堵塞，转子下面一般不设篦条筛，转子的后面还有清理装置。它是一条垂直的闭合链带，其上装有横向刮板。链带也用单独的电动机带动，能将破碎后堆积在转子后方的物料松动，以便卸出，同时可将粘附在外壳壁面上的物料刮下。

④ PCL立轴锤式破碎机

PCL立轴锤式破碎机的构造如图3-8所示。将转子体的立轴和电动机的立轴都由水平

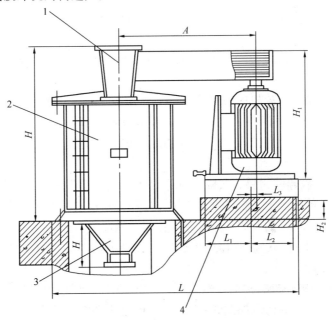

图3-8 PCL立轴锤式破碎机
1—给料部分；2—破碎机筒体；3—排料部分；4—电动机

放置改为垂直放置，物料由上面进料口进入，经过简体内多排锤头的锤击后被粉碎，由出料口排出，主轴由传动装置的电动机带动。

特点是体积小，生产能力大，破碎比高，能耗低，密封性好，运转平稳，维护方便。适用于建材工业生产中，破碎石灰石、熟料、煤及其他矿石。

3）优点及应用

锤式破碎机的优点是：生产能力高，破碎比大，电耗低，机械结构简单、紧凑轻便，投资费用少，管理方便。缺点是：粉碎坚硬物料时，锤子和篦条磨损大，消耗较多金属和检修时间，需要均匀喂料，粉碎粘湿物料时会减产，甚至由于堵塞而停机。为了避免堵塞，被破碎物料的含水量不应超过 10% ~ 15%（特殊用途的锤式破碎机例外）。

在水泥厂，锤式破碎机广泛用来破碎石灰石、泥灰岩、煤、石膏等。用于细碎的锤式破碎机，可以获得 0 ~ 10mm 的产品粒度；用于粗碎的锤式破碎机，喂料尺寸可达 2500mm，一般则为 500 ~ 600mm，可以获得 25 ~ 35mm 的产品粒度。

锤式破碎机的产品粒度组成与转子圆周速度及篦缝宽度等参数有关。

可以看出，由于快速锤式破碎机兼有中、细碎的作用，所以一般宜选用快速锤式破碎机，并且一般不必另设细碎机。为了在快速锤式破碎机上降低产品粒度和提高生产能力，可以考虑放宽快速锤式破碎机的卸料篦缝宽度和增加卸料篦缝面积，使卸料经过筛分，细料作为产品，粗料由增加的一级小型细碎机处理，或作为循环料返回锤式破碎机作闭路流程处理。

（5）反击式破碎机

1）工作原理

反击式破碎机是在锤式破碎机基础上发展起来的。虽然它具有多种型式，然而就其工作原理、性能参数和结构设计来说，它们又具有许多共同点。反击式破碎机的工作部件为带有板锤的高速旋转的转子，喂入机内料块在转子回转范围（即锤击区）内受到板锤冲击，并被高速抛向反击板，再次受到冲击，然后又从反击板反弹到板锤，继续重复上述过程。在往返途中，物料间还有互相碰击作用。由于物料受到板锤的打击，与反击板的冲击以及物料相互之间的碰撞，物料不断产生裂缝，松散而致粉碎。当物料粒度小于反击板与板锤之间的缝隙时，就被卸出。

从上述可见，反击式破碎机的破碎作用，主要分为下述三个方面：

① 自由破碎。进入破碎腔内的物料，立即受到高速板锤的冲击，以及物料之间相互撞击，同时，板锤与物料及物料之间的摩擦作用。在这些外力作用下，使破碎腔内物料受到粉碎。

② 反弹破碎。被破碎的物料，实际上并不是无限制地分散的，而是被集中在箱形体区间里。由于高速旋转的转子上的板锤冲击作用，使物料获得很高的运动速度，然后撞击到反击板上，使物料得到进一步的破碎，这种破碎作用叫做反弹破碎。

③ 铣削破碎。经上述两种破碎作用未破碎的大于出料口尺寸的物料，在出口处被高速旋转的锤头铣削而破碎。

2）单转子反击式破碎机的构造、性能

单转子反击式破碎机的构造如图 3-9 所示。料块从进料口喂入，为了防止料块在破碎时飞出，装有链幕。喂入料块落到装在机壳内的篦条筛的上面，把细小的料块筛出，大块的物料沿着筛面落到转子上。在转子的轴向上固定安装着凸起一定高度的板锤，转子由电动机经三角胶带带动转动。落在转子上面的料块受到高速旋转的板锤冲击，获得动能，以高速向反击板撞击，接着又从反击板上反弹回来，同从转子抛掷出来的料块彼此碰撞。因此，在篦条筛、转子、第一反击板及进料口链幕所组成的空间内形成强烈的冲击区，料块接连受到这种互相冲击作用而粉碎。继而在两块反击板与转子之间组成的第二冲击区内进一步受到冲击粉碎。破碎后物料经转子下方的出料口卸出。

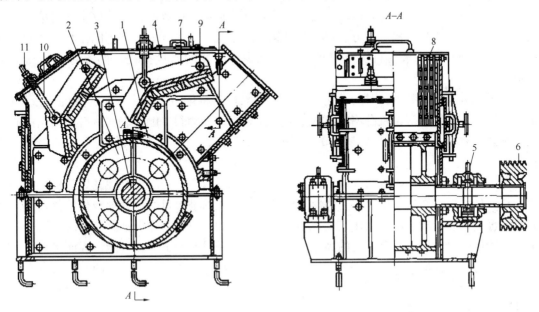

图 3－9　单转子反击式破碎机

1—板锤；2—转子；3—主轴；4—机体；5—轴承；6—皮带轮；7—反击板；8—链幕；
9—悬挂轴；10—拉杆；11—螺帽

反击板的一端用活铰悬挂在机壳上，另一端用悬挂螺栓将其位置固定。当有大块物料或难碎物件夹在转子与反击板之间的间隙时，反击板受到较大压力而向后移开，间隙增大，可让难碎物通过，而不致使转子损坏。而后反击板在自重作用下，又恢复原来位置，以此作为破碎机的保安装置。

3）双转子反击式破碎机的构造、性能

图 3－10 所示为 ϕ1250 × 1250mm 双转子反击式破碎机。机体内装有两个平行排列的转子，并有一定高度差。第一级转子位置稍高，与第二级转子两中心连线的水平夹角约为 12°。第一级为重型转子，用于粗碎；第二级转子的转速较快，能满足最终产品的要求。第一级转子用螺栓固装着 8 块板锤，分布成 4 排；第二级转子同样用螺栓固装着 12 块板锤，分布成 6 排。板锤均用高锰钢铸造。板锤的形状有利于冲击粉碎和出

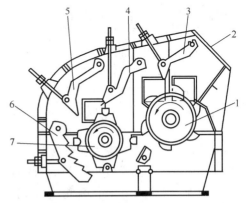

图 3－10　ϕ1250 × 1250mm 双转子反击式破碎机

1—机体；2—第一级转子；3—第一反击板；4—分腔反击板；5—第二级转子；6—第二反击板；7—调节弹簧部件；8—压缩弹簧部件；9—均整随板；10—第一级传动装置；11—第二级传动装置；12—固定反击板

料。转子固装在主轴上，两端用滚动轴承支承在下机体上。两转子分别由两台电动机联接液力联轴器、挠性联轴器，经三角胶带传动作同向高速旋转。采用液力联轴器，既可降低起动负荷，减少电动机容量，又可起到保安作用。

第一和第二反击板的一端，通过悬挂轴铰接于上机体两侧板上，另一端分别由悬挂螺栓或调节弹簧部件支挂在机体上部或后侧板上。分腔反击板通过支挂轴与装在机体两侧面的连杆及压缩弹簧相联结，悬挂在两转子之间，将机体分成两个破碎腔，分腔反击板与第一反击板连成圆弧状反击破碎腔。在分腔反击板和第二反击板的下半部安装有不同排料尺寸的篦条衬板，使达到粒度要求的料块及时排出，以减少不必要的能量损耗。篦条衬板用高锰钢铸造。

为了充分利用物料排出时的动能，消除个别大块物料排出，确保产品粒度的质量指标，在第二级转子的卸料端设置有均整篦板及固定反击板，在物料接触的表面装有高锰钢铸造的篦条和防护衬板，如果对产品粒度的均齐性要求较高，还可以在第一转子下部装置均整篦板。

上下机体在物料破碎区域内壁装有衬板，机体上设有便于安装检修用的后门和侧门。机体进料口处设置有链幕，用以防止物料在破碎时飞出。该破碎机的喂料导板位置比较低，因而板锤对喂入料块的冲击起点比较低，增大了冲击空间，有利于冲击粉碎。同时采用分腔集中冲击粉碎，且两转子具有一定的高度差，使第一转子具有强迫给料可能，因而扩大了两转子的工作角度，使两转子得到充分利用，第二转子的线速度可以提高，且两转子具有不同的线速度、不同的板锤效果和板锤高度，破碎机能根据破碎要求，使物料得以充分破碎，使一次开路破碎产品能直接入磨。

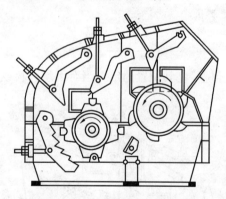

图 3 – 11　组合式反击式破碎机

组合式反击式破碎机（见图 3 – 11），它是因为在一个机壳内组合了两种型式破碎机而得名。机壳内装有两个转子，两个转子中心连线与水平线的夹角成 30°。第一级转子为重型转子，用于粗碎，转子的圆周速度为 30m/s；第二转子的转速较快，圆周速度为 50m/s。以满足最终产品的要求，破碎机具有三个破碎腔，转子的卸料端装置有可调节的均整篦板和固定的反击板。破碎机如此配置，可以克服双转子反击式破碎机在两个转子之间通常易漏出过大粒度产品的缺点。

组合式反击式破碎机用于大、中型水泥厂石灰石单级破碎。它允许的最大喂料为 $1 \sim 1.5 m^3$，可将边长 1000 ~ 1500mm 的料块，一次破碎至入磨要求粒度，产品粒度小于 25mm 的占 97%，其生产能力为 600 ~ 1000t/h。该机对易于粘料的部件（如喂料导板、机壳侧壁和反击板等）上装置有加热设备，当石灰石中夹土较多，物料含水量超过 8% 时，采用热油（或电热）将粘料部件加热到 180℃ 左右，即可防止破碎机堵塞。实践表明，这种破碎机在破碎中硬石灰石时，第一级转子的电耗为 0.75kW·h/t；第二级转子的电耗为 0.9kW·h/t。

4）反击 – 锤式破碎机构造、性能

反击 – 锤式破碎机是一种反击式和锤式相结合的破碎机。按其结构特征亦有单转子和双转子两种。

单转子反击 – 锤式破碎机又称 EV 型破碎机，见图 3 – 12。其构特点是：机内装设有喂料滚筒、一块可调节的颚板和一个可调节的卸料箅条筛。破碎机具有较大的反击腔，只使用一个中等圆周速度的锤式转子就能进行接连几次的破碎。大块物料（石灰石等）经一次破碎即可得到 95% 小于 25mm 的最终产品。破碎机可以破碎很大的石灰石块，对水分和泥土也不敏感，因此可以同时破碎石灰石和黏土。为了破碎大块石灰石，在锤式转子前面装设两个慢速回转的喂料滚筒，以吸收喂入的粗大物料的冲击，从而减轻对锤式转子的冲击，并由滚筒向锤式转子均匀喂料，两个滚筒不仅保护了锤式转子，而且还起到预先筛分的作用。滚筒间的缝隙可将喂入破碎机中的细小粒级选出，因此破碎机无需喂料箅条筛。破碎机的特殊设计，使得它能够处理含有黏土的物料。锤子是活动悬挂的，以 38 ~ 40m/s 的圆周速度旋转，每个锤子的质量在 90 ~ 230kg 之间。破碎机可以喂入 1 ~ 2m 大小，边长达 2m 的物料，生产能力可达 1250t/h。

双转子反击 – 锤式破碎机如图 3 – 13 所示。破碎机装设了两个锤式转子，其破碎比可达 50 左右，可用于大型水泥厂石灰石的单级破碎。

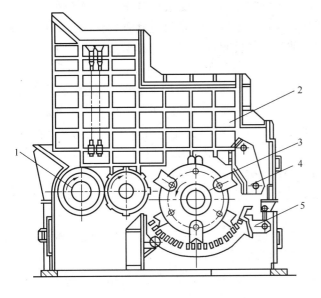

图 3 – 12　单转子反击 – 锤式破碎机
1—慢速辊筒；2—机壳；3—活动锤头；
4—反击板；5—出料箅条

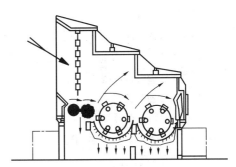

图 3 – 13　双转子反击 – 锤式破碎机

5）烘干反击式破碎机构造、性能

反击式破碎机破碎粘湿物料时，生产能力将降低，甚至产生堵塞。而破碎与烘干同时作业的烘干反击式破碎机，解决了粘湿物料的破碎问题，如图 3 – 14 所示。这种破碎机无出料箅条，转子及其上部反击板等结构与一般反击式破碎机相同，物料的破碎过程与前述单转子反击式破碎机相同。从出料斗下部的侧向及喂料板侧向进风口通入高温气体烘干物料，废气由出风口排出，产品由出料口卸出。破碎机可利用煤、重油或高温废气等各种热源。热风入口温度 300 ~ 700℃。破碎机的破碎比很大，可达 70 ~ 80。被粉碎物料与通入的热气体逆流

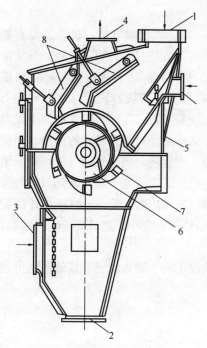

图 3 – 14　烘干反击式破碎机
1—喂料口；2—出料口；3—进风口；4—出风口；5—机壳；6—板锤；7—转子；8—反击板

接触，强烈的冲击粉碎使物料与热气体互相干涉而形成涡流，接触良好。因而烘干的能力是很强的，即使含水量高的黏土，在破碎与烘干时也不致产生粘结机械的现象。

破碎机内部表面积小，保温性能好以及散热损失小，故热效率高；破碎机构造简单，体积小，占地面积小，设备费用低。

烘干反击式破碎机视其生产能力大小，亦有单转子和双转子之分。入料水分可达 25% ~ 30%，出料水分可降低至 0.5% ~ 1%。破碎粒度可达 10mm 以下，甚至将物料破碎至 1mm 以下的细粉，可达 50%。生产能力可达 600t/h，水泥厂可用它来对石灰石、黏土、页岩、煤等原料进行破碎和烘干。

6）反击装置和转子构造、性能

反击装置的作用是承受被板锤击出的物料在其上冲击破碎，并将冲击破碎的物料重新弹回锤击区，再次进行冲击破碎。其目的是确保整个冲击过程正常进行，最终获得所需的产品粒度。

反击板的形式很多，主要有折线形和弧线形两类。折线形反击面的主要特点是：在反击板各点上物料都是以垂直的方向进行冲击，因此可获得最佳的破碎效果。但是由于渐开线形反击面制作困难，而且实际破碎时，由于料块在腔内相互间的干扰，其运行轨迹已不规则，故渐开线形反击面也失去实用意义。故通常采用近似渐开线的折线形反击面代之。

圆弧形反击面能使料块由反击板反弹出来之后，在圆心区形成激烈的冲击粉碎区，以增加物料的自由冲击破碎效果。

前进型反击面反弹路线呈锯齿形。一般物料的反弹过程应朝向卸料端前进，以减少因料块在腔内的干扰而引起的能量损耗。它主要适用于粗碎各种易碎物料。

后退型的反击面使物料在反击过程以后退的方式回到冲击点，这样可增加物料承受冲击的次数，获得较细粒级的产品。

反击装置的结构型式大致有四种：

① 自重式：破碎机工作时，反击板借自重保持其正常位置。当遇有难碎物时，反击板迅即抬起，难碎物排出后又重新返回原处。其间隙大小通过悬挂螺栓进行调整。

② 重锤式：利用重锤维持反击板的工作位置。其平衡力大小可以通过重锤在杠杆上的位移进行调整，并用螺钉固定。

③ 弹簧式：反击板在工作时的位置是通过弹簧的预压力保持的。遇有难碎物时，难碎物克服弹簧的预压力，而从腔内排出。弹簧的压缩变形量应与可能进入腔内的难碎物大小相适应。

④ 液压式：利用油压装置调节反击板的位置，同时也作为保安装置。通常这种型式应用于大型反击式破碎机，与液压启闭机壳共同使用一个油压系统。

　　板锤的形状与其紧固方式及工作载荷情况密切相关。板锤设计应满足工作可靠、装卸简便和提高板锤金属利用率的要求。目前板锤紧固形式有螺栓紧固法、嵌入紧固法、楔块紧固法等几种，简单介绍如下。

　　① 螺栓紧固法：板锤借螺栓紧固于转子的板锤座上。板锤座带榫状，可以利用榫口承受工作时板锤的冲击力，避免螺栓受剪，提高螺栓连接的可靠性。

　　② 嵌入紧固法：板锤从转子侧面轴向插入转子的相应槽孔内，为了防止轴向窜动，两端采用压板定位。由于去掉了紧固螺栓，提高了板锤工作的可靠性。利用板锤回转时产生的离心惯性力与撞击破碎时的反力紧固自锁，而对转子易受磨损处都制成可更换的结构形式，因此装卸简便，制作容易。

　　③ 楔块紧固法：用楔块塞入板锤与转子间的相应槽孔内，使之紧固，根据楔块作用力的方向与位置，此类紧固方法又可归纳为三种形式。楔块紧固法工作较为可靠，装卸也较方便，由于消除了板锤与转子间的相对窜移，转子磨损减轻。但采用螺栓拉紧楔块，螺纹容易变形受损，甚至断裂。螺纹变形时，给板锤的拆装也造成很大困难。为了克服上述弊病，采用液压式楔块紧固法。它利用油缸内的柱塞压紧楔块，正常工作情况下处于紧固状态。更换板锤或换向时，首先松弛油缸内的柱塞，卸掉支座与楔块，然后吊起板锤，更换或换向板锤。这种紧固方法安全可靠，更换简便，需时也少，而且维护也较方便。

　　以上几种紧固方法，以螺栓紧固法的板锤利用率较高，通常可达 50% 左右。但它更换费事，也不适宜高冲击载荷，故一般用于较小规格。嵌入法和楔块紧固法虽然更换方便，工作也较可靠，但其金属利用率普遍较低。为了克服上述缺陷，采用空心板锤结构。它在不影响板锤强度的条件下，大大地提高了板锤的金属利用率，但它并不延长使用寿命。此外改进后的嵌入紧固法，采用带槽式板，板锤面上带有纵向槽，因而金属耗量大为减少，而且工作面可以调换四次，使用寿命相应地有所增加。

　　7）性能及应用

　　反击式破碎机结构简单，制造维修方便，工作时无显著不平衡振动，无需笨重的基础。它比锤式破碎机更多地利用了冲击和反冲击作用，进行选择性破碎，料块自击粉碎强烈，因此粉碎效率高，生产能力大，电耗低，磨损少，产品粒度均匀且多呈立方块状。反击式破碎机的破碎比大，为 40 左右，最高可达 150。粗碎用反击式破碎机喂料尺寸可达 $2m^3$，产品粒度小于 25mm，可直接入磨；细碎用反击式破碎机的产品粒度小于 3mm。选用一台合适的反击式破碎机就能代替以往二级或三级的破碎工作，减少破碎级数，简化生产流程，还可以提高磨机产量。

　　由于反击式破碎机具有许多优点，在水泥厂已获得日益广泛应用，用来粉碎石灰石、水泥熟料、烧结土、石膏及煤等。

第二节　预均化的意义、预均化设备及其工作原理

一、均化与预均化的基本概念

　　均化：通过采用一定的工艺措施，达到降低物料化学成分的波动振幅，使物料的化学成分均匀一致的过程。

　　均化的意义：均化是保证熟料质量、产量及降低消耗的基本措施和前提条件，也是稳定

出厂水泥质量的重要途径。

生料均化链：水泥生产的整个过程就是一个不断均化的过程，每经过一个过程都会使原料或半成品进一步得到均化。就生料制备而言，原料矿山的搭配开采与搭配使用、原料的预均化、原料配合及粉磨过程中的均化、生料的均化这四个环节相互组成一条与生料制备系统并存的生料均化系统——生料均化链。生料均化链中各环节的均化效果见表 3 - 1。

表 3 - 1   生料均化链中各环节的均化效果

序号	环节名称	完成均化工作量的任务（%）
1	原料矿山的搭配开采与搭配使用	10 ~ 20
2	原料的预均化	30 ~ 40
3	配料控制及生料粉磨	0 ~ 10
4	生料均化	0 ~ 40

预均化：原料经过破碎后，有一个储存、再存取的过程。如果在这个过程中采用不同的储取方法，使储入时成分波动大的原料，至取出时成为比较均匀的原料的过程。

生料的均化：粉磨后生料在储存过程中利用多库搭配、机械倒库和气力搅拌等方法，使生料成分趋于一致。

二、原燃料的预均化

1. 概念

原燃料煤在储存、取用过程中，通过采用特殊的堆取料方式及设施，使原料或燃料化学成分波动范围缩小，为入窑前生料或燃料煤成分趋于均匀一致而作的必要准备过程，通常称作原燃料的预均化。简言之，所谓原燃料的预均化就是原料或燃料在粉磨之前所进行的均化。

原料的预均化：主要用于石灰质原料，其他原料基本均质，不需要预均化。

燃料的预均化：原煤燃料在粉磨之前所进行的均化。

2. 基本原理

"平铺直取"。即：堆放时，尽可能地以最多的相互平行、上下重叠的同厚度的料层构成料堆；取料时，按垂直于料层方向的截面对所有料层切取一定厚度的物料。

3. 原燃料预均化的作用

（1）消除进厂原燃料成分的长周期波动，使原燃料成分的波动周期短，为准确配料、配热和生料粉磨喂料提供良好的条件。

（2）显著降低原燃料成分波动的振幅，缩小其标准偏差，从而有利于提高生料成分的均匀性，稳定熟料煅烧时的热工制度。

（3）利于扩大原燃料资源，降低生产消耗，增强企业对市场的适应能力。

4. 原燃料预均化的条件

$CV < 5\%$ 时，原料的均匀性良好，不需要进行预均化。

$CV = 5\% ~ 10\%$ 时，原料的成分有一定的波动。如果其他原料包括燃料的质量稳定、生料配料准确及生料均化设施的均化效果好，可以不考虑原料的预均化。相反，其他原料质量不稳定，生料均化链中后两个环节的效果不好，矿石中的夹石、夹土多，则应考虑该原料的预均化。

$CV > 10\%$ 时，原料的均匀性很差，成分波动大，必须进行预均化。

校正原料一般不考虑单独进行预均化，黏土质原料既可以单独预均化，也可以与石灰石混合后一起进行预均化。

进厂煤的灰分波动大于 $\pm 5\%$ 时，应考虑煤的预均化。当企业使用的煤种较多，不仅热值各异，而且灰分的化学成分也各异，它们对熟料的成分及生产控制将造成一定影响，严重时会对熟料产量、质量产生较大的影响，应考虑进行煤的预均化。

5. 提高原料预均化效果的主要措施

提高原料预均化效果的主要措施就是采用各类预均化堆场或预均化库来提高原料的均化效果。

三、预均化工艺及设施

1. 预均化堆场

（1）类型

矩形：设两个料堆，一个堆料，另一个取料，相互交替作业，两堆料可以平行排列，也可以纵向直线排列。每堆料的储量为满足 5 ~ 7d 的用量。

圆形：设一个圆弧料堆，在料堆的开口处，一端连续堆料，一端连续取料，储量为 4 ~ 7d 用量。

矩形预均化堆场缺点是换堆时由于料堆的端部效应会出现短暂的成分波动；好处是扩建时较简单，只要加长料堆即可。矩形预均化堆场见图 3 - 15。

图 3 - 15　矩型预均化堆场

圆形预均化堆场不存在换堆问题，但不能扩建，且进料皮带要架空，中心出料口要在地坑中。圆形预均化堆场见图 3 - 16。

图 3 - 16　圆型预均化堆场

（2）堆料方式

堆料的方式主要有：人字形堆料、波浪形堆料、倾斜形堆料和水平层形堆料几种方式，见图 3 - 17 ~ 图 3 - 20。

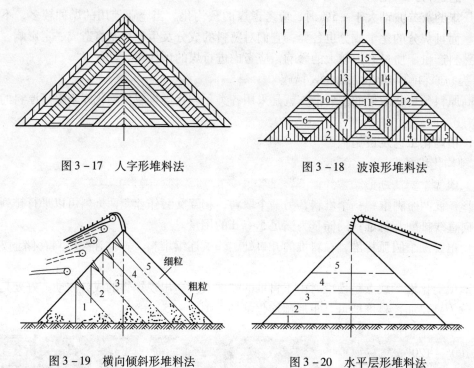

图 3 - 17　人字形堆料法　　　　　图 3 - 18　波浪形堆料法

图 3 - 19　横向倾斜形堆料法　　　　　图 3 - 20　水平层形堆料法

（3）堆取料机械

堆料机械：天桥皮带堆料机；车式悬臂胶带堆料机；耙式堆料机。

取料机械：刮板取料机；链斗取料机；桥式圆盘取料机。

（4）影响均化效果的因素

影响均化效果的因素主要有堆料层数和物料的离析。

2. 预均化库

仓式预均化库（常用）：利用几个混凝土圆库或方库，库顶用卸料小车往复地对各库进料，卸料时几个库同时卸料或抓斗在方库上方往复取料。特点：平铺布料，但没有完全实现断面切取的取料方式，均化效果较差。

（1）端面切取式预均化库（又称为 DLK 库）：矩形混凝土结构中空，库内用隔墙将库一分为二，一侧布料，另一侧出料，交替进行装卸作业。库顶布置一条 S 形胶带输送机，往返将物料向库内一侧平铺并形成多层人字形料堆。库底设有若干个卸料斗并配置振动给料机，当库内一侧进料，另一侧通过库底卸料设备的依次启动，利用物料的自然滑移卸出物料，实现料堆横端面上的切取，达到预均化的目的，预均化后的物料由库底部的胶带输送机运出。

（2）其他简易预均化库：简易端面取料式预均化堆场；单库进料、多库同时出料；倒库预均化。

第三节　破碎及预均化设备的施工

一、颚式破碎机的安装

1. 颚式破碎机安装的施工

（1）组装机座应符合下列要求：接合面间的定位销必须全部装上；接合面的接触应紧密，如边缘局部出现间隙，间隙应小于 0.1mm，间隙的长度应小于 150mm，边缘局部间隙的累计长度应小于接合面边缘总长度的 10%；机座的纵向水平度为 0.5mm/m，机座的横向水平度为 0.1mm/m，且应在主轴上测量。

（2）机座找正后，进行地脚螺栓基础灌浆，待混凝土达到强度后，拧紧地脚螺栓，复查无误后，方能进行下道工序。

（3）用锚定式活动地脚螺栓时，应埋设合适的预留管。灌浆的要求是：灌浆一般采用细碎石混凝土；地脚螺栓预留管内应先塞入厚度 b 约为 100mm 的浸油麻绳或灌满干砂；灌入地脚螺栓预留管内的碎石混凝土的深 a 宜为 200mm 左右。

（4）组装动颚时，应对轴瓦进行刮研，轴瓦与轴颈的配合要求：接触弧面应为 $100° \sim 120°$；接触面上的接触点数 $25 \times 25\text{mm}^2$ 范围内不应少于 1 点；顶间隙应为轴颈直径的 $0.0015 \sim 0.0021$ 倍。

（5）主轴承、连杆上的冷却水管和润滑油管在安装前应按规范清洗干净。

（6）组装主轴承时，应对轴瓦进行刮研，轴瓦与轴颈的配合应符合下列要求：接触弧面应为 $100° \sim 120°$；接触面上的接触点数在 $25 \times 25\text{mm}^2$ 的面积内，铜瓦不应少于 3 点，轴承合金瓦不应少于 2 点；顶间隙应为轴颈直径的 $0.0012 \sim 0.0015$ 倍；侧间隙应为顶间隙的 $0.5 \sim 1$ 倍。

（7）筋板（或称推力板）与筋板座（或称支承滑块）间接触的总长度不应小于 60%，如有局部间隙，每段长度不应大于板长的 10%。

2. 大型颚式破碎机安装

（1）为便于大型颚式破碎机安装，一般安装前在基础上面铺设五根钢轨，钢轨铺设应符合下列要求：

钢轨的规格及铺设间距应符合设计要求，间距的允许偏差为 ±5.0mm；钢轨上平面标高应符合设计要求，标高的允许偏差为 ±5.0mm；钢轨纵横方向的水平度均为 0.1mm/m；钢轨找平找正后应立即灌浆；钢轨顶面应平直，便于破碎机组装和找正。破碎机安装后把出料口的部分钢轨切除。

（2）颚式破碎机机座在轨道上组装时，应先安装下机座，后安装上机座。在吊装时，不应碰伤止口和楔槽。止口和楔头的连接处应涂上润滑脂。

（3）底座找正后，进行地角螺栓灌浆，待混凝土达到强度后，拧紧地脚螺栓，复查无误后，方能进行下道工序。

（4）固定颚板与滑动颚板的衬板在安装时，需要在衬板的背面衬水泥砂浆，且衬板应平正，其凸凹偏差为 ±10。

（5）活动颚板在安装时，应先将轴瓦清洗刮研好，并涂上润滑油，然后再安装活动颚板。

（6）摇杆与偏心轴的安装是：两端支承轴瓦在安装前应刮研，使其接触角度达到100°～120°；摇杆轴瓦的安装方向与偏心轴的回转方向必须一致；偏心轴的水平度为0.05mm/m；轴瓦接口处需垫油浸纸或紫铜片，以防漏油。

（7）调整板必须与设备装配图的位置相符，并把楔形螺栓装配固定。

（8）壁板安装前，应先把壁板支承瓦刮研好，清洗干净，涂上润滑油，再从下部进行装配。

（9）拉杆安装时，应先将拉杆穿过后壁下部，一端用螺栓固定在活动颚板上，另一端装上弹簧垫圈用螺母拧紧。

3. 开车

（1）开车前准备工作

查看进料情况：是否混有较大块物料（矿石、金属、木块）；检查机械情况：破碎机齿板磨损程度、根据要求调整好排料口尺寸、破碎腔内有无存留物、联接螺栓是否松动、皮带轮和飞转保护罩是否完整、三角皮带和闭锁弹簧的松紧程度是否合适等；手盘皮带轮或飞轮，转动是否灵活，有无异常声响或阻滞现象，并向破碎机各注油点注入适量润滑脂。

（2）空载试运转

上述各项准备工作完成后，就可进行空载试运转。启动电机，观察各部件运转情况（动颚摆动、肘板运动）。运转达 3～4min，运转正常后，方可给料。

（3）带负荷运转

先少量进料，以后逐渐增加。力求给料均匀，切忌进料过多堵满破碎腔。连续带料运转一段时间后，直达设计产量（35～120m³/h）。

4. 出料粒度调整

颚式破碎机出料粒度调整范围为（100±10）mm。当由于肘板端面磨损严重，不能保证出料粒度时（粒度超限）需增加厚度合适的垫片（备用垫片）来保证出料粒度达到要求。

5. 运转中注意事项

破碎机运转中，应定期巡回检查。通过看、听、摸等方法，了解机器运转情况。注意各部轴承温度不得超过70℃，如发现温度过高，切勿立即停车，应采取有效措施，降低轴承温度，如强制通风、水冷等方法。待轴承温度正常后，方可停车，并进行检查处理。

要保持入料口畅通，如有大块物料卡住，切勿用手搬移，一定要用铁钩翻动移走。

6. 停车

必须按生产流程进行停车。首先停止给料，待确认破碎腔内物料全部排净后，再停破碎机及运输设备。

二、圆锥式破碎机的安装

1. 圆锥式破碎机安装的一般要求

（1）安装前必须清点零件的数量。检查与清除各个零件加工面与螺纹在装卸搬运中是否造成损伤，并除掉在包装时涂在加工表面的保护涂料以及在搬运中落上的尘土污物等。

（2）安装时要在固定接触表面上涂以干油，在活动表面涂以稀油。

2. 基础

（1）圆锥式破碎机必须安装在稳固的钢筋混凝土基础上，基础的深度可根据当地的地质条件决定。

（2）为了避免破碎后的矿石堆积，基础下部必须有足够的空间，用于安装运输设备。

（3）为了基础不受损坏，在基础上部必须覆盖护板。

（4）润滑系统和电气操作的位置，可以按水泥生产企业的具体环境改变位置，但其次序不得变动。

3. 圆锥式破碎机机架的安装

（1）安装机架时应保持严格的垂直性和水平性，可在底座的环形加工面上用水平仪及悬锤检查底座的中心线。

（2）用调整楔铁调整好底座的水平后，将地脚螺钉拧紧，进行第二次灌浆。

（3）当二次灌浆层硬化后，从破碎机底座下再取出调整楔铁，并用水泥充填此空隙，然后再安装机架。

（4）保持底座的水平性与垂直性，能保证机器可靠的工作，否则将使铜套单面接触，研磨偏心套和引起密封装置工作不正常。

4. 圆锥式破碎机传动轴的安装

（1）安装传动轴时应在底座与传动轴架的凸缘法兰间垫上调整垫片。

（2）传动轴装入以后，用样板检查与传动齿轮有关的尺寸。

（3）传动齿轮轴向移动量应为 0.4～0.6mm。

（4）拆卸传动轴时可利用传动轴架法兰上的方头固定螺钉顶出，在不拆卸传动轴时方头螺钉不要拧上。

5. 圆锥式破碎机空偏心轴的安装

（1）空偏心轴安装前先将垫片装在底盖上，用吊钩将底盖装在机架下端，然后再用吊钩将下圆板及圆板依次序装在底盖上，并使下圆板的凸起和底盖的凹处卡好。

（2）安装空偏心轴装配时，可用环首螺钉将偏心套装入架体中心孔内，装入时要稳落，不要使齿轮受到撞击。

（3）空偏心轴装好后，大小齿轮的外端面必须对齐并检查齿轮啮合间隙。

6. 碗形轴承的安装

（1）碗形轴承安装前的准备工作：清除油槽及油孔内的杂物；检查防尘圈和挡油圈有无损坏或变形现象；检查各加工表面有无损坏之处，如有损坏应立即进行修理。

（2）碗形轴承架应与底座配合紧密，并用塞尺检查水平接触面的紧密情况。

（3）碗形轴承安装好后，立即用盖板将碗形瓦盖好，装破碎圆锥时再将盖板拿下。

（4）安装碗形轴承时应注意保护进水管、排水管、挡油圈、防尘圈，以免装入时碰坏。

7. 破碎圆锥的安装

（1）在安装圆锥式破碎机之前，应在近处设置一个牢固、较高一点的木架子作为安装破碎圆锥用。

（2）清除涂在轴与球面上的保护油层，并用风吹净润滑油孔与油沟。

（3）在锥轴表面涂一层黄干油，球面上涂一层稀油。

（4）破碎圆锥安装时要轻轻放入空偏心轴中，稳稳地使球面与碗形轴承之碗形瓦接触，避免损坏球形圈。

8. 防尘装置的安装

（1）防尘装置采用干油密封。

（2）安装时，在单腔中注满干油。每次检修时则应作适当的补充。

9. 润滑装置的安装

（1）润滑装置可按设备生产厂提供的装配图进行安装，也可根据当地的具体条件配置。

（2）润滑装置的配置，必须保证润滑回油的顺利。

（3）在安装破碎圆锥前应完成润滑装置的安装，因为要先进行润滑装置的试验，如此时润滑方面有了故障，拆卸修理都很方便。

10. 空转试验

在上述各部分安装完后要做空负荷试验，检查安装是否合乎要求，如果发现不当的地方，此时便于修理。

（1）在破碎机启动前应检查主要连接处之紧固情况。

（2）启动前用手盘动传动部，至少使空偏心轴转动 2 ~ 3 圈，灵活无卡涩时，方可开车。

（3）破碎机启动前应先启动油泵，直到各润滑点得到润滑油，见油回箱后，方可启动破碎机。

（4）空转试验连续运转不得少于 2h。

（5）破碎机空转试验必须达到如下要求：破碎圆锥绕自己中心线自转的转数不得超过 15r/min；圆锥齿轮不得有周期性的噪声；润滑装置应满足给油管的压力应在 0.8 ~ 1.5kgf/cm^2 范围内，回油温度不得超过 50℃ 的要求；试验后拆卸时破碎机各个摩擦部分不应发生贴铜烧伤和磨损等现象。

（6）假如破碎圆锥转数很快，可能产生不良现象，应当立即停车进行检查修整，同时检查给油量，然后重新试验。

（7）圆锥齿轮如有周期性噪声，必须检查齿轮安装的正确性，并且检查齿轮间隙。

11. 调整装置、调整套、弹簧的安装

（1）将支承套、调整环清理干净。在锯齿形螺纹上涂以干稀油混合液，将锁紧油缸装在支承套上，锁紧缸的接口部接到液压站的接口部上。

（2）将支承套安装在机架上。

（3）将调整环旋转装入支承套内。

（4）将锁紧螺母扭在支承套上，对准销孔打入四个销钉。

（5）安装漏斗装置及漏斗。

（6）安装防尘罩：安装防尘罩时，注意将调整环的四个键块卡在防尘罩的槽中。

（7）按图纸规定调整弹簧的工作高度 H。

（8）安装推动缸蓄势器，推动缸的两个接口 M 和 N 分别接到液压站的接口 M 和 N，蓄势器用管夹把在进料部支柱上，蓄势器接口通过补心软管和四通接到锁紧缸油路中。

12. 进料部的安装

（1）不正确的安装对破碎机将有以下不良影响：使破碎机产量降低；排矿粒度不均匀，大块多；磨损件磨损得不均匀或者加快磨损。

（2）进料口距分配盘的高度 H 对破碎机的正常工作有重要意义，当 H 太高矿石易不经分配盘直接进到破碎空间，因此，必须按规定的高度来进行安装。

（3）弧形钢板是用来保护进料箱不被损坏和矿石不易在进料箱内堵塞，在安装时需要保持弧形钢板的形状和弧形钢板距进料口边缘的尺寸，以免堆积矿石。

13. 液压站的安装与调整试验

（1）破碎机液压站安放在基础部的适当位置上，以便于操作。液压站连通主机的各管路零部件及软管，可按现场实际情况适当布置。

（2）液压站的 M、N、P 三个口分别与推动缸的 M、N 口及锁紧缸的 P 口相接。

（3）液压站各部装好后进行打压试验，试验压力为 $140kgf/cm^2$。

（4）锁紧试验：往锁紧缸打压之前必须往蓄势器充入 $75～80kgf/cm^2$ 氮气；必须在推动缸卸压后往锁紧缸打压；在试验中锁紧缸及其管路的残留气体，可借助于管路中或蓄势器底部螺堵排除之。

（5）调整试验：使锁紧缸卸压后用推动缸作调整排矿口的试验。

14. 负荷试验

（1）空转试验合格以后，方可进行负荷试验。

（2）负荷试验应连续进行两昼夜（允许短时的行车检查）。

（3）负荷试验开始时加入少量的矿石，然后逐渐增加到满载。

（4）负荷试验必须达到下列要求：破碎机无急剧的振动和噪声；破碎机给矿、排矿正常，与规定的产量近似；液压站工作正常；润滑系统符合给油压力在 $0.8～1.5kgf/cm^2$ 的范围内、回油温度不超过 $60℃$ 的要求；各磨损件没有损伤现象；电气设备工作正常。

三、辊式破碎机的安装

1. 四辊式破碎机的组成与工作原理

（1）四辊破碎机主要由机架、辊子、安全调整、传动等部件组成。

（2）四辊破碎机是由四个平行装置并绕本身水平轴转动的圆柱形辊子组成，由于辊子的转动将物料卷入两辊的缝隙内，使物料受压和研磨而被破碎。四辊式破碎机的外形见图 3-21。

（3）机器的转动是由两台电动机分别通过齿轮联轴器和减速机带动上主动辊和下主动辊转动并工作。

2. 四辊式破碎机的安装

（1）安装的注意事项

安装前必须将全部零部件的加工表面上的防锈油等防护物及机器在运输、保管过程中落上的灰尘、脏物清除干净；安装前应检查和清除各加工表面及螺纹上的缺陷；已安装好的部件应仔细检查，发现在运输和保管过程中某些零件损坏和遗失，必须将缺陷修复，遗失零件补齐装好；应保护好零件的摩擦表面，不得用脏棉纱和不清洁的油擦洗加工面；安装前应将基础上所有的槽、坑清理干净，应做到最后浇筑的水泥层表面不许有油渍。

（2）安装的基本要求

① 以安装基准线为理想位置，机座的纵横向中心线的位置度为 5.0mm。

② 机座的中心标高的允许偏差为 ±3.0mm。

③ 机座的水平度为 0.1mm/m。

④ 辊与辊之间的距离应符合设计要求，可动辊与固定辊的轴线应平行，其平行度为 0.2mm/m，两边的弹簧应受力均匀。

⑤ 辊筒轴的水平度为 0.1mm/m。

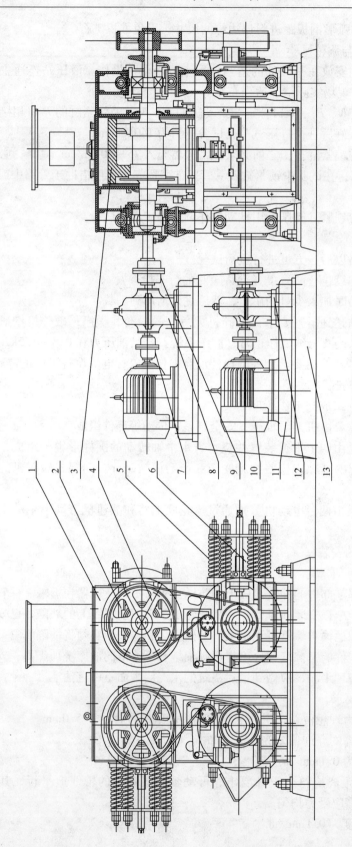

图 3-21　四辊式破碎机的外形

1—机架部；2—主动辊部；3—被动辊部；4—传动部；5—安全调整部件；6—防护罩部件；
7, 9, 10—联轴器；8, 12—减速器；11—下底盘；13—上底盘

⑥ 装配滑动轴承时，应对轴瓦及球面瓦进行刮研，使其配合符合下列要求：轴瓦与轴颈的接触弧面为 $100° \sim 120°$；接触面上的接触点数在 $25 \times 25mm^2$ 的面积内，铜瓦不应少于 3 点，轴承合金瓦不应少于 2 点；顶间隙应为轴颈直径的 $0.0015 \sim 0.002$ 倍；侧间隙应为顶间隙的 $0.5 \sim 0.7$ 倍。球面瓦的接触面积不应小于球面瓦总面积的 60%，并应集中在中间位置，接触面上的接触点数不应少于 2 点/$25 \times 25mm^2$。

⑦ 装配齿辊时，辊子的齿尖应对准另一辊子的齿槽。

（3）四辊式破碎机的安装

① 机器就位后，应进行辊子轴线和减速机轴线的同轴度校正，同轴度偏差 $\not> 0.08mm$。

② 机器的安装及精度经确认后，拧紧地脚螺栓的螺母，并在机器运行过程中经常检查是否松动，确保机器在工作过程中各部位置准确不发生变化。

③ 相向转动的两辊之间的距离是根据排矿粒度的大小而定的，安装后必须保证被动辊与主动辊的轴线平行。

④ 部件及零件外部完全检查后，应特别注意检查主动辊、被动辊的轴承，轴承与轴承架的接触良好，调整轴承装配后，应保证运动灵活。

⑤ 安全调整部的弹簧必须有足够的压紧力，以保证破碎机能安全正常地工作，同时应调整好每个弹簧的受力，使其受力均匀。

⑥ 防护罩安装后应保证接合面的密封，防护罩不应有与其他零部件相碰之处。

⑦ 机器安装后应保证电动机、减速机、破碎辊各轴的同轴度，齿轮联轴器的最大挠曲角度 $\not> 1°30'$。

3. 四辊式破碎机的试运转

（1）空载试车

① 当机器全部安装完毕和第二次浇筑水泥凝固 7d 后，可进行空载试车，空载试运行 4h，无异常才可进行负载试车。

② 空载试车前的准备

全面检查机器安装和电气控制线路是否正确；检查各部的连接和紧固螺钉是否已均匀牢固地拧紧；减速机与联轴器装好，减速机注入润滑油；开车前先用手盘动联轴器，检查转动情况；检查安全调整部分的弹簧受力是否均匀，可以用检测各弹簧压缩后长度的一致性判断。

③ 启动

在空载运行时应观察和注意下列事项：破碎机的两台电动机必须同时启动；辊子的转动方向必须是相向转动；轴承温度不得高于 $50℃$；减速机运转声音是否正常。

空载试车后，应检查机器与试车前有无变化，若有变化应将变化恢复到试车前的状态。

（2）负荷试车

① 当空载试车正常后，可以进行负荷试车，负荷试车应达到 8h。

② 负荷试车过程中除需要注意上述各项外，还应注意加料时料要逐步增加到满负荷，不可一次加到满负荷。

③ 给料时应沿辊子的工作长度方向均匀分布。

四、锤式破碎机的安装

1. 安装前的准备

（1）使用单位应参考总图及有关基础设计资料的地基图进行施工设计。

（2）设备安装前，必须认真检查基础坐标位置，预留操作空间和给地脚螺栓预留位置应符合本设备总图及有关基础设计资料。设备的纵、横基础坐标（纵、横向轴线）分别是设备的中心线和转子轴的轴线。地脚螺栓预留孔的中心距离位置偏差不得大于 ±10mm。

（3）设备安装前，现场装配的零部件应认真清洗，清除因运输、保管不善和其他原因所产生的油污和锈蚀。

（4）安装过程中应保护各相互运动表面，防止尘土或污物污染以及水分潮湿引起的锈蚀，严禁使用不洁的油脂。

2. 安装的一般要求

组装机座时接合面间的定位销必须全部装上。接合面的接触应紧密，如边缘局部出现间隙，间隙应小于 0.1mm，间隙的长度应小于 150mm，边缘局部间隙的累计长度应小于接合面边缘总长度的 10%。机座的纵向水平度为 0.5mm/m，机座的横向水平度为 0.1mm/m，且应在主轴上测量。

以安装基准线为理想位置，机座纵横中心线的位置度为 5.0mm。机座中心标高的允许偏差为 ±3.0mm。主轴的水平度为 0.1mm/m。如果主轴承为滑动轴承，应进行刮研，轴瓦与轴颈的配合应符合下列要求：接触弧面应为 70°~90°；接触面上的接触点数不应少于 3 点 $/25 \times 25mm^2$；瓦口每侧的侧间隙应为轴颈直径的 0.001~0.0012 倍；顶间隙应为侧间隙的 1.5 倍。

转子上的锤头顶端与篦条之间和篦条与篦条之间的间隙应符合设备技术文件的规定。上罩与机座和检查孔盖板与机体的接合应严密，不得漏灰。转子上的锤头在安装时一般不应拆卸，必须拆卸时，应按制造厂所注明的标记进行装配。如未注明标记，装配前必须进行称重和选配，使无论在圆周方向还是轴向上两两锤头之间质量差符合设备技术文件的规定。飞轮安装后不得摆动。

3. 设备的安装、调试

（1）装配顺序：下机体—篦板—转子—上机体。

（2）下机体安装的基础面要求平直，地脚螺栓应反复紧固。下机体与基础面连接处不得漏灰。轴承座安装基准面的横向（主轴线方向）与水平基准线的不平行度允差为 0.20mm，纵向不平行度允差为 0.20mm。

（3）安装转子部分时，锤轴与锤头需等转子在机座上安装调整好后再安装。

（4）转子的锤盘从传动端装入。每个锤盘装四个斜键，安装时应注意，后一个锤盘的键槽与前一个锤盘的对应键槽相差 180°。装第一个锤盘时要注意留出卡环和紧环的位置。每个锤盘应贴紧。拆卸锤盘时从非传动端进行。

（5）转子体吊入主机体后，稍稍紧固轴承座螺栓，再打开轴承盖，调整转子体位置，保证轴线与下机体结合面的不平行度不大于 0.10mm。手动盘车无异常后，调整并紧固轴承座，轴承座安装基准面的横向（主轴线方向）与水平基准线的不平行度允差为 0.20mm，纵向不平行度允差为 0.20mm。之后，填注润滑脂，盖上轴承盖。最后装妥定位销。

（6）安装及更换锤头时，应进行称量，称后沿径向均衡对称安装。对称两排锤头的排列以中间最重，向两侧递减的方式级配。

（7）更换锤头时用一与锤头厚度一样宽的尼龙布袋将锤头兜住，然后将其吊起，从进料溜子的检查门处取出。

（8）用以压紧锤盘用的紧环处的螺栓应紧固可靠，在试车20min后停车再次紧固。

（9）固定挡板用的螺栓应与外锤盘紧固，在试车20min后停车，必须再次紧固，防止锤轴外窜。

（10）大皮带轮的轴孔在安装前应清洗，在皮带轮就位的轴肩处涂抹二硫化钼润滑脂，但在安装胀套处务必避免接触二硫化钼。

胀套在装配前所有表面必须清洗干净，均匀涂一薄层润滑油，锁紧螺钉必须涂上足够的油脂，注意所用润滑油及油脂不得含二硫化钼添加剂。将拧紧螺钉的胀套装进轴与轮毂之间，轻轻拧紧锁紧螺钉。用力矩扳手在圆周上以对角交叉的顺序均匀地分三步（分别以 $1/3M_A$、$1/2M_A$ 和 M_A 的力矩）拧紧螺钉，直至每个螺钉都达到给定的拧紧力矩 M_A。在使用力矩扳手前，务必检查或调定所需要的拧紧力矩 M_A 皮带轮处胀套的拧紧力矩 $M_A = 355$ N·m。完成安装后在胀套外露表面及螺钉头部涂上一层防锈油脂。

胀套在拆卸时应注意在圆周上以对角交叉的顺序分几步拧紧锁紧螺钉，但不要全部拧出。取下镀锌的螺钉和垫圈，将拉出螺钉旋入前压环的辅助螺钉，即可将胀套拉出。

（11）主传动装置：根据设备总图的位置和方向先将滑轨在基础上就位，调整后确保所有滑轨的上平面在同一水平面上，各滑轨平行于设备中心线；随后吊装传动部件，使小皮带轮相对于大皮带的轮宽中央平面在同一平面上，其偏差不大于1mm，使小皮带轮轴平行于转子体轴线。

4. 试运转

（1）设备试运转前的准备

试车前应制定试运转规程；设备及周围应清洁，动力源及处理物料应符合设计要求，应设有必要的照明和通信设施；检查并确认破碎机机体内没留有金属异物和其他任何物品；检查所有紧固件是否锁紧牢固，各门、孔盖是否密闭；检查各润滑点是否装填了规定的润滑脂；危险部位应设置安全防护设施和标记，试车人员应站在安全区域，其余人员应退出试车区域。

（2）空负荷运转

① 启动电机试车前，应先人工盘车，确认正常后才能投入空负荷试车。

② 空负荷试车必须遵循先点动后连续的原则，待确认情况正常后再连续运转。

③ 空负荷连续运转时间为4h。

④ 空负荷连续运转检查如下项目：各运动部件应运转良好，不得有异常的振动和噪声；各轴承温升不得超过35℃，并且温度要求稳定；各润滑部位无泄漏现象；传动皮带不得啃边、打滑。

⑤ 空负荷运转试验完成后，必须重新拧紧所有的紧固件和地脚螺栓，并对传动带的张紧作必要的调整。

（3）负荷试运转

① 负荷试运转必须在整个破碎系统各单机和系统联动试运转合格之后进行。

② 物料的喂入必须遵循先低速后高速，喂入料块先小后大的原则。经2h左右的低负荷（不到处理能力的50%）试运转后，逐步升至机器标定的处理能力。

③ 负荷试运转的连续运转时间不少于8h。

④ 试车20min后停车，再次紧固用以压紧锤盘用的紧环处的螺栓，以及防止锤轴外窜

的固定挡板上的螺栓。

⑤ 负荷试运转完成后，必须再次拧紧所有的连接螺栓、地脚螺栓，调整皮带。检查锤头、篦板、反击衬板等。对重要零件的表面状况进行检查并作必要的调整。

五、反击式破碎机的安装

安装施工人员应熟悉反击式破碎机的结构、性能和技术要求，了解必要的操作规范，并事先制定可行的安装施工工艺。

安装现场需配备有足够起重能力的起重吊装设备。

设备安装前应对设备基础的预留空间和地脚螺栓预留孔的坐标位置进行认真的检查，并应符合设备总图及有关基础设计资料的规定要求。设备的纵横基础坐标（纵横曲线）分别是设备的中心线和转子轴心线。各预留空间和地脚螺栓预留孔的中心位置差不得大于±10mm。

1. 反击式破碎机安装的一般原则

以安装基准线为准，机座纵横中心线的位置度为5.0mm；机座中心标高的允许偏差为±3.0mm；机座的横向（主轴方向）水平度为0.1mm/m，纵向水平度为0.5mm/m；主轴的水平度为0.1mm；转子上的板锤在安装时一般不应拆卸，必须拆卸时，应按制造厂所注明的标记进行装配。未注明标记的板锤装配前必须进行称量和选配，板锤之间的质量差应符合设备技术文件的规定；转子板锤顶端与反击板之间的间隙应符合设备技术文件的规定；有弹簧保险装置的弹簧预紧力应符合设备技术文件的规定，转子板锤顶端与反击板之间的间隙应符合设备技术文件的规定；如果上壳为液压顶升式，液压系统的安装应符合有关技术文件的规定。

2. 机体安装

机面要求平直，机体与基础的相交面不得漏灰，地脚螺栓应紧固。基础下部应有足够的空间，以便安装输送设备和设备检修。设备与基础之间应填有吸振材料。

安装、更换或调整板锤时，应注意板锤的称量。对称位置板锤质量差应控制到最小状态。

在第一次启动之前和较长时间运行后，须检查反击板下部边缘与板锤上部的间隙。方法如下：用手转动转子，确保前反击架与板锤的间隙是后反击架与板锤间隙宽度的两倍。

新装板锤在转子上有时存在径向窜动间隙，所以，新机第一次使用（或新换板锤）后反击架与板锤的间隙宽度必须保证不小于20mm，以确保板锤与后反击架不至于相碰。使用一段时间后，操作人员可根据使用需要，调小后反击架与板锤的间隙。

为避免反击式破碎机受到外来硬物的损伤，在机壳上需装进料斗，同样，破碎后物料到皮带输送机的溜槽需安装在破碎机出料口的下部。

3. 试运行的准备工作

首先是检查并确认破碎机机体没有残留金属物品和任何其他物料；检查所有紧固零件是否锁紧牢固；检查各检修门是否密封，各门在关闭前应在其外沿四周抹一层较厚的润滑油脂，使其关闭后有较好的气密性；检查轴承内是否有适量的油脂。

4. 空负荷运转

在启动电动机试车前，先人工盘车试验，确认无异常响声后再空负荷启动；空负荷试车必须遵循先点动后连续的原则，确认无异常响声后再空负荷试车；空运转时要求机器运转平稳，无异常振动及响声。空运转试车连续时间不得少于 2h，轴承温度稳定，其温升不超过 30℃。

5. 负荷试运转

机器空负荷试车情况正常后，方可进行负荷试运转。负荷试运转的连续时间不少于 4h。

6. 给料

必须采用送料装置均匀连续给料，并待碎料分布于转子工作部分的全长上，这样既保证生产能力，又可避免堵料和闷车现象，从而延长机器使用寿命。

送料装置电器控制系统应与破碎机的电器控制系统连锁。当破碎机超负荷时，输送带便可率先自动切断电源，停止给料。

7. 破碎机停机

每次停机前应先停止进料工作，待破碎腔内的物料完全被破碎后，方可切断电源停机。

负荷试运转完成后，应对所有连接螺栓、地脚螺栓的紧固情况，板锤的定位情况，衬板固定情况进行检查，并进行必要的调整。

六、石灰石和辅助原料预均化堆场网架基础施工（以某 2×12000t/d 生产线为例）

1. 测量工程

(1) 加密控制网。施工前，测量人员根据甲方提供的 WH14、WH16、WH17 的首级坐标及高程，将测量控制网在工程区域内进行加密。

(2) 本工程以首级控制基准点，根据"稳定、可靠、通视"的原则由首级控制点引测出施工控制网，作为结构施工的平面控制和标高控制的依据。

(3) 用全站仪由基准点将标高、中心线引测到现场控制桩位上，作为标高、中心线的控制依据，控制桩位四周设栏杆，高度为 500mm，杆件刷红白漆标识。

(4) 测量人员严格控制好网架柱轴线跨距、标高，轨道梁的轴线跨距、标高，网架柱顶预埋铁件的标高、轴线。土方开挖根据放坡系数 1:0.33、操作面等宽度引测出土方挖土线。测量人员基坑挖土时跟班作业，严格控制好土方标高。每道工序施工完后，测量人员做好测量成果记录，并经专检复查合格后，交接给下道工序施工。

2. 土方工程

(1) 土方开挖：本工程土方采用反铲挖掘机开挖施工，自卸汽车土方外运，现场土方开挖一次性挖至基础垫层顶标高，人工修底 100mm 厚。

(2) 基坑护坡：根据现场土质，基坑放坡系数确定为 1:0.33，操作面为 1.0m；基坑挖好后将边坡上松动的碎石、杂土清除干净，并做好基坑防护。

(3) 土方回填：基础施工结束后立即进行土方回填。土方回填前必须清除基坑内的积水、杂物等，回填土的土质、压实系数要满足设计及规范要求；土方回填从基础的最深处开始，采用夯土机分层压实，每层厚度 ≤300mm，并控制回填土的含水率在其最佳含水率 ±2% 之间，压实系数满足设计要求。

3. 模板工程

(1) 本工程模板均采用大木模板，网架柱承台加固采用 $\phi48 \times 3.5$ 钢管 50mm×100mm 方木做背楞，水平间距 300mm，并加 $\phi12$ 拉螺杆加固，对拉螺杆间距 600mm。

(2) 网架柱、框架柱模板加固：$\phi12$ 钢筋"十字形"对拉螺栓间距 600mm，50mm×100mm 方木背楞间 200mm，$\phi48 \times 3.25$ 钢管柱箍间距 500mm。

（3）轨道梁、混凝土挡墙模板加固：采用 $\phi 48 \times 3.5$ 钢管 $50mm \times 100mm$ 方木做背楞，水平间距 $300mm$，并加 $\phi 12$ 拉螺杆加固，对拉螺杆间距 $600mm$。

（4）框架梁模板加固：$50mm \times 100mm$ 方木背楞水平间距 $150mm$，$\phi 48 \times 3.25$ 钢管背楞间距 $700mm$，梁高大于 $500mm$ 时加 $\phi 12$ 对拉螺栓，水平间距 $600mm$；梁高大于 $500mm$ 时，先支设一侧侧模，等梁钢筋安装完成后，再支另侧侧模。

（5）平台模板加固：$50mm \times 100mm$ 方木背楞间距 $100mm$，$\phi 48 \times 3.5$ 钢管支撑满堂脚手架。

（6）伸缩缝、施工缝

① 网架柱、轨道梁、混凝土挡土墙水平施工缝设置在基础承台顶面。

② 轨道梁、混凝土挡墙伸缩缝按轨道基础设置，每基础之间设置 $40mm$ 宽缝隙，施工时缝隙用 $40mm$ 厚泡沫板隔开。

③ 施工缝接头处理：施工缝接头施工前，必须凿去松动的石子，用水冲洗，清理表面，不允许有灰尘、夹渣，结合处先涂抹一层混凝土除去石子的水泥浆结合层，结合处的钢筋必须清理干净，变形的钢筋要调整。

（7）所有预埋铁件均在铁件加工厂制作，现场安装；铁件安装前将铁件的标高、中心线标出，并用钢筋骨架固定牢固；浇筑混凝土前必须对预埋铁件、预留洞口进行复查验收，确保浇筑混凝土时稳定、可靠。

（8）模板拆除时，混凝土的强度要符合《混凝土结构工程施工质量验收规范》规定。平台、牛腿部分的混凝土强度，需达到设计强度的 100%，墙壁部分的混凝土强度需达到设计强度的 70%，轨道梁预留孔模板为固定木盒，在混凝土浇筑完且在混凝土初凝阶段将其拔除。拆模顺序严格按规范要求操作，拆模时作业区域拉好警戒绳并设专人看护，禁止非作业人员进入。

4. 钢筋工程

（1）本工程所用的钢筋均由甲方采购提供，钢筋必须有出厂合格证，并经检测合格后方可使用；当钢筋接头采用焊接接头时，使用前必须经检测合格后方可使用；钢筋由专人负责绘制钢筋草图，在钢筋加工场集中制作成半成品，然后运至现场进行绑扎。

（2）网架柱承台钢筋绑扎时，先施工承台底层钢筋，再固定柱插进，再绑扎承台顶层钢筋；当绑扎网架柱钢筋时，先调直插筋，再将最顶层箍筋绑扎牢固，再将下面箍筋调匀、绑扎。

（3）轨道梁钢筋绑扎：先绑扎基础钢筋，再预留挡墙竖筋，竖筋用 $\phi 14$ 钢筋做三角撑固定牢固。在基础施工完后进行水平钢筋绑扎。

（4）框架柱钢筋绑扎：将箍筋套在基础预留的插筋上，然后立柱子钢筋。在立好的柱子竖向钢筋上，按图纸要求用粉笔画箍筋间距线，按画好的箍筋位置线，将已套好的箍筋往上移动，由上往下缠扣绑扎。钢筋绑扎的强度符合规范要求。

（5）钢筋保护层垫块采用 1：2 水泥砂浆 $50mm \times 50mm \times B$（$B$ 为保护层设计厚度）预制块，内嵌 22# 扎丝。垫块强度达到 75% 以上时方可使用；框架梁钢筋在梁底模板安装后立即进行绑扎。

（6）平台板钢筋的绑扎：绑扎时先按设计间距摆放底层钢筋，然后摆放上层钢筋，周围两行钢筋交叉点每点扎牢，中间部分每隔一根相互成梅花式扎牢，相邻绑扎点的铁丝扣成八字行绑扎，钢筋及铁丝均不得接触底板，上下层钢筋网片绑扎 $\phi8mm$ 钢筋制成的撑钩，以保护双排钢筋间距的正确，支撑的间距1m。

（7）施工缝处的钢筋在绑扎前，先按要求进行施工缝处理，将此部位松散、薄弱的浮浆及集料凿去，并用水冲洗干净，同时将附在插筋上的灰浆清理干净。

5. 混凝土工程

（1）混凝土配合比由现场实验室根据水泥、砂、石、外加剂等性能进行试配，并经检测合格后投入使用。

（2）辅助堆场和石灰石预均化堆场混凝土采用自拌混凝土，由现场搅拌站集中搅拌，混凝土用一台混凝土输送泵输送至浇筑现场，泵管沿道路铺设，底下垫实，当需悬空时应搭设固定支架。

（3）混凝土浇筑前，对各标高、中心线、预埋铁件、管件等进行复核，并对模板、钢筋工程进行报检验收，验收合格后方可浇筑。

（4）网架柱基础混凝土浇筑时，混凝土浇筑顺序从一端往另一端连续浇筑，振捣时要严格保护好柱插筋的位置，以免浇筑后柱插筋弯曲、偏位等。

（5）网架柱混凝土浇筑时，柱顶斜坡面先留设 $800 \times 300cm$ 混凝土浇筑洞口，待柱混凝土浇筑致洞口底面时再用模板封闭固定，再从柱顶浇筑混凝土，柱顶混凝土浇筑振捣时，振动棒从预埋件灌注孔插入振捣，确保埋件底混凝土密实。

（6）轨道梁混凝土浇筑时，浇筑顺序从已浇好的轨道一端开始浇筑，施工缝处用泡沫板隔开，轨道梁墙身浇筑时采用分层浇筑，上层混凝土浇筑在下层混凝土初凝前施工，振捣时振动棒插入下层混凝土50mm，确保混凝土振捣密实。

（7）浇筑框架柱混凝土时，底部应先填与混凝土内砂浆成分相同的水泥砂浆，为避免发生混凝土离析，浇筑混凝土时要严格控制好混凝土下落高度。

（8）梁、板浇筑混凝土：梁、板混凝土同时进行浇筑，板混凝土浇筑后修面先用水平刮尺找平，再用木抹子压光。

（9）混凝土振捣：网架柱基础、轨道梁基础、混凝土挡墙和柱混凝土采用插入式振捣棒振捣，振捣时间以混凝土不下沉、表面无气泡冒出、并均匀泛浆为准。振捣棒移动间距不大于50cm。

（10）施工缝的处理：水平施工缝采取凿除下层混凝土浮浆和松动石子、洒水湿润、刷水泥浆的方法处理。

（11）浇筑混凝土时设专人观察模板、钢筋、预留孔洞、埋件和插筋等有无移动、变形或堵塞情况，若发现问题立即进行处理，并在混凝土凝结前修正完好。

（12）混凝土养护：混凝土采用麻袋覆盖洒水养护，养护时间7d。

6. 钢结构工程

本工程钢结构由钢漏斗和钢桁架组成，施工时先做钢漏斗，再做钢桁架。施工前钢结构尺寸与土建尺寸进行核对，确认无误后进行施工。

（1）钢结构制作

① 构件下料：构件下料严格按照施工图放样，放样时要预留焊接收缩量和加工余量，并经检验人员复验。

② 钢材矫正：钢材下料前必须先进行矫正，矫正后的偏差值不应超过规范规定的允许

偏差值，以保证下料的质量。

③ 切割：氧气切割前钢材切割区域内的铁锈、污物应清理干净。切割后断口边缘处的熔瘤、飞溅物应清除。机械剪切面不得有裂纹及大于1mm的缺楞，并应清除毛制。

④ 焊接：钢构件需接长时，先焊接头并矫直。采用型钢接头时，为使接头型钢与杆件型钢紧贴，应按设计要求铲去楞角。对接焊缝应在焊缝的两端焊上引弧板，其材质和波口型式与焊件相同，焊后气割切除并磨平，禁止焊接构件处出现漏焊、咬口等影响质量的缺陷。

⑤ 钻孔：构件需钻螺栓孔时，为保证螺栓孔位置、尺寸准确，要先将螺栓孔位置放线划出再钻孔，严禁用气割成孔。

（2）防腐涂装

① 基面清理：钢结构构件在防腐涂装前必须将涂装部位的铁锈、焊缝药皮、焊接飞溅物、油污、尘土等杂物清理干净，并经验收合格后方可进行涂装。

② 底漆涂装：调和红丹防锈漆，控制油漆的黏度、稠度、稀度，兑制时应充分地搅拌，使油漆色泽、黏度均匀一致；刷第一层底漆时涂刷方向应该一致，接槎整齐；刷漆时应采用勤蘸、短刷的原则，防止刷子带漆太多而流坠；待第一遍刷完后，应保持一定的时间间隙，禁止第一遍未干就上第二遍，避免漆液流坠发皱，质量下降；待第一遍干燥后，再刷第二遍，第二遍涂刷方向应与第一遍涂刷方向垂直，确保漆膜厚度均匀一致；等表面干后方可进行面漆涂装。

③ 面漆涂装：钢结构涂装防锈漆后送到现场组装，组装结束后才统一涂装面漆。在涂装面漆前需对钢结构表面进行清理，清除安装焊缝焊药，对烧去或碰去漆的构件，还应事先补漆；面漆的调制应选择颜色完全一致的面漆，兑制的稀料应合适，面漆使用前应充分搅拌，保持色泽均匀。其工作黏度、稠度应保证涂刷时不流坠，不显刷纹；面漆在使用过程中应不断搅拌，涂刷的方法和方向与上述工艺相同。

（3）钢构件安装

① 构件安装前复验安装定位所用的轴线控制点和测量标高使用的水准点，放出标高控制线和构件轴线的吊装辅助线，且复验桁架和漏斗支座及支撑系统的预埋件，其轴线、标高、水平度、预埋螺栓位置及露出长度等，超出允许偏差时，应做好技术处理。

② 构件吊装前检查吊装机械及吊具，按照施工组织设计的要求搭设脚手架或操作平台。

7. 脚手架工程

（1）本工程脚手架主要集中在输送廊道转运站区域，采用φ48×3.25钢管搭设，作业面满铺脚手板，外排架外侧满挂密目安全网。

（2）框架内采用承重满堂脚手架、立杆间距1000~1200mm，步高1700mm，纵横各设置竖向剪刀撑两道，外排脚手架每隔2根立杆设竖向剪刀撑，剪刀撑与地面呈45°角，通高设置。

外排脚手架搭设"之"字形斜道，斜道宽1.2m，坡度不大于1：3，设50×50mm间距300mm的木防滑条，且设900mm高防护栏杆。

（3）脚手架搭设流程

① 双排脚手架搭设流程：地基平整、夯实→铺设脚手板作为垫板→分段立内外立杆→扫地大、小横杆→第一步大、小横杆→所有立杆的上部大、小横杆→内外排脚手架拉接→剪

刀撑→挂安全网→验收→使用。

② 满堂承重脚手架搭设流程：铺设脚手板作为垫板→分区树立杆→逐步设横杆→设水平剪刀撑、竖直剪刀撑→验收→交付模板安装。

（4）脚手架拆除：按照搭设的反程序进行。

七、钢网架及屋面彩板的施工

1. 钢网架制作

（1）材料准备

杆件、封板、锥头、套筒为 Q235 或 16Mn 钢，实心螺栓球为 45 号钢，螺栓、销子或螺钉为 40Cr、40B、20MnTiB 钢，所用材料应具有质量证明及验收报告，钢球须打上工号，所有焊件应编焊工工号。制作所用的材料必须符合设计要求。

（2）螺栓球节点的制作

① 螺栓球节点不得有裂纹，螺栓球的毛坯加工选用模锻球质量好，工效高，成本低，为确保螺栓球的精度，应预先加工一个高精度的分度夹具，用分度夹具生产工件成本的精度为分度夹具本身精度的 1/3，制造夹具时要尽可能提高其精度保证节点的精度和互换性。

② 螺栓球在车床上加工时，先加工平面螺孔，再用分度夹具加工斜孔，各螺孔螺纹尺寸应符合《普通螺纹 基本尺寸》（GB/T 196—2003）对粗牙螺纹的规定，螺纹公差应符合《普通螺纹 公差》（GB/T 197—2003）对粗牙螺纹的规定。螺孔角度的测量可用测量芯棒、高度尺、分度头等配合进行。网壳杆件制作应符合《钢结构工程施工质量验收规范》（GB 50205—2001）的规定。

（3）杆件的制作

① 网壳杆件制作应符合《钢结构工程施工质量验收规范》（GB 50205—2001）的规定。

② 螺栓球节点的钢管杆件下料用切割机，倒角用车床。杆件制作误差 ±1mm，杆件轴线不平直度允许偏差 $L/1000$ 且不大于 5mm，封板或锥头与钢管轴线垂直度允许偏差控制在允许范围内。

③ 杆件下料制作时，应绘制杆件布置图并标注杆件的编号、型号。杆件涂装后应重新标注。

④ 钢网壳各构件制作完应涂两遍红丹防锈漆。

2. 钢网壳的运输

（1）网壳各构件选用散件包装运输长短分层堆放，每层用 50×100mm 的木方垫好，并用综绳捆扎牢固。

（2）在施工现场杆件用 H3/36B 塔吊卸车，对球节点和短杆件用人工卸车。

3. 钢网壳的安装

大部分水泥均化堆场工程网壳是螺栓球连接的网架结构，根据网壳结构特点一般宜采用高空散装法进行钢网架的安装。安装顺序由网壳中心线拼接十字形条体后再拼接其余四块区域。

（1）柱网检查

① 柱顶安装中心线检查。根据图纸尺寸，检查柱网纵向、横向轴线尺寸，误差控制在 ±5mm 以内。并在柱顶埋件上弹好支座安装中心线。

② 柱顶标高调整。根据甲方及土建提供的水准控制点，把标高引测到屋面山墙上，然

后根据此标高检查和调整柱顶标高，误差控制在±2mm以内。标高误差较大的用钢板调整。

③ 柱网检查应由甲方、监理公司、施工单位共同进行检查，并签字认可。

（2）拼装脚手架的搭设

网壳施工采用外架方式。

① 拼装脚手架的使用要求。应具有足够的强度和刚度；应具有稳定的沉降量；架顶的拆除应根据网架自重挠度分区按顺序进行，以免架顶荷载集中而不易拆除。

② 脚手架操作平台的布置。脚手架操作平台上满铺脚手板，脚手板要求固定牢固，不准有探头板，在脚手架侧面设置安全栏杆，拉安全网，脚手架下面设置兜网（选用密网）。

（3）钢网壳安装工艺流程

测量各柱间尺寸、柱顶标高→测放支座轴线和水平控制线、校该支座预埋件位置标高→支座就位→安装支座间水平连杆→组装小拼单元→将小拼单元组装为区段网格→调整网格尺寸，紧固杆端螺栓→重复上述操作依次组装各区域网格并连成整体网格，整体吊装。

（4）重点安装工艺过程说明

① 网壳单元体组装。整体吊装后，调整到水平标高，点焊固定支架。杆件螺栓不宜一次拧紧，避免支座就位时杆件内力过大。

② 支座就位。由于网壳支座设置在网架下弦周边球节点上，控制网壳下弦杆尺寸是控制整体网壳精度的关键。先将网壳宽度方向一端轴线所有支座安装就位，并将该轴线支座校正后点焊在柱顶埋件上，以该轴线安装中心线为基准测量出网壳下弦第一个网格基准线。

③ 网壳条体组装。以第一个网格基准线为基准，把下弦单元体放置在支墩上，组装成下弦网格，用腹杆组装成结构单元体，然后用上弦杆把结构单元体连成整体，形成网架单元条体。

④ 网壳区段体组装。将网壳单元条体组装后，进行网格尺寸调整，使网壳跨度尺寸控制在误差以内。以该单元条体网壳的网格为基准。按上述方法组装第二条网架单元条体，并与第一单元网壳条体拼接成整体。依次类推，进行整个区段网壳的组装。

⑤ 网格校正。为确保网壳上下弦杆件安装质量，每安装两个柱距的网架后，应用经纬仪检查一次上下弦杆的轴线偏差。杆件轴线偏差较大的应重新调整网格尺寸，确保网壳纵向轴线与横向轴线满足设计要求。

⑥ 为保证工程顺利进行，对安装人员合理分工，有条不紊，按照网壳安装图纸，有计划地挑选螺栓球球节点和各型号杆件。用专用工具把节点球和杆件连接成一体。安装时，杆件高强度螺栓先进行初拧，待网格尺寸调整合格后，再重新拧紧，最后将支座与混凝土柱顶埋件焊接牢固。

⑦ 整个网壳安装验收后，把所有接缝和多余的螺孔用油腻子密封，然后涂一层红丹防锈漆。按设计要求涂防火涂料。经监理公司检查完后，拆除脚手架。

4. 防火涂料施工

网壳工程防火涂料一般为薄型防火涂料。

（1）施工条件及施工准备

① 彻底清除钢构件表面灰尘、浮锈、油污。补刷钢构件碰损或漏刷部位防锈漆两遍，经检查验收方可喷涂。

② 喷涂前先用专用材料搭设操作平台，操作平台下和侧面挂安全网，并用塑料彩条布

掩盖遮挡，避免涂料污染。

③ 防火喷涂施工需配备喷枪、空压机各一台，配电箱一只，安装在合理部位，并检查电源，气泵压力调整在 0.4MPa 以上。

④ 拌料工和喷射工进行严格培训后，持证上岗操作。

（2）施工工艺

① 施工顺序：施工准备→喷涂→检查验收。

② 使用前稍加搅拌，不得随便加水稀释。

③ 喷涂枪口离喷涂面的距离在 60～100mm 为宜，调整气体压力 0.4～0.6MPa，喷枪口与喷涂面成 75°～80°角。

④ 喷涂上弦或腹杆时掉在下弦的落地灰要扫除掉，以免落地灰粘接力差形成空鼓。

⑤ 涂层一般分三次喷完，每次间隔 4～12h。底层涂料基本固化后，即可喷涂面层涂料，采取喷、刷均可，涂 1～2 遍至均匀为止，涂层应避免雨水冲淋。喷涂时注意喷涂外观质量不得有乳头状涂层，如果发现应立即抹平。

⑥ 喷射工随身携带测厚标尺，注意在喷涂时检测喷涂厚度。

⑦ 每次喷涂结束时，随时将机械冲洗干净，拉掉电源开关，关好自来水。

⑧ 喷涂施工不宜在 5℃ 以下进行，严禁在 0℃ 以下施喷，在冬天作业时，应对施工现场进行封闭加温，使其温度保持在 5℃ 以上。

（3）喷涂质量控制

① 质量控制依据《钢结构防火涂料应用技术规范（CECS 24：90）》。

② 严格掌握配合比，钢材表面处理干净，并注意分批抽检原材料粘接强度。

③ 喷涂时，喷嘴角度及与构件表面距离要适宜，各层喷涂应有一定时间间隔。

5. 彩色复合压型钢板安装

（1）压型钢板的制作

① 一般网壳工程压型钢板为彩色钢板面层保温夹芯板，压型钢板在专业生产厂家制作。

② 成型后的压型钢板，其基板用肉眼观察应无裂纹，表面干净，无油污、油砂，大面积无明显凹凸和皱褶。

③ 压型钢板截面尺寸及外型尺寸必须控制在允许偏差以内。

④ 成型后的压型钢板现场存放时用枕木垫高存放，不能将钢材直接与地面接触，如放在室外，必须用防水布完全覆盖，重叠堆放时，每叠不能超过两捆。

（2）压型钢板运输

压型钢板选用 1 台 10t 大板运输。压型钢板分层堆放，并用 2t 手拉葫芦捆扎牢固。

（3）压型钢板的安装

1）屋面板安装

安装顺序：安装屋面底板→安装支架→铺设保温棉→铺设屋面面板。

① 检查檩条安装是否正确牢固，钢构件涂装有无漏涂。

② 安装前，根据压型钢板排板图，将压型钢板正面朝上，搭接边朝向安装的屋面边，成叠吊至屋面上，顺屋架梁放置，用人工进行铺设。

③ 屋面板由屋面檐口处进行铺设。在安装过程中以檐口线平直为基准，拉线定位校核。相邻两板端头错位差不能大于 8mm，屋面板的坡度垂直于檐口基准线。

④ 从屋面一端开始，放第一块屋面底板安装位置线。铺设第一块压型钢板，检查无误后用螺钉固定。在第一块压型钢板固定就位后，进行下一块压型钢板的安装就位，安装时将其搭接边准确地放在前一块压型钢板上。为保证安装位置准确，用夹具与前一块压型钢板夹紧，压型钢板两端固定好，然后用螺钉固定。

⑤ 用以上方法将压型钢板安装就位，每安装 4 块压型钢板，需检查压型钢板两端的平整度，如有误差及时调整，还需测量固定好的压型钢板的宽度，在其上、下两端各测量一次，以保证压型钢板安装位置准确不出现扇形。

⑥ 压型钢板的竖向搭接长度不小于 250mm，搭接位置设在屋面檩条处，搭接处打密封胶并打一排防水铆钉，然后用螺钉固定。

⑦ 屋面底板安装一定数量后，开始屋面面板支座的安装，支座与檩条之间用螺钉固定。然后铺设保温棉，保温棉安装时要保证严密。

⑧ 屋面面板的安装基本与保温棉同步，铺设一块保温棉，安装一块屋面面板，屋面面板的安装方法同屋面底板。

2）泛水板的安装

泛水板搭接宽度为 200mm，与压型钢板连接用拉铆钉固。泛水板的搭接处打密封胶一道，密封胶挤出时，宽度为 3mm 左右，搭接处密封胶挤压后，宽度不超过 25mm；施工时应注意将所有接头表面用无机松节油擦干净，并保持干燥。擦干净的接头表面必须当天施涂密封胶；密封胶施涂前要认真阅读密封胶的使用说明书，并严格按使用说明进行操作。涂密封胶时必须涂布均匀，严防漏涂。

3）压型钢板安装质量要求

压型钢板的铺设要注意常年风向，板肋搭接需与常年风向相背；压型钢板的连接件的品种、规格和防水密封材料的性能，均必须符合设计要求和现行有关标准规定；为保证板与板之间的侧向扣接严密，安装时必须保证板面平直，屋面板安装前，必须对屋面檩条的平直度进行复查，合格后方可安装压型钢板；屋面压型钢板扣接时必须使用橡胶榔头顶扣，严禁使用金属或硬木榔头砸压，以免造成扣边变形，封闭不严；压型钢板必须固定可靠，连接件数量、间距符合规定要求，无松动，防水密封材料铺设完好；屋面平整，线条顺直，檐口下端呈一条直线；板面清洁，无施工残留杂物或污物；压型钢板板间搭接长度符合现行有关标准规定，屋面板不小于 250mm；彩色压型钢板安装完毕后，要认真做好成品保护，板面不允许弯折或划伤。

第四章 生料制备、生料均化及其设备

生料制备是指石灰质原料、黏土质原料和少量校正原料经破碎后，按一定比例配合、磨细，并调配为成分合适、质量均匀的生料，称之为生料制备。本章我们主要介绍生料制备的工艺，生料均化的意义，生料制备的设备及工作原理以及生料均化设备的安装施工。至于生料制备系统中的立磨，我们将放在本书第七章水泥粉磨系统及其设备的安装的第三节进行描述。

第一节 生料制备的工艺及设备

一、生料制备的工艺

1. 石灰石破碎及输送

石灰石由矿山运送至石灰石堆场，铲车送入板式喂料机入口，经板式喂料机送至破碎机，破碎合格的石灰石经皮带机送至石灰石预均化堆场。板式喂料机及皮带输送机产生的扬尘经袋式收尘器收尘后回收至皮带机上，袋收尘器脉冲气源由压缩空气提供，收尘后合格的气体由排风机排入大气。

2. 石灰石预均化及输送

石灰石预均化堆场采用圆形堆场，均化后的石灰石经皮带送至原料配料系统石灰石库。石灰石预均化堆场入口设置袋收尘器一台，出口皮带设置袋收尘器两台，收集的石灰石粉尘回收至皮带上。

3. 辅助原料堆棚及输送

磷渣、砂岩、硫酸渣由汽车运输进厂后卸入堆棚内储存，堆棚内的磷渣、砂岩、硫酸渣由带式输送机分别送至原料配料站的磷渣库、砂岩库、硫酸渣库。粉煤灰由汽车运输直接卸入粉煤灰库。

4. 原料配料及输送

原料配料站设有石灰石库，储期0.15d；粉煤灰库，储期1.04d；磷渣库，储期1.14d；砂岩库，储期0.69d；硫酸渣库，储期4.16d。粉煤灰由汽车运至现场后经气力直接输送至粉煤灰库。库底均设有定量称量给料机，物料按配料由带式输送机定量输送至生料立磨进行粉磨，配料站出口皮带上设置一台除铁器。

5. 原料粉磨及废气处理

原料粉磨利用窑尾废气作为烘干热源。来自生料配料站的原料经金属探测仪（除铁器）及三通阀经回转喂料器喂入生料磨，粉磨合格的生料随废气一起进入旋风筒进行气固分离，分离出来的合格生料经斜槽及提升机送至生料均化库，在斜槽风机出口处设置一袋收尘器，将扬尘回收。出排风机的废气一部分作为磨机循环风，剩余部分入袋收尘器。

当原料磨、SP锅炉同时运行时，窑尾废气进入SP锅炉降温至220～230℃后，作为原料磨烘干热源。

当原料磨运行、SP 锅炉不运行时，窑尾废气进入增湿塔降温至 220~250℃后，作为原料磨烘干热源。

当磨机不运行时，窑尾废气经 SP 锅炉或增湿塔降温至 150℃后，直接进入袋收尘器。废气经袋收尘器处理后，烟气的排放浓度 ≤50mg/Nm³，满足国家标准要求。为了有效监测与控制粉尘及废气对外界环境的污染，在窑尾、窑头烟囱安装了烟气颗粒物、NO_2 和 SO_2 在线监测仪。

当增湿塔收下的粉尘水量过大时，则增湿塔下的螺旋输送机反转，将收下的湿料从另一端排出。

在生料入库前设置有生料连续取样装置，取出的样品送到质管部进行多元素分析检测，质管部根据其检测结果调整原料配合比，以保证出磨生料的合格率及稳定性。

二、生料制备的设备

1. 石灰石预均化及输送设备

带式输送机（进料皮带机）；圆形混合预均化堆取料机；双层棒条阀；带式输送机（出料皮带机）；离心通风机；喷吹脉冲单机袋式除尘器；单层棒闸。

2. 砂岩、煤矸石破碎及输送设备

中型板式喂料机；锤式破碎机（破碎砂岩、煤矸石用）；气箱脉冲袋收尘器（板式喂料机及皮带机收尘用）；排风机（收尘器排风用）；单层棒闸；手动蝶阀；电动葫芦（破碎机锤头等检修用）；皮带输送机（输送砂岩、煤矸石、硫酸渣入辅助原料联合预均化堆场）。

3. 联合预均化及输送设备

带式输送机；侧式悬臂堆料机；侧式刮板取料机；带式输送机（辅助原料取料皮带机）；脉冲喷吹单机袋式除尘器。

4. 原料配料及输送、粉煤灰库设备

电液动三通阀（内设耐磨衬）；带式输送机（双向可逆式）；双层棒条阀（用于石灰石、用于辅助原料）；定量给料机（用于石灰石计量、硫酸渣计量、砂岩计量、煤矸石计量）；带式输送机；永磁除铁器（带无磁托辊）；金属探测仪；喷吹脉冲单机袋式除尘器［置于砂岩库顶（库底）、石灰石库顶（库底）、粉煤灰库顶（库底）］；充气箱；S 型预给料机。

5. 生料粉磨设备

气动分料阀；回转下料器（锁风，将物料喂入立磨）；立磨；斗式提升机；循环料仓；棒条闸门；带式输送机；自卸式永磁除铁器；气动侧三通溜子；气箱脉冲袋收尘器（用于缓冲料仓及提升机收尘）；排风机；旋风收尘器（四筒）；循环风机；电动插板阀（入袋收尘器风管开关用、生料磨进风管开关用）；电动蝶阀（冷风阀）；手动蝶阀（用于进料皮带及缓冲仓、提升机、斜槽风机出风、皮带收尘）；空气输送斜槽；斜槽风机；脉冲喷吹单机除尘器（空气输送斜槽收尘）。

6. 窑磨废气处理设备

增湿塔；螺旋输送机；驱动装置；电动双翻板阀（增湿塔排湿渣等）；增湿塔喷水装置；链运机（用于增湿塔干灰输送、袋收尘器排灰、收尘器排灰、汇集链运机灰）；行星摆线针轮减速电机；电动百叶阀（循环风管道上）；电动执行器；袋收尘器（窑、磨废气处理）；废气风机；电动蝶阀；高效旋风收尘器；高温风机（供煤磨热风用）。

7. 生料均化库及窑尾喂料设备

斗式提升机（生料入库）；电液动侧三通；空气输送斜槽；斜槽风机（用于斜槽供风）；生料分配器；风机（用于生料分配器供风、斜槽供风、收尘器排风）；气箱脉冲袋收尘器（用于库顶及斜槽收尘、均化仓顶收尘）；手动蝶阀（用于均化库顶收尘风管、斜槽收尘风管、提升机收尘风管）；压力平衡阀；量仓孔盖库、顶人孔盖（均化库顶）和库侧双层检修门；均化库环形充气系统；充气卸料设备（环形区充气系统用）；空气输送斜槽（环形区充气卸料斜槽、生料入窑输送）；成组式罗茨风机（用于均化库环形区供气、均化库环形区及均化仓充气备用、均化仓充气）；均化仓；充气卸料设备（正常运行时用、备用卸料系统）；电动球阀；固体流量计（用于出均化库生料入窑计量）；收尘器排风机（用于收尘器排风）；轴流风机；喷吹脉冲单机袋式除尘器（空气输送斜槽收尘）；储气罐。

第二节　生料均化的意义、设备及其工作原理

一、生料均化的意义

为了制成成分均匀而又合格的水泥生料，首先要对原料进行必要的预均化。但即使原料预均化得十分均匀，由于在配料过程中的设备误差、各种人为因素及物料在粉磨过程中的某些离析现象，出磨生料仍会有一定的波动，因此，必须通过均化进行调整，以满足入窑生料的控制指标。如 $CaCO_3$ 含量波动 ±10% 的石灰石，均化后可缩小至 ±1%。生料均化得好，不仅可以提高熟料的质量，而且对稳定窑的热工制度、提高窑的运转率、提高产量、降低能耗大有好处。

1. 生料均化程度对易烧性的影响

生料易烧性是指生料在窑内煅烧成熟料的相对难易程度。生产实践证明，生料易烧性不仅直接影响熟料的质量和窑的运转率，而且还关系到燃料的消耗量。在生产工艺一定、主要设备相同的条件下，影响生料易烧性的因素有生料化学组成、物理性能及其均化程度。在配比恒定和物理性能稳定的情况下，生料均化程度是影响其易烧性的重要原因，因为入窑生料成分（主要指 $CaCO_3$）的较大波动，实际上就是生料各部分化学组成发生了较大变化。用生料易烧性指数或生料易烧性系数表示生料的易烧程度，生料易烧性指数或系数越大，生料越难烧。如果生料中 $w(R_2O) + w(MgO) < 1\%$，可以不考虑它们对生料易烧性的影响，则 $3w(MgO)$ 和 $w(R_2O)$ 项略去。

生料中某组分（特别是 $CaCO_3$）含量波动较大，不但使其易烧性不稳定，而且影响窑的正常运转和熟料质量。操作实践证实，易烧性系数改变 1.0 时，不会造成易烧性的重大变化；当易烧性系数变动大于 2.0 时，可以清楚地看到反应；当易烧性系数变动超过 3.0 时，看火人员必须调整燃料用量来做好烧成带，对付易烧性大变化的准备。因此，为确保生料具有稳定的、良好的易烧性，提高熟料质量，除选择制订合理的配料方案和烧成制度外，还应尽量提高生料的均化程度。

2. 生料均化程度对熟料产量和质量的影响

生料在窑内煅烧成熟料的过程是典型的物理化学反应过程。一般熟料的形成过程可分为三个阶段：第一阶段反应在温度升高时发生；第二阶段反应在恒温时发生；第三阶段反应在温度降低时发生。其中很重要的第一阶段反应，即生料中各化学组分（特别是 CaO）之间

的反应，取决于生料颗粒之间的接触机会和细度，而"颗粒接触机会"就是由生料的均化程度所决定的。当均化好的生料在合理的热工制度下进行煅烧时，由于各化学组分间的接触机会几乎相等，故熟料质量好。反之，均化不好的生料，影响熟料质量，减少产量，给烧成带来困难，使窑运转不稳定，并引起窑皮脱落等内部扰动，从而缩短窑的运转周期和增加窑衬材料的消耗。若均化效果不好，熟料质量通常会比湿法低半个标号，产量平均下降7%左右。所以，生料均化程度是影响生料易烧性的稳定与熟料产量和质量的关键。在干法水泥厂中生料均化是不可缺少的重要工艺环节。

3. 生料均化在生料制备过程中的重要地位

水泥工业的生料制备过程，包括矿山开采、原料预均化、生料粉磨和生料均化四个环节，这四个环节也是生料制备的"均化链"。其中生料均化年平均均化周期较短，均化效果较好，又是生料入窑前的最后一个均化环节，特别是悬浮预热和预分解技术诞生以来，在同湿法生产模式的竞争中，"均化链"的不断完善支撑着新型干法生产的发展和大型化，保证生产"均衡稳定"进行，其功不可没。因此，在新型干法水泥生产的生料制备过程"均化链"中，生料均化占有最重要的地位。有关专家对此作了归纳，见表4-1。

表4-1 生料制备系统各环节的功能和工作量

生料制备系统	平均均化周期/h	碳酸钙标准偏差		均化效果 S1/S2	完成均化工作量/%
		进料 S1/%	出料 S2/%		
矿山开采	8~168		±2~±10		<10
原料预均化	2~8	±10	±1~±2	7~10	35~40
生料粉磨	1~10	±1~±2	±1~±2	1~2	0~15
生料均化	0.5~4	±1~±2	±0.01~±0.2	7~15	约40

二、主要均化设备及其工作原理

生料均化的主要设备有料场和堆取料机，而目前主要的料场为圆形料场。

上个世纪70年代在西欧开发了圆形料场堆取工艺及相关设备，80年代得到了成熟发展，到了21世纪，随着现代科技的突飞猛进，特别是计算机技术的飞速发展，使得圆形料场技术日趋完善。

图4-1 全封闭圆形料场

目前在国际上，新型的大型全封闭圆形料场（见图4-1）及其设备，以技术先进，程控水平高，环保性能突出，而被广泛应用于电力、建材、化工、矿山、码头、煤炭、粮食等行业物料存储、输送系统，它的安全性和可靠性已经过众多的运行业绩证明。

由于国内外均提倡可持续发展战略，人们对环保意识和环保要求也日益提高，圆形料场及其设备已得到人们广泛重视。专业公司根据市场需要开发了 ϕ90m 圆形料场堆取料机设备，使用效果良好，在此基础上又连续开发了 ϕ100m、ϕ120m 同类产品，基本上使该产品形成了系列。同时通过与德国克虏伯（KRUPP）公司、SCHADE 公司、奥地利奥钢联（VOEST-ALPINE）公司等国际上著名的大型公司合作，依靠国外技术或合作设计，或合作生产，同时引进、消化、吸收国外先进技术，研发生产了系列料场。

圆形料场及其堆取设备产品分类。圆形料场设备主要根据料场直径划分，一般常用直径为60~120m。圆形料场堆取料机产品分类由刮板取料机的结构形式划分，主要有三种：悬臂式、门架式和桥式，分别如图4-2、图4-3、图4-4所示。

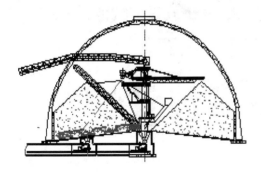

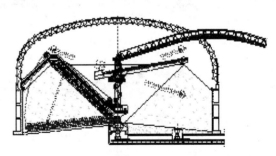

图4-2　悬臂式刮板式取料机　　　　　　　图4-3　门架式刮板式取料机

与常规的条形储料场及设备相比较，不仅有存储物料量大、占地面积小、场地的利用率高、污染小等优点；另外，由于圆形料场物料的供给在其中心，无相对速度存在，因此有更多的层数，而且堆取作业不需移动设备，这将大大降低作业和维修成本，同时由于集中在中心漏斗处直接给料，可有效调节装卸能力。

1. 圆形料场的主要构成

圆形料场主要由圆形料场堆取料机、圆形料场土建结构及其他相关辅助设施构成，如图4-5所示。

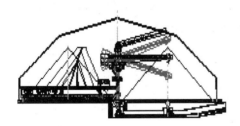

图4-4　桥式刮板式取料机　　　　　　　图4-5　圆形料场堆取料机

（1）室内圆形料场的主要设备

圆形料场堆取料机主要由中心立柱及下部圆锥料斗、悬臂式堆料机、刮板式取料机、振动给料机和电气系统等部件构成。

① 中心立柱

堆取料机的中心立柱位于圆型料场的中心，为堆取料机的重要钢结构件，既承受着各主要部件及输入栈桥的载荷，又是各部件的安装中心，故其制造和安装工艺要求非常严格。中心立柱结构如图4-6所示。

② 悬臂式堆料机

悬臂式堆料机主要结构型式有两种：悬臂固定式和俯仰式，如图4-7所示。

两种结构型式比较，固定式结构简单，成本低，但物料落差较大，粉尘飞扬较严重。俯仰式可有效避免粉尘飞扬，同时能适当降低中心

图4-6　中心立柱

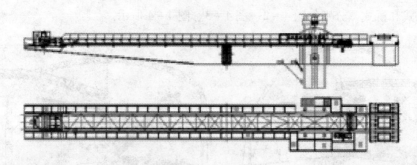

图 4 - 7　悬臂堆料机

柱高度，降低造价，但结构相对复杂些。

③ 刮板式取料机

刮板式取料机结构型式如图 4-8 所示，分为悬臂式、门架式和桥式。

图 4 - 8　刮板式取料机
结构型式

刮板式取料机均位于中心立柱的下部，料场地面上，并以中心立柱为中心 360° 回转。刮板式取料机的框架采用桁架式或箱型梁结构，刮板通过驱动链轮作循环运动，将物料刮入中心立柱下部圆锥形料斗内。

悬臂式刮板取料机一端为刮板式取料机，另一端为配重箱。取料机的俯仰通过设在中心立柱附近的卷筒带动钢丝绳来实现。取料机与中心立柱采用滚子轴承连接，通过回转驱动装置使堆料机实现 360° 回转。

门架式刮板取料机是将刮板式取料机设在一门形构架上。取料机的俯仰方式与悬臂取料机相同。门架一端与中心立柱亦采用滚子轴承连接，另一端支撑在料场挡料墙上部的圆形轨道上，取料机的回转通过圆形轨道上的台车驱动来完成。

桥式刮板取料机与上述两种不同，是将刮板吊挂在桥架下，没有俯仰，采用低位取料，取料时靠料耙往复运动使物料沿料堆断面均匀下滑给刮板机供料。

三种结构型式取料机比较：

门架式、悬臂式取料机在结构型式上基本相同；门架式结构型式适用于大出力、大直径料场取料机；悬臂式和桥式结构适用小出力、小直径料场取料机。

④ 振动给料机

振动给料机位于料场中心的圆锥形料斗下口以及事故料斗的下部。其主要部件有：给料槽、振动器、振动器鞍座、弹簧组件等。另外还有衬板、护罩、进出料支路、密封部件以及物料流调节板等辅助部件。在事故料斗的振动给料机入料口上还设有手动闸门。

⑤ 电气系统

在圆形料场附近设有电气配电室。动力和控制电缆通过地下输送物料隧道经取料机中心立柱底部进入中心立柱内上接至各设备。堆取料机与输送物料程控室也有控制电缆相连，实现程控室远端控制。在料场内的四周设有摄像头，并在程控室设有监视器，便于运行人员在程控室内对料场进行监视和操作。

控制普遍采用 PLC，运行方式以全自动为主，人工操作为辅，可实现全自动无人操作。

⑥ 洒水除尘系统

堆取料机上设有洒水除尘系统。喷嘴分别设置在悬臂胶带机导料槽内、头部以及中心落料斗处，通过水雾以将粉尘控制在最小限度内。

（2）圆形料场土建结构

圆形料场土建结构是由钢结构网架和环形筋板式钢筋混凝土挡料墙及其基础组成。网架屋盖采用彩色压型钢板，局部设有阳光板采光带。如图4-9、图4-10。

图4-9　环形筋板式钢筋混凝土挡料墙　　　　　图4-10　钢结构网架屋盖

（3）圆形料场其他相关辅助设施

圆形料场挡料墙靠地面处设有一个电动卷帘门（设备检修和推料机通道）。在地下胶带机隧道的中部设有料斗及振动给料机，作为紧急情况时的排料口，料场配备推料机作为紧急排料设备，如图4-11、图4-12。

图4-11　电动卷帘门　　　　　　　　　　　图4-12　紧急情况排料口

在料场的圆形挡料墙及堆取料机中心柱上均设有消防水枪等消防设施和人行通道，如图4-13所示。

圆形料场采用自然通风方式，排风口设在网架屋盖的顶部中央，进风口为网架屋盖根部与环形挡料墙之间的环形口。

2. 室内圆形料场运行方式

（1）基本运行原理

① 堆料作业。堆料机定点给料至料场地面，形成一个圆锥形料堆。当料堆达到一定高度，其顶面触及堆料机端部的探头时，堆料机回转一定角度，紧靠原料堆进行斜坡堆料，堆

图4-13　圆形挡料墙上人行通道、消防设施及进风口

积另一个料堆，按此方式，堆料机逐渐堆积数个紧靠的料堆，直至料场充满（回转360°）或堆料机已回转到与取料机的安全距离极限位置。

②取料作业。预先设定取料回转范围，取料机在设定的范围内开始回转取料（料堆上的不规则面已经过平整处理）。

设定的取料范围是由料堆的形状和堆料机的位置决定的。当在料堆端部取料时，取料范围将随着料堆高度的下降沿着料堆堆积角而逐渐增大。当在料堆中部取料时，取料范围将随着料堆高度的下降沿着料堆堆积角而逐渐减小。

③堆、取料同时作业。堆料作业和取料作业可以在各自的设定范围内同时进行。当输入物料量大于输出物料量时，料场将逐渐充满（堆料机运行靠近取料机时，取料机应转移到新的工作区域）。当输出物料量大于输入物料量时，料场将逐渐被取空（取料机运行靠近堆料机时，堆料机应转移到新的工作区域）。

④料场作业极限。料场内需要留出人员以及推物料机进出的通道，因此在通道上是不能堆物料的。在调试时，运行人员可以对这种特定位置进行设定，堆料机和取料机将不能在这些特定的位置范围内作业或停留。

（2）运行模式

堆取料机的运行模式有三种：检修、人工操作、自动运行。

第三节　生料均化设备的施工

一、均化堆场建筑结构工程的施工

1. 测量定位、控制

（1）施工测量准备工作：施工测量人员必须仔细阅读并熟悉施工图，对业主移交的有关厂区测量的原始资料及标志进行认真核对，并编制详细的作业指导书，选用的工具（全站仪、经纬仪、水准仪）符合要求，作为仪器的校验及保养。

（2）建立平面控制网：按照厂区总平面布置和业主提供的测量控制点，采取轴线法与导线控制相结合的施测方法，建立本工程平面控制网，主要的控制网点埋设混凝土固定标桩。

（3）高程控制点设置：根据业主提供的高程控制基准点，建立本工程高程控制系统，各高程控制点埋设永久性标志，加以保护，做好测量记录。

2. 基础工程

（1）基础土石方

①土方开挖

根据设计要求及地质钻孔资料显示土层及现场实际情况，地基处理完毕后基础开挖时采用机械开挖，基坑开挖分两步进行，先开挖到设计标高以上500mm，后人工开挖至设计标高。经各方共同验槽，签字认可后再进行上部基础施工。

施工顺序为：基坑放线→地基处理→基坑二次放线→机械开挖至设计标高以上500mm→人工开挖至设计标高→地基验槽→基础工程施工→土方回填。

② 基坑排水及现场排水措施

基坑内四周设集水坑，抽排雨水或地表渗水，基坑四周设排水明沟，确保上部排水畅通，雨水不流或渗入基坑内，造成基坑边坡塌方和破坏基土。

③ 土方回填

地下混凝土结构施工完毕，混凝土强度达到设计强度等级70%以上，结构经业主和监理单位验评合格后方可进行土方回填，土方回填大面积采用压路机压实，小面积辅以蛙式打夯机和人工夯填的方法进行。

填方土料必须符合规范和设计要求，保证填方的强度和稳定性，填土前，清除基层积水和杂物，通过试验确定含水量的控制范围，并采取相应的处理措施。

回填土每层虚铺厚度不超过300mm，分层压实取样合格后，才能铺填土层；压实后的土密度应有90%以上符合设计要求，其余10%最低值与设计值之差不得大于0.088g/cm³。

3. 钢筋混凝土基础

（1）模板工程

基础模板工程采用钢模板，扣件式钢管支模架，模板支承系统应经过设计计算，保证具有足够的强度和稳定性，模板应位置准确，接缝严密平整。基础模板必须支撑牢固，防止变形，侧模斜撑与侧模夹角不小于45°，底部加设垫木，基础模板之间要用水平撑连成整体。基础模板以钢管脚手架为加固结构，加固采用对拉螺栓，预留孔、盒设置一套独立的固定架体系，保证预留孔位置准确，不偏移。

模板拆除：基础混凝土强度达到规范要求时，可进行拆除。拆模顺序是后支的先拆，先支的后拆。拆模时不得损坏模板和混凝土结构，拆下的模板严禁抛掷，及时清除灰浆，涂刷脱模剂，分类堆放整齐。

（2）钢筋工程

① 钢筋加工：钢筋加工包括调直、除锈、下料剪切、接长、弯曲成型等。

钢筋的表面应洁净，油渍、浮皮、斑锈等应在使用前清除干净。如发现钢筋有严重的麻坑、斑点锈蚀截面时，应剔除不用。

钢筋采用切断机切断，将同规格的钢筋根据不同长度，长短搭配，统筹配料，一般先断长料，后断短料，减少短头、损耗，断料时应避免用短尺量长料，防止在量料中产生累计误差。在切断过程中，如发现有劈裂、缩头或严重的弯头等必须切除，断口不得有马蹄形或起弯等现象，钢筋接长采用闪光对焊。

② 钢筋安装：钢筋在现场绑扎，绑扎要求钢筋位置准确，绑扎牢固，钢筋接头位置、数量、搭接长度、保护层厚度等应符合要求。绑扎时，钢筋网外围两行钢筋交点应每点扎牢，相邻绑扎点的铁丝扣要成八字形，以保证受力钢筋不产生歪斜变形，下层钢筋的弯钩应朝上，上层钢筋设钢管支撑架支撑，以保证钢筋位置正确。钢筋焊接接头位置应设在受力较小处，受力钢筋的接头位置应错开，接头数量应满足规范要求。

③ 钢筋绑扎安装完毕后，应进行检查验收，填写隐蔽工程验收记录、及时报验。

（3）混凝土施工

基础混凝土采用现场搅拌站集中搅拌，混凝土输送泵输送至浇筑地点。

混凝土施工前严格按照设计图标号及现行施工技术规范要求试拌试配，选择最佳施工配合比供施工时采用，所有原材料必须符合配合比设计及施工技术规范要求。混凝土施工过程中，对砂、石材料严格计量，试验人员按规范要求及时检测混凝土的各项指标，以便及时调整混凝土施工配合比。混凝土浇捣前，根据实际情况编制作业指导书，对技术、质量、安全注意事项和浇捣顺序、人员分工、时间安排、质量要求等进行详细交底。混凝土浇捣前应先报验，并清除模板内杂物。混凝土采取插入式振动器振捣密实。混凝土施工时应控制好混凝土的均匀性和密实性，严格控制混凝土的水灰比。

① 混凝土材料配合比

搅拌混凝土材料计量准确，在搅拌机旁挂牌公布混凝土材料配合比，混凝土原材料按质量计量的允许偏差见表4-2。

表4-2　混凝土原材料按质量计量的允许偏差

材料名称	允许偏差（%）	备　注
水泥	±2	1. 各种衡器应定期检验，保持准确；
混合材料	±2	2. 集料含水率应经常测定，雨天施工时，增加测定次数

② 混凝土的搅拌

搅拌混凝土前，加水空转数分钟，将积水倒尽，使拌筒充分湿润，搅拌第一盘时，考虑壁上的砂浆损失，石子用量按配合比减半，搅拌好的混凝土要做到卸尽，在全部混凝土卸出之前不得再投入拌合料，更不得采取边出料边进料的方法。

混凝土应充分搅拌，混凝土的各种组成材料混合均匀，严格控制水灰比和坍落度，未经试验人员同意，不得随意增减用水量。

③ 混凝土泵送

混凝土采用输送导管泵送至浇筑地点。混凝土泵启动后，应先泵送适量的水，以湿润混凝土泵的料斗、活塞及输送管的内壁等直接与混凝土接触的部位。经泵送水检查，确认混凝土泵机和输送管中没有异物后泵送适量1：2水泥砂浆，湿润用的水泥泵浆应分散布料，不得集中浇筑在同一处。

混凝土泵送应连续进行，泵送中，不得将拆下的输送管内的混凝土洒落在未浇筑的地方。

④ 混凝土浇筑

采用泵送混凝土。浇筑混凝土前，应核实其他专业是否配合完毕，并经业主、监理验收隐蔽工程，下达混凝土工程浇灌令后，方可进行混凝土浇筑。

检查机具、设备是否完好、充足，并试运转，备足设备易损部件，发生故障随时检修。

在浇筑混凝土期间，要保证水、电照明不中断，浇筑混凝土用材料准确充足，以免停工待料。

基础浇筑：台阶式基础施工时，按台阶分层一次浇筑完毕。每层混凝土要一次卸足。顺序是先边角后中间，务必使砂浆充满模板。为防止垂直交角处可能出现吊脚现象，在第一级混凝土捣固下沉2~3cm后暂不填平，继续浇筑第二级，先用铁锹沿第二级模板底圈做成内外坡，然后再分层浇筑。外圈边坡的混凝土于第二级振捣过程中自动摊平，待第二级混凝土浇筑后，再将第一级混凝土齐模板顶边拍实抹平。

4. 毛石混凝土施工

毛石混凝土中掺用的毛石应选用坚实、无风化、无裂缝、洁净的石料,强度等级不低于 MU20,毛石尺寸不应大于所浇筑部位最小宽度的 1/3,且不得大于 30cm,表面如有污泥水锈,应用水冲洗干净。

浇筑时,应先铺一层 10 ~ 15cm 厚混凝土打底,再铺上毛石,毛石插入混凝土约一半后,再灌混凝土,填满所有空隙,再逐层铺砌毛石和浇筑毛石混凝土,直至设计基础标高,保持毛石顶部有不小于 10cm 厚的混凝土覆盖层,所掺加的毛石数量应控制不超过基础体积的 25%,毛石铺放应均匀排列,使大面向下,小面向上,毛石间距一般不小于 10cm,离开模板或槽壁距离不应小于 15cm,以保证能在其插入振动棒进行捣固时毛石被混凝土包裹,振捣时应避免振动棒碰撞毛石、模板。

二、某生料均化库筒仓的施工

某原料均化筒仓直径×× m,高×× m,施工中料仓浇筑混凝土垫层灌注于桩顶下×× cm,将灌注桩截断后留出的钢筋弯成 45°角,在浇筑混凝土时锚固在基础中。在垫层上放线定位后砌 240mm 厚砖墙做地下混凝土基础外模,随砌随回填土并逐层夯实,内侧抹灰、绑扎钢筋,浇混凝土于基础顶面,并留好筒体部位插筋。

生料仓基础厚达×× m,混凝土量为×× m³,属大体积混凝土施工,为保证混凝土连续浇筑,采用 4 台固定泵和 2 辆混凝土罐车,其浇筑方式为"分段定点、薄层浇筑、一个坡度、循序渐进、一次到顶"。

筒壁竖向钢筋接头采用电渣压力焊接头,水平筋加工成半圆环形,按设计要求采用冷挤压连接或锥螺纹连接和平螺纹连接。

筒壁采用组合钢模 3m 高一段环型钢管及竖向钢管支模,φ12 钢筋对拉螺栓加固,并用钢丝绳沿外模围图箍紧,在模中采用车轮辐射钢丝绳拉紧轮箍原理,用钢丝绳拉紧筒壁模板进行找圆,然后用 1.5 kg 线垂吊直找垂差。

在两料仓间设塔吊将竖向及水平环形钢筋吊于脚手架上,竖向钢筋采用电渣压力焊接头,水平环形钢筋采用套管冷挤压接头,将钢筋绑扎成型后,浇筑混凝土于筒内圆锥底部。

锥体混凝土圆台模板采用满堂钢管脚手架支撑。铺伞型和环形钢管作底模支架,用三层 5mm 夹板铺于支架上,找出锥体设计形状后扎双向双层结构受力钢筋并预留孔洞,再在结构受力筋表面铺三层 5mm 厚夹板,按锥体坡度压放射竖向钢管和水平环形支模钢筋,用对拉螺栓固定后锥体浇筑细石混凝土,在模上开口振捣,使锥体混凝土与筒体混凝土成为一体。锥体根部以上筒壁,钢筋支模方法同下部筒体方法。

脚手架在筒壁埋 16#工字钢间距 2m,作为悬挑脚手架的承重构件。通过其他挑、拉、撑、挂成型悬挑脚手架,随筒壁升高而升高,作为水平钢筋运送的通道。采用泵送混凝土进行浇筑,布置环形喷淋喷水对混凝土进行养护,并在筒体根部外砌临时圆环集水槽,集住养护水,并排水于集水坑中作为第二水源。

在筒库顶部吊装大型钢结构工字大梁时,采用 125t/m,汽车吊与塔吊就位后铺钢板做钢结构顶盖。

为保证基础大体积混凝土浇筑的质量,应采取以下措施予以保证:

1. 一次浇筑到顶,不留冷缝。

2. 控制混凝土的内外温差,避免产生表面裂缝。

3. 控制混凝土的平均温差，防止产生贯穿裂缝。为此，主要采取以下措施：

1）设置滑动层，在与基础的接触面上铺设厚 5mm 左右的黄砂或石屑，以减小约束作用。

2）采用"分段定点、一个坡度、薄层浇筑、循序推进、一次到顶"的浇筑方法，保证了上、下混凝土不超过初凝时间。

3）改善混凝土的性能

① 在混凝土中掺加水泥用量 0.3％ 的 FNC 系列缓凝型减水剂，改善混凝土的和易性，延缓混凝土的凝结时间，减少水泥用量以减少水化热和升温值。

② 在混凝土中掺加水泥用量 12％ 的 UEA 膨胀剂，既可以使混凝土密实抗渗，也可使其所产生的微膨胀压应力抵消混凝土的干缩、温差等产生的抗应力，同时 UEA 可使水泥减少水化热。

4）保温、保湿养护

在混凝土表面上覆盖草袋浇水养护，其作用共有四点：

① 减少混凝土表面的热扩散，减小混凝土表面的温度梯度，防止产生表面裂缝。

② 延长散热时间，使混凝土的平均总温差所产生的拉应力小于混凝土抗拉强度，防止产生贯穿裂缝。

③ 防止混凝土表面脱水产生干缩裂缝。

5）测温方法

按设计设置测温孔，混凝土初凝后开始测温工作，并做好温度测量记录。测温工作至混凝土温度和环境温度之差小于 15℃ 时结束。

测温孔采用一端封死的直径 $\phi38$ 钢管，在浇筑混凝土前预埋，钢管底部距混凝土底板 10cm。

三、圆形堆场用堆取料机的安装

圆形堆场用堆取料机的主要零部件包括：圆形轨道、中心立柱、主梁和悬臂梁、大车车轮、带式输送机、刮板机、料耙、液压系统、传动装置及液力偶合器等，这些是预均化系统的主要设备。

安装主要内容为中心立柱、主梁及悬臂梁等关键设备。这些设备的特点是体积大，零部件多，吨位重。吊装要求高，安装难度大，特别是交叉作业，现场条件差，使用机具及设备多，特别应注意到的是悬臂梁机构的安装。安装中采用先进的施工方法和检测手段，严格控制每一道工序的施工质量，严格按照设计图纸及国家有关技术标准和规范进行安装施工。

1. 施工准备

（1）组织施工人员熟悉图纸、安装说明书等技术资料，组织进行图纸自审及会审，作好技术交底。

（2）施工人员应了解设备到货、设备存放位置及现场情况。

（3）根据设备到货清单检查其规格、尺寸、数量及质量情况。

（4）根据现场情况及设备质量、体积，选择吊装方案及安装方法。

（5）基础验收及划线

基础验收工作是设备安装工作的一个重要工序，这项工作应在设备安装前会同土建、甲方和监理单位共同验收，并作好验收记录。

基础验收工作应符合施工图纸和施工及验收规范要求。基础外形尺寸、中心线、标高、地脚螺栓相互位置尺寸，其允许偏差见表4-3：

表4-3 堆取料机安装的允许偏差

序号	检查部位	单位	允许误差
1	基础外形尺寸	mm	±30
2	基准点标高对厂区零点标高	mm	±3
3	中心线距离（圆心距离）	mm	±1
4	基础标高	mm	±15
5	地脚螺栓孔中心位置	mm	±10
6	地脚螺栓孔的深度	mm	+20 -0
7	地脚螺栓孔的直度	mm	5/1000

（6）设备出库检查

按照《建材工业设备安装工程施工及验收规范》GB/T 50561—2010及图纸技术要求和设备明细逐项检查，应符合要求，方可进行安装。

2. 堆取料机的吊装

堆取料机的安装采用一台120t履带式起重机为主要设备进行设备和构件吊装，一台25t液压汽车吊配合部件吊装。

（1）安装程序

基础验收及放线（垫铁加工）→道轨的敷设找正（主柱安装）→道轨找正灌浆与养生（主柱找正灌浆与养生）→道轨二次找正、固定（主柱二次找正、固定）→移动小车安装→大梁安装、找正、焊接→悬臂皮带机安装→刮板取料机安装→料耙安装→操作室安装→电缆盘安装→电缆电器安装→无负荷试车→联动试车。

（2）安装方法

1）首先以中心立柱基础中心点为圆心敷设圆形轨道，其半径极限偏差为±3mm，轨道顶面相对理论高度的极限偏差在任意6m范围内为±1mm，整圆轨道的极限偏差为±3mm。

2）安装中心立柱底部（底座）及中心立柱，测量找正其垂直、水平度，达到标准后，固定安装。中心立柱底座轴线对基础定位轴线偏移偏差不应大于1mm；中心立柱底座和顶部法兰的水平度公差为0.02mm/m。

3）安装主梁、悬臂架时，应先把行走机构安装在轨道上垫平固定后，再将主梁、悬臂架用吊车水平吊运到中心立柱用联接销轴与行走机构进行组装，在主梁、悬臂架下应搭设一套临时支架，作为临时支承，在主梁、悬臂架和行走机构组装完，符合技术要求后再撤出。主梁回转半径应符合设备技术文件及《桥式和门式起重机制造及轨道安装公差》中有关规定，即：大梁找正要求错边量不应大于2mm；悬臂梁横向水平度公差为2mm。

4）箱形梁焊接是大梁安装工作中一道主要施工工序，焊接质量好坏，直接影响大梁的正常运转和使用寿命。为确保施工质量，一定要重视大梁焊接工作。

① 焊接准备工作

焊接材料和焊接方法的选择。焊接材料的选择依据设备及工艺图纸要求进行，焊接方法一般采用手工焊成形焊接方式。

电焊工在操作前进行考试，通过试样的透视检查、弯曲和抗拉强度的检验，全部合格后才能上岗。

焊前要对坡口两侧 40mm 范围内的油漆、铁锈、毛刺等杂物清除干净，露出母材光泽方可开始焊接。焊条要烘干，并做好保温工作。

全面检查坡口加工的角度、深度、间隙，对相对角度偏差较大、间隙过大（小）、深度不够的坡口都要进行修正，并做好记录。采取相应的措施，确保焊接工艺质量。

对大梁各个部位进行检查，消除各种影响大梁运转的因素。

做好焊接外口的保护和安全工作。

② 定位点焊与正式焊接有着密切关系，所以对焊接工艺要求严格，焊接材料型号应与焊件材质相匹配，焊条焊接前必须经过 350℃烘干 1h，定位点焊将每道焊口的每个边分三次焊接，两名焊工同时点焊每段长度为 350～400mm，高度为 6mm 左右，且不大于 6mm，点焊时必须保证熔透，位置应布置在焊道以外，并要求持合格证的焊工施焊。

③ 根据大梁找正情况，编排好每道焊缝试焊程序；施焊工作应先焊接紧靠立柱处的那道焊缝，减少焊接变形对传动力矩的直接影响。

焊接剖口：采用手工电弧焊焊接，务必焊透以及深度一致。盖面焊接时应控制好各焊接工艺参数。

焊口焊接完毕后，应重新测定以上各处径向跳动，并与焊前作比较，内部支撑清理完毕后，重复上面的工作。

焊接结束后，应清理焊缝表面的熔渣及两侧的飞溅物，检查焊缝的外观质量，检查合格后在工艺规定的焊缝及部位打上焊工钢印。

重测各点，保存各工序测量数据。

焊缝质量检验：焊缝表面应呈现平滑细鳞状，宽度均匀整齐，焊缝表面及热影响区不得有裂纹、弧坑、夹渣、气孔等缺陷，焊缝咬边深度不得大于 0.5mm，焊缝最低点不得低于箱体表面，并应饱满；采用超声波探伤时，每条焊缝均应检查，探伤长度为该焊缝的 20%，要求达到《锅炉和钢制压力容器对接焊缝超声波探伤》的 Ⅱ 级，超声波探伤发现的疑点必须用射线探伤检查确定。采用射线探伤时达《金属熔化焊焊接接头射线照相》中的 Ⅲ 级，焊缝交叉处必须重点检查。

5）带式输送机应在悬臂架吊装前安装在悬臂架上，与其一起吊装就位。输送机安装应符合设备技术文件及《带式输送机技术条件》中有关规定。

6）刮板输送机的安装和带式输送机同时进行，其安装要求是：刮板机中心线应与主梁中心线重合，其偏差不应大于 2mm；主动链轮轴的轴线应垂直于刮板机中心线，其垂直度公差为其链轮轴轴承间距的 1%；主、被动链轮轴的轴线水平度公差为 0.5mm/m；同一轴上的两主（被）动链轮对刮板机纵向中心线的对称度公差为 1mm；链轮导槽直线度公差为 1mm/m，两条导槽安装位置对刮板机纵向中心线的对称度公差为 3mm。同一截面上的两条导槽的标高差不应大于 2mm；刮板链条连接在一起时，应保证两条链条长度一致。

7）料耙在刮板输送机安装合格后进行安装，料耙组装后，其平面度公差为 5mm；行走车轮与导轨接触均匀；变幅卷绕机构应灵活，钢丝绳绳头应固定牢固，安全可靠。

8）液压系统的安装应符合《液压系统通用技术条件》（GB/T 3766—2001）中有关规

定；现场安装的管路必须进行酸洗处理，其油液清洁度不应低于奈氏 10 级；各种自动控制仪表、阀门，安装前应进行试验、调节、标定。

9）传动装置各部件间的联接，同一轴线偏斜角不应大于所用联轴器允许的安装误差。装配好的各传动装置应转动灵活，不得有异常现象。制动器开闭灵活，制动时应平稳可靠，且闸块与制动盘工作面接触面积不应小于总面积的 75%。

10）液力偶合器安装时，其端面圆跳动和径向圆跳动公差为 0.1mm。

3. 试运转要求

（1）空载试运转的要求

驱动装置运行平稳，无冲击和异常噪声，无渗油；行走机构运行平稳，车轮不卡轨；电动机和轴承温升不应高于 30℃；液压系统油箱内油的温度不应高于 65℃；内装式电动滚筒温升不应高于 50℃，外装式电动滚筒温升不应高于 30℃；液压系统运转正常，各种发讯装置灵敏可靠，管路、接头及密封件无漏油，压力表指示准确，各种阀门工作正常、平稳、无泄压；带式输送机运转正常、平稳、不跑偏；悬臂梁仰俯自如，回转正常、平稳；刮板机运行平稳，牵引件运转正常，无卡碰、跑偏、输送链张紧适中；料耙运行平稳，无拌动冲击现象；制动器开闭灵活，制动平稳；各安全保护装置动作灵敏准确，安全可靠；电控装置及程序运行准确可靠。

（2）负荷试运转的要求

电动机和轴承温升不应高于 40℃；液压系统油箱内油的温度不应高于 70℃；内装式电动滚筒温升不应高于 60℃，外装式电动滚筒温升不应高于 40℃；输送带与托辊接触良好，张力适中，清扫器工作正常。

第五章 预分解系统装置及其施工

预分解系统是由旋风预热器和分解炉共同组成的，是新型干法水泥生产线的标志性设备。本章分四节，分别介绍预分解系统、预热器、分解炉及其系统的安装施工。

第一节 预分解系统及预热器的特点

一、预分解技术

预分解技术是 20 世纪 70 年代发展起来的一种煅烧工艺。它是在悬浮预热器和回转窑之间，增设一个分解炉或利用窑尾烟室管道，在其中加入 30% ~ 60% 的燃料，使燃料的燃烧放热过程与生料的吸热分解过程同时在悬浮态或流化态下极其迅速地进行，使生料在入回转窑之前基本上完成碳酸盐的分解反应，因而窑系统的煅烧效率大幅度提高。这种将碳酸盐分解过程从窑内移到窑外的煅烧技术称窑外分解技术，这种窑外分解系统简称预分解窑。

预分解窑煅烧有如下特点：

1. 在一般分解炉中，当分解温度为 820 ~ 900℃ 时，入窑物料的分解率可达 85% ~ 95%，需要分解时间平均仅为 4 ~ 10s，而在窑内分解时约需 30min，效率之高可想而知。

2. 由于碳酸钙的分解从窑内移到窑外进行，所以窑的长度可以大大缩短，减少占地面积。

3. 由于在分解炉内物料呈悬浮状态，传热面积增大，传热速率提高，从而使熟料单位热耗大大降低。

4. 由于减轻了回转窑的热负荷，延长耐火材料的使用寿命，提高窑的运转率，同时提高了窑的容积产量。

但由于对物料的适应性较差，容易引起结皮和堵塞，同时系统的动力消耗较大。

二、预分解技术的发展

自 20 世纪 50 年代初期德国洪堡公司（KHD）研究成功悬浮预热窑，70 年代初期日本石川岛公司（IHI）发明预分解窑以来，水泥工业熟料煅烧技术获得了革命性的突破，并推动了水泥生产全过程的技术创新。60 多年来，新型干法水泥生产技术发展经历了五个阶段。

第一阶段：20 世纪 50 年代初期至 70 年代初期。

伴随着悬浮预热技术的突破并成功应用于生产，新型干法水泥生产诞生，并随着悬浮预热窑的大型化而发展。

第二阶段：20 世纪 70 年代初期至中期。

伴随着预分解窑的诞生发展，新型干法水泥技术向水泥生产全过程发展。同时，伴随着预分解技术的日趋成熟，各种类型的旋风预热器与各种不同的预分解方法相结合，发展成为许多类型的预分解窑。在本阶段中，悬浮预热窑的发展优势逐渐被预分解窑所代替。但是，必须认识到悬浮预热窑是预分解窑的母体，预分解窑是悬浮预热窑发展的更高阶段。至今各种新型悬浮预热器在预分解窑发展的同时，仍在继续发展完善，发挥着重要作用。

第三阶段：20 世纪 70 年代中期至 80 年代中期。

1973 年国际石油危机之后，油源短缺，价格上涨，许多预分解窑被迫以煤代油，致使许多原来以石油为燃料的分解炉难以适应。通过总结改进，各种第二代、第三代分解炉应运而生，改善和提高了预热分解系统的功效。

第四阶段：20 世纪 80 年代中期至 90 年代中期。

伴随着悬浮预热和预分解技术日趋成熟，预分解窑旋风筒—换热管道—分解炉—回转窑—箅冷机（简称筒—管—炉—窑—机）以及挤压粉磨，和同它们配套的耐热、耐磨、耐火、隔热材料，自动控制，环保技术等全面发展和提高，使新型干法水泥生产的各项技术经济指标得到进一步优化。

第五阶段：20 世纪 90 年代中期至今。

生产工艺得到进一步优化，环境负荷进一步降低，并且成功研发降解利用各种替代原、燃料及废弃物技术，以新型干法生产为切入点和支柱，水泥工业向水泥生态环境材料型产业转型。

三、预分解技术生产的特征

预分解技术法生产具有均化、节能、环保、自动控制、长期安全运转和科学管理六大保证体系，是当代高新技术在水泥工业的集成，其特征如下：

1. 生料制备全过程广泛采用现代化均化技术。使矿山采运—原料预均化—生料粉磨—生料均化过程，成为生料均化过程中完整的"均化链"。

2. 用悬浮预热及预分解技术改变了传统回转窑内物料堆积态的预热和分解方法。

3. 采用高效多功能挤压粉磨技术和新型机械粉体运输装置。根据日本上潼具贞研究空气输送的动力系数 μ（指单位时间内输送单位质量物料至单位长度所需动力）是提升机的 $2\sim4$ 倍，是皮带输送机的 $15\sim40$ 倍。因此，采用新型机械输送代替空气输送粉体物料，节能是相当可观的。

4. 工艺设备大型化，使水泥工业向集约化方向发展。

5. 为清洁生产和广泛利用废渣、废料、再生燃料和降解有毒有害危险废弃物创造了有利条件。

6. 生产控制自动化。

7. 广泛采用新型耐热、耐磨、隔热和配套耐火材料。

8. 应用 IT 技术，实现现代化管理等。

四、预分解的作用和结构特点

旋风预热器和分解炉共同完成水泥生料的预热和碳酸钙的分解任务，入窑生料分解率可达 90% 以上。回转窑主要完成烧成（煅烧）功能，因此回转窑的规格可大大减小。正因为如此，旋风预热器和分解炉是水泥熟料煅烧的关键设备，它直接关系到烧成制度的稳定和产、质量的提高。它与回转窑、冷却机组成水泥熟料生产的三大主机设备。

1. 预分解系统及工艺流程

预分解系统一般是由单系列窑尾预热器和在线管道分解炉构成，进入分解炉的燃料和预热的生料被高速气流携带，悬浮于炉内，一面旋流并向上运动，一面进行燃烧、分解。燃料的燃烧放热过程与生料的吸热分解过程同时在悬浮状态下极其迅速地进行，生料在入窑前已

基本完成了 $CaCO_3$ 的分解。其工艺流程如图 5－1 所示。

　　生料由 C2 出口至 C1 进口的连接风管处喂入，随热气流进入 C1 并进行预热分离，预热后的生料通过 C1 下料管进入 C3 出口到 C2 进口的连接风管，再随热气流进入 C2 并分离，依此类推。通过 C4 下料管生料进入分解炉，与高温窑尾烟气和三次风一起进入 C5，经 C5 下料管入窑。生料由上向下，在与热气流的换热过程中温度逐渐升高。气体由下向上在与生料的换热过程中温度逐渐降低，最后由 C1 出风口排出。

　　2. 预分解系统的结构特点

　　窑尾预分解系统主要由旋风筒、风管、下料管、分解炉和窑尾烟室等主要部件组成。

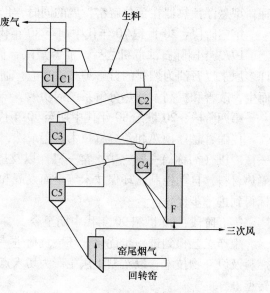

图 5－1　预分解系统的工艺流程

　　预分解系统的主要结构特点：各级旋风筒均采用低阻结构、大直径蜗壳，在进口配有砌筑而成的导流板，出口处设有内筒，从而提高旋风筒的分离效率。为安装、更换和检修方便，C2、C3、C4、C5 内筒采用分片式。

　　在线型分解炉结构简单。燃烧气体来自窑头罩的新鲜空气（三次风）和烟室的高温烟气，故含氧量高、温度高，不仅有利于炉内煤粉的燃烧和物料分解，而且煤粉易着火，使分解炉更易操作。三次风引入位置和角度进行优化，强化气体旋流，使物料和煤粉在炉内的停留时间延长，提高物料分解率。该分解炉还具有产生低 NO_x 浓度的优点；C2～C5 各级旋风筒锥部设有捅料孔，能在必要时解决堵料问题；下料管上采用密封性好，动作灵敏的翻板阀，既克服了内串风又保证了下料的均匀连续性，对提高分解离效率起重要作用；撒料箱的采用，加强了物料在气流中的分散性，提高了气体和物料的换热效率；各级旋风筒的连接风管布置紧凑，可大大降低窑尾框架的高度和占地面积；系统中各连接法兰安装后均采用环形结构，工艺布置灵活，楼板结构设计简单。

第二节　预热器的结构、工作原理

一、预热器的结构

　　预热器主要由旋风筒、风管、下料溜管、锁风阀、撒料板、内筒挂片等部分组成。

　　旋风筒和连接管道组成预热器的换热单元功能如图 5－2 所示：

二、预热器的工作原理

　　目前悬浮预热器的种类很多，基本上分为：旋风预热器和立筒预热器。它们具有的共同特征是利用稀相气固系统直接悬浮换热。无论是旋风式和立筒式都由多级换热单元组成，多级换热的目的在于提高预热器的热效率。多级预热器串联的组合方式形成了单体内气固同流而宏观气固逆流的系统，每级预热单元，必须同时具备气固混合（物料分散）、换热和气固

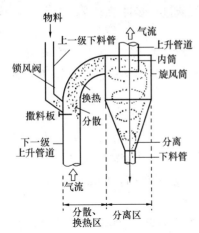

图 5 - 2　旋风筒换热单元功能
结构示意图

分离三个功能。

旋风预热器每一级换热单元由旋风筒和换热管道以及下料溜子上的撒料装置和锁风装置组成。每级预热单元同时具备气固混合、换热和气固分离三个功能。旋风筒进风管道的风速以一般在 16 ~ 22m/s 沿切线方向经导流板，270℃大蜗壳角进入。气固之间 80% 的换热在进风管道中就已完成，换热时间仅需 0.02 ~ 0.04s，只有 20% 以下的换热在旋风筒中完成。

在管道中完成大部分热交换后，生料粉随气流以切线方向高速进入旋风筒，在筒的旋转下，自旋风筒锥体部又反射旋转向上，固体颗粒在离心力的作用下甩向筒壁滞流区，或与筒壁碰撞，失速坠落而沉降下来与气体分离，经下料管喂入下一级旋风筒或入窑，气体经内筒排出。

其功能表述为：

1. 预热器的换热功能

预热器的主要功能是充分利用回转窑和分解炉排出的废气余热加热生料，使生料预热及部分碳酸盐分解。为了最大限度提高气固间的换热效率，实现整个煅烧系统的优质、高产、低消耗，必须具备气固分散均匀、换热迅速和高效分离三个功能。

2. 物料分散

喂入预热器管道中的生料，在高速上升气流的冲击下，物料折转向上随气流运动，同时被分散。物料下落点到转向处的距离（悬浮距离）及物料被分散的程度取决于气流速度、物料性质、气固比、设备结构等。因此，为使物料在上升管道内均匀迅速地分散、悬浮，应注意下列问题：

（1）选择合理的喂料位置。为了充分利用上升管道的长度，延长物料与气体的热交换时间，喂料点应选择靠近进风管的起始端，即下一级旋风筒出风内筒的起始端。但必须以加入的物料能够充分悬浮、不直接落入下一级预热器（短路）为前提。

（2）选择适当的管道风速。要保证物料能够悬浮于气流中，必须有足够的风速，一般要求料粉悬浮区的风速为 16 ~ 22m/s。为加强气流的冲击悬浮能力，可在悬浮区局部缩小管径或加插板（扬料板），使气体局部加速，增大气体动能。

（3）合理控制生料细度。

（4）喂料的均匀性。要保证喂料均匀，要求来料管的翻板阀（一般采用重锤阀）灵活、严密；来料多时，它能起到一定的阻滞缓冲作用；来料少时，它能起到密封作用，防止系统内部漏风。

（5）旋风筒的结构。旋风筒的结构对物料的分散程度也有很大影响，如旋风筒的锥体角度、布置高度等对来料落差及来料均匀性有很大影响。

（6）在喂料口加装撒料装置。早期设计的预热器下料管无撒料装置，物料分散差，热效率低，经常发生物料短路，热损失增加，热耗高。

3. 撒料板

为了提高物料分散效果，在预热器下料管口下部的适当位置设置撒料板，当物料喂入上升管道下冲时，首先撞击在撒料板上被冲散并折向，再由气流进一步冲散悬浮。

4. 锁风阀

锁风阀（又称翻板阀）既保持下料均匀畅通，又起密封作用。它装在上级旋风筒下料管与下级旋风筒出口的换热管道入料口之间的适当部位。锁风阀必须结构合理，轻便灵活。

对锁风阀的结构要求：

（1）阀体及内部零件坚固、耐热，避免过热引起变形损坏。

（2）阀板摆动轻巧灵活，重锤易于调整，既要避免阀板开闭动作过大，又要防止料流发生脉冲，做到下料均匀。一般阀板前端部开有圆形或弧形孔洞使部分物料由此流下。

（3）阀体具有良好的气密性，阀板形状规整，与管内壁接触严密，同时要杜绝任何连接法兰或轴承间隙的漏风。

（4）支撑阀板转轴的轴承（包括滚动、滑动轴承等）要密封良好，防止灰尘渗入。

（5）阀体便于检查、拆装，零件要易于更换。

5. 气固间换热

气固间的热交换80%以上是在入口管道内进行的，热交换方式以对流换热为主。气固之间的换热主要在进口管道内瞬间完成的，即粉料在转向被加速的起始区段内完成换热。

6. 气固分离

旋风筒的主要作用是气固分离。提高旋风筒的分离效率是减少生料粉内、外循环，降低热损失和加强气固热交换的重要条件。

影响旋风筒分离效率的主要因素：

（1）旋风筒的直径。在其他条件相同时，筒体直径小，分离效率高。

（2）旋风筒进风口的型式及尺寸。气流应以切向进入旋风筒，减少涡流干扰；进风口宜采用矩形，进风口尺寸应使进口风速在 $16\sim22\text{m/s}$ 之间，最好在 $18\sim20\text{m/s}$ 之间。

（3）内筒尺寸及插入深度。内筒直径小、插入深，分离效率高。

（4）增加筒体高度，分离效率提高。

（5）旋风筒下料管锁风阀漏风，将引起分离出的物料二次飞扬，漏风越大，扬尘越严重，分离效率越低。

（6）物料颗粒大小、气固比（含尘浓度）及操作的稳定性等，都会影响分离效率。

三、预热器的特点

旋风预热器的特点主要在于：

1. 低阻、强化分离功能。C1筒带旋流叶片，C1锥部有尾涡隔离器，有效降低阻力，提高收尘效率，使C1筒收尘效率达90%以上。

2. 斜锥（旋风筒）有利于防止物料堵塞，打破物料分散的对称性，防止二次飞扬，改变和降低气流的速度和方向。

3. 合理下料管进入换热管的位置（撒料箱60℃，撒料板斧头形，角度为30℃）更好地使物料均匀分散，提高换热效率。

4. 采用新型锁风阀。阀体内部零件坚固、耐热、阀板灵巧，重锤易调整，阀体气密性好，支撑阀板转轴的轴承密封良好，能有效防止灰尘渗入，易于检修安装。

5. 采用新型撒料装置，可防止料流短路直接冲入下级旋风筒。

6. 挂片式内筒插入深度大，可有效地提高物料与气流分离效率。

第三节　分解炉的工作原理、结构及其分类

一、分解炉的工作原理和结构

分解炉是把生料粉分散悬浮在气流中，使燃料燃烧和碳酸钙分解过程在很短时间（一般 1.5~3s）内发生的装置，是一种高效率的直接燃烧式固相-气相热交换装置。在分解炉内，由于燃料的燃烧是在激烈的紊流状态下与物料的吸热反应同时进行，燃料的细小颗粒一面浮游，一面燃烧，使整个炉内几乎都变成了燃烧区。所以不能形成可见辉焰，而是处于 820~900℃低温无焰燃烧的状态。

水泥烧成过程大致可分为两个阶段：石灰质原料约在 900℃ 时进行分解反应（吸热）；在 1200~1450℃ 时进行水泥化合物生成反应（放热、部分熔融）。根据理论计算，当物料由 750℃ 升高到 850℃，分解率由原来的 25% 提高到 85%~90% 时。每千克熟料尚需 1670 千焦的热量。因此，全燃料的 60% 左右用于分解炉的燃烧，40% 用在窑内燃烧。近几年来窑外分解技术发展很快，虽然分解炉的结构型式和工作原理不尽相同，它们各有自己的特点，但是从入窑碳酸钙分解率来看，都不相上下，一般都达到 85% 以上。由此看来，分解炉的结构型式对于入窑生料碳酸钙分解率的影响是不太大的。关键在于燃料在生料浓度很高的分解炉内能稳定、完全燃烧，炉内温度分布均匀，并使碳酸钙分解在很短时间内完成。

如某型号分解炉由预燃室和炉体两部分组成，预燃室主要起预燃和散料作用，炉体主要起燃料燃烧和碳酸钙分解作用。在钢板壳体内壁镶砌耐火砖。由冷却机来的二次空气分成两路进入预燃室。三级旋风筒下来的预热料，由二次空气从预燃室柱体的中上部带入预燃室。约四分之一的分解炉用煤粉，从预燃室顶部由少量二次空气带入并着火燃烧，约四分之三左右的煤粉在分解炉锥体的上部位置喂入，以此来提高和调整分解炉的温度，使整个炉内温度分布趋于均匀，担任分解碳酸钙的主力作用。炉体内的煤粉颗粒，虽被大量的 CO_2 和 N_2 所包围，减少了与 O_2 接触的机会，煤粉的燃烧速度就会减慢。但由于进入预燃室的煤粉不受生料粉的影响，而且在纯空气中燃烧，形成引燃火焰，起到火种的作用，使预燃室出口处有明火存在，对煤粉起着强制着火作用。因此，使煤粉在整个炉内能够稳定燃烧，不灭火。预燃室顶部装有一个喷油嘴，供分解炉点火用。

两个下煤点的喂煤量，可以根据分解炉内温度分布情况适当加以调整。预燃室顶部温度控制在 950℃ 左右，分解炉出口温度控制在 900℃ 左右。入窑生料碳酸钙分解率达 85% 以上。

二、分解炉的分类

分解炉自 20 世纪 70 年代问世以来，得到了迅速的发展，到目前为止已经出现了很多种型式，根据其结构与工作原理的不同，大致可以分为四种类型。即旋流式分解炉、喷腾式分解炉、沸腾式分解炉和带预热室的分解炉。由于其工作原理的不同，各种分解炉的结构亦有一定的差异。下面就各种类型分解炉介绍如下：

1. 旋流式分解炉

旋流式分解炉的结构比较简单。以我国建筑材料科学研究院和四平石岭水泥厂研制成功的四平型分解炉为例，其结构是由上旋流室、下旋流室和反应室所构成的。内表面镶砌有耐火混凝土与耐火砖，反应室中部设有 1~3 个燃料喷嘴，成 30°角向下喷射燃料。

四平型窑外分解系统的特点是利用气力提机泵将生料提运到预热器内。在窑尾烟室上部设有一倒 V 形烟道，预热后 760～800℃ 的物料由Ⅳ级预热器加在 V 形烟道上，被来自窑尾 900℃ 左右的废气分散带入分解炉内。分解炉用的二次风有专设的二次风管由冷却机引至窑尾（温度为 400℃ 左右），与窑尾废气混合后进入分解炉内。为了平衡回转窑与二次风管的阻力。在窑尾烟道内设有缩口，在二次风管内设有蝶阀。

四平型分解炉，以重油为燃料，分解炉用油量占总耗油量的 50% 左右，炉内气体平均温度为 900℃ 左右。经过预热分解后物料入窑温度可达 860～895℃，入窑生料分解率则达 80%～90%，热耗为 4810kJ·kg^{-1} 熟料左右。产量比同规格带悬浮预热窑增加一倍多。

日本 SF 型分解炉，其结构与生产流程，与四平型分解炉基本相同，不过其窑尾废气温度较高（约 1100℃）和二次空气温度较高（750～780℃），热利用情况较好，所以熟料单位热耗较低，仅为 3140～3280kJ·kg^{-1} 熟料。

这种分解炉的主要缺点是：物料与燃料在炉内分布不均匀，涡流室两侧易于结皮等。

2. 喷腾式分解炉

鉴于我国水泥工业是以煤为主要燃料，我国建筑材料科学研究院在继烧油窑外分解取得成功之后，又与本溪水泥厂共同研制了本溪型窑外分解系统，它的主要特点是以煤粉为燃料。其结构较为简单，它是利用喷腾的原理使物料悬浮起来，由冷却机抽来的热风（约 700℃），由分解炉的底部以 22m/s 的速度喷入炉内，将生料与煤粉喷腾起来，形成所谓喷腾层。窑尾废气预先不与二次空气混合从分解炉的中部或顶部以切线方向进入炉内，不参加燃烧反应，主要对生料预热并使气流旋流，形成所谓涡流层。通过生产实践证明。分解炉的温度只要控制在 850℃ 左右，煤粉燃烧稳定，入窑生料的分解率可达 85% 以上。取得与烧油分解炉同样的效果。

属于这一类型的分解炉国外有日本的 KSV 型（其结构与本溪型基本相同）、丹麦的史密斯型、西德的普列波尔型等。

3. 沸腾式分解炉

沸腾式分解炉的特点是以沸腾床（流化床）作为分解炉，日本的 MFC 型分解炉属于这一类型。我国宁国水泥厂从日本引进的现代化水泥生产线，其分解炉就是 MFC 型。其规格是 φ6×16.5m，日产熟料 4000t。

由冷却机来的温度为 200～250℃ 的二次空气，用高压风机（风压为 10～15kPa），鼓入分解炉的空气室，再通过风帽进入炉内，使由燃料喷嘴和生料入口来的燃料和生料形成沸腾层，在沸腾层内一边进行燃烧，一边进行传热分解。根据分解后物料卸出的方式不同，MFC 分解炉又分两种型式，即带出式系统和溢流式系统。

其炉型又分带出式和溢流式。带出式是指分解后的生料被气流带入窑尾烟室及第Ⅳ级预热器内，与气体分离后进入回转窑内；溢流式是指生料通过流化床的溢流管直接流入回转窑内。

这种分解炉的特点，料层内温度均匀性好。缺点是炉子体积较大，电耗较大。

4. 带预燃室的分解炉

为了使分解炉燃烧更加稳定，有的分解炉带有预燃室。日本的"RSP"型分解炉就是其中的一种。这种分解炉的构造较为复杂，它是由分解炉（以下简称 S 炉）和混合室所组成。

S 炉由上部旋风预热室（简称 SB 炉）和下分解室（SC 炉）组成，SB 炉非常小。主要是给 SC 炉起点火作用，并能保证 SC 炉进行稳定的燃烧。SC 炉是 RSP 型分解炉的重要组成部分。S 炉的燃料用量为燃料总消耗量的 55% ~ 60%，其中少量燃料在 SB 炉内燃烧，大部分在 SC 炉内燃烧，燃烧用的空气是从冷却机抽来的 700℃ 左右的热空气，从 SC 炉两侧以切线方向送入炉内，另有一部分空气进入 SB 炉中。

从Ⅲ级旋风筒来的预热生料，喂入 SC 炉中，被热气流吹散，使生料呈涡流运动，并进行分解，生料随气流沿输送管往下运动进入混合室与出窑废气混合并流向Ⅲ级旋风筒。

由 S 炉出口处的生料分解率约达 40%，在混合室遇到 1000 ~ 1050℃ 的出窑废气，将热量传给生料，从而进一步提高了生料碳酸钙的分解率，入窑生料分解率可达 85% ~ 90%。

由于出窑废气不通过 S 炉，且有预燃室，燃烧条件较好，因此可以用煤粉，甚至质量较差的煤。

除此之外，我国四川水泥研究所与太原水泥厂研制成功的太原型分解炉和我国南京化工学院与昆山水泥厂研制的在立筒预热器装设的分解炉，也是带预燃室的分解炉，都取得了较好的效果。

三、分解炉的作用

分解炉基本上有三大作用：燃料的燃烧；物料的吸热与分解；物料的输送。

物料的分散是前提，燃烧是关键，碳酸钙的分解是目的。

分解炉作为第二大热源，大部分燃料（60% 左右）入炉，小部分（50% 以下）入窑，改变窑系统内热力分布格局。

在工艺方面，热耗最高的碳酸盐分解在分解炉内进行，由于燃料、生料混合均匀，燃料燃烧后及时传热给物料，使其换热燃烧分解快，并得到优化。分解炉内的燃烧主要是辉焰燃烧（用煤粉），炉内气流传热方式主要（90%）是对流，其次是辐射传热（气体中含有大量固体颗粒，CO_2 含量高，增大了气流的辐射能力）。

分解炉承担着分解系统中繁重的燃烧、换热和碳酸钙分解任务，这些任务能否在高效状态下顺利完成，主要取决于生料与燃料能否在炉内很好地分散、混合和均匀分布。燃料能否在炉内迅速地完成燃烧，并把燃烧产生的热及时地传递给物料，同时物料中的碳酸盐组分能否迅速吸热、分解和 CO_2 能否及时排出，这些都取决于炉内气固流动方式，温度场是否均匀，炉内流场的合理组织。

如某国产分解炉（NST-1 型分解炉，型号 φ7.5 × 31m）喷焊嘴数量 4 个，气体停留时间 3.9s，炉内风速 8m/s。炉容 1206 + 845m³，该系统设计能力为 5500 ~ 6000t/d。其特点是：以喷腾式分解炉为基础，涡旋结合，其运行表明，喷腾有利于纵向分布的均匀，而旋流有利于横向分布的均匀。具体表述为：

1. 该分解炉阻力小，结构简单，煤种适应性强，操作方便可靠。

2. 炉直接在窑尾烟室上，简化了上升烟道，有效地避免结皮和堵塞，也可降低炉的位置。

3. 三次风切线方向进入，使炉内产生一定旋流强度，有利于炉内物料的均匀分布和气流混合，延长物料停留时间，来完成煤粉完全燃烧和生料分解。

4. 分解炉的出口布置在炉顶部，使气流第二次加速，从而有效地加强了分解炉的后期混合，使煤粉充分燃烧，生料充分分解。

5. 煤粉从三次风入口段加入，使煤粉在充分的空气中燃烧，生料充分分解（生料从炉侧加入）受三次风的吹扫，可以有效改善生料的分布，减少塌料的危险。

6. 炉容大，物料停留时间长。

第四节　预分解系统设备的安装施工

以 TSD 炉型 5000t/d 窑尾预热器为例，本系统主要由旋风筒、风管、下料管、TSD 分解炉、喂料室等部分组成。

一、结构特点及工作原理

1. 结构特点

（1）为便于维护和更换，除 C1 旋风筒外，其他旋风筒的内筒采用了分片式结构。

（2）系统风管进旋风筒部位采用了多钢板过渡的结构，使管内风速均匀、管内积料少。

（3）为保证阀板运动的灵活性，下料管的锁风阀采用了外支式滚动轴承。

（4）喂料室采用了分片风冷耐热铸钢喂料托板，延长了该零件的使用寿命，且易于更换。

（5）点火烟囱采用了电动执行机构控制烟囱帽的开闭，中控室能准确控制其位置。

（6）分解炉采用了带缩口的双喷腾 TSD 型结构，易于操作和控制。

2. 工作原理

物料从 C2 – C1 风管上的喂料口中进入预热器系统。随上升气流，风管内的物料被带入 C1 旋风筒；在旋风筒内，物料被旋风收集，通过 C1 下料管进入 C3 – C2 风管，下料管设有撒料盒，力求物料均匀分布在上升气流中。这样物料与热气体得到了充分的热交换。C4 旋风筒以上的各级流程均如上所述。

分解炉是本系统的一个核心设备，它有两个燃烧室，即分解炉Ⅱ（预燃室）和分解炉Ⅰ（主燃室），并有四种风、料和煤的进入口。

煤粉和物料从分解炉Ⅱ的顶部喂入，切向进入分解炉Ⅱ的三次风使物料旋转并均布，在富氧的热气体中煤粉迅速燃烧，沿下部斜出口进入分解炉Ⅰ。在分解炉Ⅰ内，气流以底部缩口首次喷腾为主，伴有较强的涡流和回流使物料在气流中再次分散，并被燃料加热。气流经中部缩口产生二次喷腾，为物料的分解提供了反应环境和反应时间。经充分加热和分解后的物料，伴随着气体由设在炉顶的出口进入 C5 旋风筒。然后物料在 C5 旋风筒内被收集，并经过 C5 下料管进入喂料室，最后物料经喂料室进入回转窑。

总之，整个过程是：物料自上而下，高温气体自下而上运动，并进行物料加热和分解。

二、预热器的安装

1. 设备安装前的准备

（1）除按照说明书外，预热器系统的安装应符合安装图和《水泥工业用预热器分解炉系统装备技术条件》（JC/T 465—2006）的规定。

（2）设备安装前，应做好预热器框架基础相对窑基础标高的测量标志。

（3）预热器系统应以回转窑入料口冷态中心点的纵向水平轴线和喂料室的垂直中心线作为安装基准线。各楼层设备的安装，以此基准线进行校核，达到减少累积误差的目的。

（4）预热器系统设备的特点是体积大而壁薄，内部虽加支撑，在运输过程中仍可能会引起变形，所以，除根据出库单清查零部件的规格和数量外，还应根据安装图和《水泥工业用预热器分解炉系统装备技术条件》上的有关内容，对易变形的零部件进行加固。

（5）对结构尺寸相同而材质不同的零部件，应查对其带有的 Cr19、Cr23 或 Cr25 明显标记，按总图上的要求分别确定其安装位置。

（6）在预热器框架附近，应设置设备预组装平台。

2. 设备安装总则

（1）预热器系统的安装以分层施工为宜。从喂料室开始，逐层向上安装，直到顶部。

（2）各楼层内设备的安装顺序应遵循自下而上，由里到外，从大到小的原则。

（3）每层楼面上的设备安装前，应进行楼面高度和楼面设备孔的尺寸及误差的检查，划出设备底座的定位中心线。

（4）对于大尺寸的零部件（如旋风筒、分解炉、喂料室、风管等），应在预组装平台进行组对，核实制造厂组装 0°、90°、180°、270°的标记，并复核重要尺寸及公差，使其符合安装图和《水泥工业用预热器分解炉系统装备技术条件》的规定。

（5）对于带底的大尺寸的零部件，吊装后，根据已划好的设备底座的定位中心线用水平仪进行严格找正。设备底座水平度的调整可利用底座上 3~4 个 M36×3 的调整螺栓进行。找正后在底座下部垫入钢板，垫入的钢板只允许与土建的钢结构梁进行焊接，而不得与设备底座焊接。一般情况垫入的钢板比底座的外廓宽出 20mm。

（6）焊接要求：现场焊接的焊缝应符合《建材机械钢焊接件通用技术条件》（JC/T 532—2007）的有关规定。对于耐热钢的焊接，焊前必须进行试焊。焊缝经检验合格后方可对耐热钢进行正式焊接

（7）油漆：现场焊接的设备外表面的焊缝应进行表面清理，清除焊渣后尽快涂第一层耐热底漆，然后涂第二层耐热底漆。系统全部安装完毕后，设备外表面（除耐热钢外）涂两遍耐热灰粉或耐热银粉。

3. 各部件的安装

（1）喂料室内的安装

以回转窑入料口冷态中心点确定喂料室的安装位置，并以此确定窑尾预热器系统的安装基准。

（2）分解炉Ⅰ、分解炉Ⅱ、膨胀节的安装

分解炉Ⅰ和分解炉Ⅱ大段节应进行预组装，达到"安装总则（4）"的要求后，方可进行安装。带底座部件的安装应符合"安装总则（5）"的要求。分解炉Ⅰ与喂料室之间的膨胀节，分解炉Ⅰ–C5 旋风筒之间的膨胀节在制造厂均已预拉伸，安装时不允许通过改变膨胀节的高度来补偿安装中的误差；同时应注意其气流方向，安装后方可拆除膨胀节的固定螺杆。

（3）旋风筒的安装

旋风筒大段节应进行预组装，达到"安装总则（4）"的要求后，才可进行安装。带底座部件的安装应符合"安装总则（5）"的要求。旋风筒的安装应注意下列事项：

① C2、C3、C4、C5 旋风筒内筒装置中的碟簧螺母拧紧后，碟簧压缩后长度 $L = 4.8~5.3$ mm。

② 设备安装后，在内筒上端带把钉的螺栓头处应充填满浇筑料。

③ 内筒的外表面应敷设厚度为 10mm 的陶瓷纤维毡。敷设部位限于与旋风筒顶盖浇筑料相邻及以上的内筒外表面。

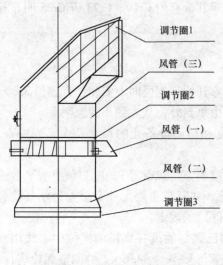

调节圈1

风管（三）

调节圈2

风管（一）

风管（二）

调节圈3

图 5 - 3　风管安装步骤示意图

（4）风管的安装

风管大段节应进行预组装，达到"安装总则（4）"的要求后，才可进行安装。带底座部位的安装应符合"安装总则（5）"的要求。

为实现旋风筒顶盖的预拉伸，以补偿风管和旋风筒的热膨胀。风管的安装宜采用如下步骤：

① 先就位带底座的风管（一），达到"安装总则（5）"的要求后，再吊装风管（二），并将两风管焊成一体。

② 就位风管（三）并找正，通过调节圈2将风管（三）和风管（一）焊成一体。

③ 用不少于 4 个手拉葫芦均布在风管（一）上，均匀地提拉旋风筒顶盖15mm，再通过调节圈3将旋风筒顶盖与风管（二）焊成一体。

（5）下料管的安装

① 在旋风筒、风管、分解炉等设备安装后，复核下料管的安装空间尺寸，确认无误后，即可安装下料管的撒料盒。撒料盒的安装位置在制造厂已用洋铳眼标记显示在风管上，现场开孔时允许做适当的调整。撒料盒与内管焊接后，才可敷设该部分设备的衬料。

② 除撒料盒外，下料管的其他零部件应在地面上敷设衬料后进行吊装。

③ 下料管的膨胀节在制造厂已预拉伸，安装时不允许用改变膨胀节的高度来补偿安装中的误差；同时应注意其料流方向，安装后方可拆除膨胀节的固定螺杆。

④ C2 和 C3、C4 和 C5 下料管的膨胀节结构尺寸一样，材质不同，所以，应按安装图的要求进行识别、安装，切忌装错。

⑤ 膨胀节上部下料管的制造长度比理论需要值长 50mm，用于补偿由安装或楼层高度引起的误差。现场根据实际情况，把多余的部分切除，且在地面敷设衬料后再吊装焊接。

（6）点火烟囱的安装

点火烟囱中带衬料的零部件应在地面敷设衬料后再进行安装。安装后，其运动部件动作应轻便灵活。开启时烟囱帽保持水平，关闭时其密闭性能良好。此外，应保证烟囱帽提升高度与电动执行机构的转角相一致，以确保中控室操作时，烟囱帽提升位置的准确性。

三、安装中的过程检查

除依据图纸和标准《水泥工业用预热器分解炉系统装备技术条件》（JC 465—92）和《建材机械钢焊接件通用技术条件》（JC/T 532—2007）中有关内容做常规检查外，还必须进行以下内容的检查。

1. 焊缝检查

（1）外观检查

① 焊缝应均匀、饱满、平整、无夹渣；

② 焊脚高度和图纸、标准一致。

（2）焊缝形式

① 角焊缝：45°；

② δ6 钢板对接：双面对接焊；

③ δ8 ~ δ12 钢板对接：Y 型剖口焊，双面焊；

④ δ16 ~ δ20 钢板对接：X 型剖口焊，双面焊。

（3）重要部位焊缝

① 大段节在高空焊接的安装焊缝；

② 分解炉和 C5 分解炉风管上的焊缝；

③ 第①、②项所述的每一条对接环焊缝，抽检至少 1/4 圆周进行超声波探伤，须达到《承压设备无损检测》（JB/T 4730—2005）中Ⅱ级的要求。

2. 托砖板及其间距检查

① 托砖板表面平面度≤2mm；

② 对照图纸测量托砖板间距，要求误差值≤5mm。测量要求：对于圆管，圆周等分 8 点；对于方管，每边两点，共 8 点。

四、调试

1. 调试前的准备

（1）清理各层平台上的杂物；

（2）检查系统安装质量与漏缺；

（3）检查旋风筒、风管等内部有无掉落的杂物；

（4）关闭检修门、清除门和捅料孔等。

2. 空负荷试车

（1）预分解系统空负荷试车仅作通风试验，在冷态通风情况下检查各连接法兰连接处密封情况（可用肥皂水进行检查），如有漏气，停车后补焊或重新拧紧螺栓；

（2）预热器、分解炉和窑等联动试车时，注意窑尾烟室和回转窑连接处有无异常响声。

第六章　水泥熟料烧成设备及其施工

本章我们分五节分别介绍水泥熟料烧成设备及其施工。它们是：水泥熟料形成过程及其设备；回转窑的结构、工作原理及其施工；水泥熟料冷却机的结构、工作原理及其施工；燃烧器的结构及其安装调整；煤粉制备设备的结构、工作原理。对于烧成系统中的球磨机和立式磨机，我们将放在本书的"第七章　水泥粉磨系统及其设备的安装"中进行介绍。

第一节　水泥熟料的形成过程及其设备

简单地说，硅酸盐水泥熟料是由石灰石组分和黏土组分经高温煅烧相互化合而成的。即：烘干原料带入的附着水分→高岭土脱去吸附的水分和结晶水→高岭土分解→形成一些初级矿物（如 CA，C_2F，C_2S 和 $C_{12}A_7$）→$CaCO_3$ 分解→形成游离石灰（这期间因 $CaCO_3$ 分解为吸热反应，需要热量最多）→C_3A 和 C_4AF 开始形成→C_3A 和 C_4AF 形成（C_2S 量达到最大值）→形成熟料液相→C_2S 吸收 $f-CaO$ 形成 C_3S→最终烧成熟料。

一、水泥熟料的形成过程

水泥熟料的形成过程，是对合格生料进行煅烧，使其连续受热，经过一系列的物理化学反应，变成熟料，再进行冷却的过程。整个过程主要分为水分蒸发、黏土质原料脱水、碳酸盐分解、固相反应、烧结反应及熟料冷却六个阶段。

1. 水分蒸发

当入窑物料温度从室温升高到 $100 \sim 150℃$ 时，物料中的自由水全部被排除，这一过程称为干燥过程，它是一个吸热过程。特别是湿法生产，因为料浆中的含水量为 $30\% \sim 40\%$，要在干燥过程中将水分全部蒸发，故此过程较为重要。

2. 黏土质原料脱水

当入窑物料的温度升高到 $450℃$ 时，黏土中的主要组分高岭石（$Al_2O_3 \cdot 2SiO_2 \cdot 2H_2O$）将发生脱水反应，吸收热量脱去其中的化学结合水。

$$Al_2O_3 \cdot 2SiO_2 \cdot 2H_2O \longrightarrow Al_2O_3（无定形）+ 2SiO_2（无定形）+ 2H_2O$$

脱水后变成无定形的 Al_2O_3 和 SiO_2。在 $900 \sim 950℃$ 时，由无定形物质变成晶体，同时放出热量，此过程是放热过程。

3. 碳酸盐分解

（1）碳酸盐分解反应

当物料温度升高到 $600℃$ 以上时，石灰石中的碳酸钙和原料中夹杂的碳酸镁进行分解，碳酸镁和碳酸钙的剧烈分解温度分别是 $750℃$ 和 $900℃$。其反应如下：

$$MgCO_3 \longrightarrow MgO + CO_2$$

$$CaCO_3 \longrightarrow CaO + CO_2$$

（2）碳酸盐分解反应的特点

① 碳酸盐分解时，要放出大量的 CO_2 气体。

② 碳酸盐分解时需要大量的热量，其热效应为 1660kJ/（kg·$CaCO_3$），这些热量大约占熟料形成热的一半左右。碳酸盐分解所需的温度不高，但所需的热量很多。所以这一过程对于提高热的利用率有着重要的影响。

③ 影响碳酸钙分解的因素

温度：当 CO_2 的分压一定时，温度越高，碳酸钙分解速度越快。

CO_2 的分压：当温度一定时，CO_2 的分压越低，碳酸钙越易分解。

因此，在煅烧窑内加强通风，及时将 CO_2 气体排出，有利于 $CaCO_3$ 的分解。窑内废气中的 CO_2 含量每减少 2%，约可使分解时间缩短 10%；当窑内通风不畅时，CO_2 含量增加，且影响燃料的燃烧，使窑温降低，延长 $CaCO_3$ 的分解时间。

4. 固相反应

硅酸盐水泥熟料的主要矿物是硅酸三钙（C_3S）、硅酸二钙（C_2S）、铝酸三钙（C_3A）、铁铝酸四钙（C_4AF），其中 C_2S、C_3A、C_4AF 三种矿物是由固态物质相互反应生成的。从原料分解开始，物料中便出现了性质活泼的氧化钙，它与入窑物料中的 SiO_2、Al_2O_3、Fe_2O_3 进行固相反应，形成熟料矿物。

固相反应的特点：固相反应在进行时放出一定的热量，故亦称为"放热反应"阶段。

影响固相反应的因素：

① 生料的细度及均匀程度：生料细度高，则表面积大；生料的分散及均匀程度高，则使生料中各成分之间充分接触，均有利于固相反应的进行。

② 原料的物理性质：原料中含有石英砂，石灰石结晶粗大，使固相反应难以进行，熟料矿物很难生成。

③ 温度：温度提高使质点能量增加，加快了质点的扩散速度和化学反应速度，有利于固相反应的进行。

5. 硅酸三钙（C_3S）的形成和烧结反应

水泥熟料中的主要矿物是硅酸三钙，而它的形成需在液相中进行，当温度达到 1300℃ 时，C_3A、C_4AF 及 R_2O 熔剂矿物熔融成液相，C_2S 及 CaO 很快被高温熔融的液相所溶解并进行化学反应，形成 C_3S。

（1）烧结反应：$2CaO·SiO_2 + CaO \longrightarrow 3CaO·SiO_2（C_3S）$

该反应也称为石灰吸收过程，它是在 1300℃～1450℃～1300℃ 范围进行，故称该温度范围为烧成温度范围；在 1450℃ 时，此反应十分迅速，故称该温度为烧成温度。

（2）影响烧结反应的因素

① 温度：烧结反应所需的反应热甚微，但需要使物料达到烧成所需的温度才能顺利形成 C_3S，从而提高熟料的质量。

② 时间：使烧结反应完全进行，需保证一定的反应时间，一般为 10～20min。

③ 液相量多，液相黏度低，则有利于 C_3S 的形成，但容易结圈、结块等，难以操作；液相量少，则不利于 C_3S 的形成。一般控制液相量以 20%～30% 为宜。

当温度降到 1300℃ 以下时，液相开始凝固，由于反应不完全，没有参与反应的 CaO 就随着温度降低，凝固其中，这些 CaO 称为游离氧化钙，习惯上用"f - CaO"符号表示。为了便于区别，称其为一次游离氧化钙，它对水泥安定性有重要影响。

6. 熟料的冷却过程

熟料烧成后出窑的温度很高，需要进行冷却，这不仅便于熟料的运输、储存，而且有利于改善熟料的质量，提高熟料的易磨性，还能回收熟料的余热、降低热耗、提高热效率。对熟料的改善体现在以下几个方面。

（1）熟料冷却能够防止或减少 C_3S 的分解

C_3S 在 1250℃ 时分解成为 C_2S 和 CaO，出现了二次游离氧化钙，它虽然对水泥安定性没有大的影响，但降低了熟料中 C_3S 的含量，从而也影响了熟料的强度。故需急冷以快速越过这个温度线，保留较多的 C_3S。

（2）熟料冷却能够防止或减少 C_2S 的晶型转变

C_2S 由于内部结构不同，有不同的结晶形态，而且相互之间能发生转化。当温度低于 500℃ 时，将由 β 型 C_2S 转变成为 γ 型 C_2S，密度由 $3.28g/cm^3$ 变为 $2.97g/cm^3$，体积增加了 10% 左右。由于体积增加产生了膨胀应力，引起了熟料的"粉化"现象。而且 γ 型 C_2S 几乎没有水化强度，因此粉化料属废品。熟料急冷能防止其晶型转变，以免降低强度。

（3）熟料冷却能够防止或减少 C_3S 晶体长大

有资料表明，晶体粗大的 C_3S 会使强度降低且难以粉磨，熟料急冷可以避免晶体长大。

（4）熟料冷却能够防止或减少 MgO 晶体析出

当熟料慢冷时，MgO 结晶成方镁石，其水化速度很慢，往往几年后还在水化，水化后的产物体积增大，使水泥制品发生膨胀而遭破坏。急冷可使 MgO 凝结于玻璃体中，或者结晶成细小的晶体，其水化速度与其他成分大致相等，不会产生破坏作用。

（5）熟料冷却能够防止或减少 C_3A 晶体析出

结晶型 C_3A 水化后易产生快凝现象。熟料急冷后可以防止或减少 C_3A 晶体析出，避免水泥快凝现象的发生，同时还可以提高水泥的抗硫酸盐性能。

二、水泥熟料形成过程的主要设备

水泥熟料形成过程简单地讲就是煅烧过程，水泥熟料煅烧设备一般是按生料制备方法和水泥窑的窑型来进行分类的。

1. 按生料的制备方法分：干法 – 制备料粉；湿法 – 制备成料浆（含水量 30% ~ 40%）；半干法 – 制备成料球（含水量 12% ~ 14%）。

2. 按窑型分：回转窑（干法窑、半干法窑、湿法窑）；立窑（煅烧料球）。

新型干法水泥生产工艺使用的是干法回转窑。

第二节　回转窑的结构、工作原理及其施工

一、水泥熟料的煅烧和水泥窑型的演变

水泥的煅烧方法从立窑生产到现代干法生产经过了 180 年的历史。而水泥熟料是水泥生产的半成品，其形成过程是水泥生产的一个重要环节，它决定着水泥产品的产量、质量、消耗三大指标。本节将主要阐述水泥熟料的煅烧方法和水泥窑的演变。

1. 水泥熟料的煅烧方法

水泥熟料的生产方法分为干法生产、湿法生产以及半干法生产。干法生产是指干生料粉

进入窑内进行煅烧；湿法生产是将原料加水粉磨，黏土用淘泥机制成泥浆，然后将含水量为32%～40%的生料浆搅拌均匀后入窑煅烧；半干法生产是将生料粉加入12%～14%的水成球后，再入窑进行煅烧。

2. 水泥窑型的演变

自发明水泥以来，水泥窑型发生了巨大的变化，经历了立窑、干法中空回转窑、湿法窑、立波尔窑、悬浮预热器窑至窑外分解窑的变化。其规模从18世纪的日产几吨，发展到目前日产1万多吨。

在这些变化中有几次重大技术突破，第一次是20世纪初湿法回转窑的出现并得到全面推广，提高了水泥的产量和质量，奠定了水泥工业作为现代化工业的基础；第二次是20世纪50～70年代悬浮预热和预分解技术的出现（即新型干法水泥生产技术），大大提高了水泥窑的热效率和单机生产能力，促进了水泥工业向大型化、现代化的进一步发展；第三次是20世纪80年代以后计算机信息化和网络化技术在水泥工业中得到了广泛应用，使得水泥工业真正进入了现代化阶段。

1824年，世界上第一台立窑在英国诞生，这是人类最早用来煅烧水泥熟料的窑型。它是一个竖直放置的静止圆筒，窑内自然通风，生料制成块状，与燃料块交替分层加入窑内，采用间歇的人工加料和出料操作。立窑的产生揭开了水泥工业窑的历史。1877年出现了回转窑，它是一个倾斜卧着的回转圆筒，生料粉由高端加入，低端有燃料燃烧，物料一方面运动一方面被煅烧。这便是最早的干法回转窑生产。

在干法回转窑的生产中，由于初期的回转窑窑体较短，出窑废气的温度较高，热耗较高，随后出现了干法长窑，即干法中空窑，以及带预热锅炉的回转窑。由于干法生产中生料粉得不到充分的均化，熟料质量难以提高。在1905年出现了湿法回转窑。湿法生产中的生料浆能够充分搅拌均匀，使熟料质量大幅度提高，发展比较迅速，但湿法生产的热耗相当大，这也是湿法生产的主要缺点。与此同时，立窑也发挥了自己的优势，得到了迅速的发展，1910年实现了机械化的连续生产，它是将生料和燃料混合成球入窑煅烧，窑底部用机械进行强力通风，较显著地提高了立窑熟料的质量。在水泥熟料的煅烧领域里，曾有一段时期，干法回转窑、湿法回转窑、立窑形成了三足鼎立的局面。

1928年，在德国出现了带回转炉箅子加热机的回转窑，即立波尔窑。它是将生料粉加入一定的水分成球，在回转炉箅子加热机中加热干燥，然后入窑煅烧的生产方法。

由于该技术使当时窑的产量大幅度提高，在1935年，人们更深刻地认识到这种技术的优点，因而成为盛极一时的窑型，主导了20世纪40～50年代的世界水泥工业，并逐步取代了代表20～30年代先进窑型的湿法生产工艺。但是，该窑由于生料球的预热不够均匀，因而熟料质量比湿法窑差，且加热机结构复杂，容易损坏，维修工作量大，窑的运转率低。1934年丹麦的工程师研究成功了悬浮预热技术，在此基础上，1951年德国的工程师把这一技术应用于水泥工业中。当时由于原料的预均化和生料的均化尚未解决，熟料质量无法与湿法生产相媲美，致使这种窑难以发挥潜力和迅速推广。直到实现了原料预均化和生料均化技术后，带悬浮预热器的回转窑才得到迅速的发展，成为20世纪60～70年代的主导窑型，而且为后来日本人发明窑外分解技术培植了"母体"。

1963年日本引入德国的悬浮预热器技术，经过研究和改进，于1971年发明了水泥窑外分解技术。自窑外分解技术发明以来，特别是20世纪80年代以来，世界上新建的大中型水泥厂基本上都采用这种窑型。

目前我国已经完全实现自行设计 10000t/d 熟料的生产线，拥有比较成熟的生产技术，达到了现代化干法生产的水平。

二、回转窑的结构及工作原理

1. 回转窑工作原理

生料从窑尾筒体高端进入窑筒体内进行煅烧。由于窑筒体的倾斜和缓慢地回转，使物料产生一个既沿着圆周方向翻滚，又沿着轴向从高端向低端移动的复合运动。生料在窑内通过分解、烧成及冷却等工艺过程，烧成水泥熟料后从窑筒体的低端卸出，进入冷却机。

燃料从窑头喷入，在窑内进行燃烧，放出的热量加热生料，使生料煅烧成为熟料，在与物料热交换过程中形成的热空气，由窑进料端进入窑尾系统，最后由烟囱排入大气。

2. 回转窑的结构

回转窑主要由窑筒体、传动装置、支承装置、挡轮装置、窑头密封装置、窑尾密封装置、窑头罩等组成。回转窑结构见图 6-1。

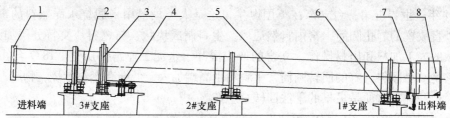

图 6-1　回转窑结构简图

1—窑尾密封装置；2—带挡轮支承装置；3—大齿轮圈装置；4—传动装置；5—窑筒体部分；
6—支承装置；7—窑头密封装置；8—窑头罩

（1）窑筒体部分

窑筒体是回转窑的躯干，系由钢板卷制并焊接而成。窑筒体倾斜地安装在数对托轮上。在窑筒体低端装有耐高温耐磨损的窑口护板并组成套筒空间，还设有专用风机对窑口部分进行冷却。沿窑筒体长度方向上套有数个矩形轮带，它承受窑筒体、窑衬、物料等所有回转部分的重量，并将其重力传到支承装置上。轮带下采用浮动垫板，可根据运转后的间隙进行调整或更换，以获得最佳间隙。垫板起到增加窑筒体刚度，避免由于轮带与窑筒体有圆周方向的相对滑动而使窑筒体遭受磨损和降低轮带内外表面温差的作用。

（2）大齿圈装置

在靠近窑筒体尾部固定有大齿圈以传递转矩。大齿圈通过节向弹簧板与窑筒体连接，这种使大齿圈悬挂在窑筒体上的连接结构能使齿圈与窑筒体间留有足够的散热空间，并能减少窑筒体弯曲变形等对啮合精度的影响，还起一定的减振缓冲作用，有利于延长窑衬的寿命。

（3）传动装置

①传动型式

单传动：传动系统采用单传动，由一台主传动电动机带动。

双传动：传动系统采用双传动，分别是由两台主传动电动机带动。两套传动系统的同步通过调整电气设备来实现，从而保证两系统受力均匀。从机械上采用了两个小齿轮与大齿圈啮合瞬时错开 1/2 周节的配置。

②电动机

除小型回转窑可选用 Z2 系列小型直流电动机外，其余均选用回转窑专用 ZSN4 – 直流电动机，该电动机是在 Z4 系列电动机的基础上，根据水泥回转窑主传动的工况特点而设计的专用系列直流电动机，具有体积小、质量小、效率高、性能优良等特点。

③减速器

减速器一般选用硬齿面减速器，它技术先进、体积小、质量小。

④组合弹性联轴器

小齿轮装置和主减速器之间采用组合弹性联轴器，它弹性好，能吸收一部分冲击，并能补偿较大的径向偏差和轴向伸缩。

（4）支承装置

支承装置是回转窑的重要组成部分，它承受着窑筒体的全部重力，并对窑筒体起定位作用，使其能安全平稳地进行运转。支承装置为调心式滑动轴承结构，其结构紧凑，质量小。并配置了润滑油的自动加热和温控装置及测量装置，运行可靠，适应性强。

（5）挡轮装置

挡轮按其受力情况及作用原理，设计有机械信号挡轮及液压挡轮两种：

机械挡轮：成对地安装在大齿圈邻近轮带的两侧，起到限制窑筒体轴向窜动的作用。

液压挡轮：挡轮设置在靠大齿圈邻近轮带的下侧。通过液压挡轮迫使轮带和窑筒体一起按一定的速度和行程沿窑中心线方向在托轮上往复移动，使轮带和托轮在全宽上能均匀磨损，以延长使用寿命。

（6）窑头密封装置

窑头密封装置为 SM 型窑头密封装置（石墨块式）和 GP 型窑头密封装置（钢片式）两种中的一种。

①SM 型窑头密封系石墨块径向接触式 + 迷宫组合的密封形式。能自动补偿窑筒体运转时的偏摆和运转中沿轴向往复窜动，密封性能好。

②GP 型窑头密封系钢片径向接触式的密封形式。能自动补偿窑筒体运转时的偏摆和运转中沿轴向往复窜动，密封性能好。

（7）窑尾密封装置

QD 型窑尾密封装置采用气缸压紧端面接触式，整个密封圈受力均匀且能消除由于安装和窑筒体挠度产生的不良影响，此外，由电动干油泵将润滑脂注入摩擦圈接触面进行润滑，摩擦阻力及磨损小，密封可靠，效果好。

（8）窑头罩

窑头罩为钢板焊接而成的罩形，通过两侧的支腿坐落在窑头操作平台上，下部与冷却机的接口连接。窑头罩内砌耐火砖或浇灌耐热混凝土。窑头罩的外端面设有两扇悬挂移动式窑门，以便进入窑内检修及窑衬砌筑等工作。

三、回转窑的安装施工

1. 安装前的准备工作

安装前要熟悉图纸及有关技术文件，了解设备结构及安装技术要求，根据具体条件确定安装顺序及方法，准备必要的安装工具与设备，编制施工组织设计和安装计划，进行精心施工，优质快速地完成安装任务。

安装单位在设备验收（由建设单位移交）过程中应对设备零部件的完整性与质量进行检查，如发现有数量不足或制造运输存放过程中造成的缺陷，应事先通知有关单位设法补足并消除缺陷。对于涉及到安装质量的有关重要尺寸，应按图核对作出记录，并与设计单位商定加以修正。

在零部件安装之前，必须进行清洗工作，去除污锈。拆卸前必须熟悉图纸，了解结构，以免损坏机件。并应事先检查与补作相互配合的有关编号和标志，以免零部件混淆或遗失，影响装配。拆卸与清洗工作必须在清洁的环境中进行。清洗后应立即对需要防锈的部分涂上新油，所用的油类应符合图纸规定的润滑油质，然后立即妥善封闭，以防污染或锈蚀。

在零部件的起重搬运过程中，所用的起重设备及钢丝绳和吊钩等工具必须具有足够的安全裕度。钢丝绳不允许与零部件的工作表面发生直接接触，减速机及轴承上盖的起重钩或吊环螺钉以及托轮轴端的起吊孔只允许用于起吊本身，不允许用作起吊整个装配件，这些应特别注意。零部件的水平搬运必须保持平衡，不允许随便倒置或竖立。筒体段节、轮带及托轮等圆柱形零部件必须平稳固定在枕木架上，然后，在下面以滚杠支承，再用卷扬机拖动，绝对不允许直接在地面上或滚杠上牵引前进。

为了安装找正大齿圈和筒体而需要盘动窑筒体，可以用钢丝绳缠绕在筒体上，再用卷扬机或便车拖动，盘动空筒体所需的圆周力可按 20t 考虑，选择钢丝绳直径时安全系数不得小于 2，钢丝绳应向上经过悬挂在吊车或人字起重架上的滑轮引出，因为拉力向上时托轮轴承的摩擦和筒体所受的弯矩都最小，最好是利用窑的传动装置临时地安装起来盘窑，这对筒体接口进行自动焊接时，速度的均匀以及对缩短工时都更为有利。

2. 核对基础及基础画线

（1）首先要修正图纸

实测窑筒体段节长度，加上接口的间隙量并考虑每对接口焊接收缩量约 2mm，得出窑筒体上每两个轮带间的实际尺寸，再加上热膨胀量，得出相邻两档支承装置应有的斜向间距尺寸，并算出其水平间距尺寸，修正图纸上尺寸。

（2）根据修正过的图纸核对基础

根据修正过的图纸，核对窑基础尺寸，特别是基础中心距尺寸，当不符合时，应采取下列措施：若修正后图纸上两档支承装置间的尺寸与相应两基础中心距差小于 ±5mm 时，可不必采取措施；当误差 ±（5~10）mm 时，可在组装窑筒体时增长或缩短筒体段节间接合面间隙来调整（每一接合面间隙调整范围为三支承短窑为 13mm，四支承和四支承以上的长窑为 16mm）；当误差大于 ±10mm 时，除调整筒体段节接合面间隙外，还必须在安装支承装置时调整支承装置的位置，根据调整后筒体实际尺寸再次修正图纸上各档支承装置斜向间距尺寸，并算出水平间距尺寸，再实测托轮及其轴承尺寸，修正托轮面标高尺寸。

（3）进行基础画线工作

首先在基础表面上画出各个窑基础的轴向中心线，允差不大于 0.5mm，并在基础侧面（最好离地坪 1m 标高处）画出水平基准线，其标高误差不得大于 0.5mm，测量工作要与厂内土建工程师会同进行。

按实测修正尺寸，从有挡轮的基础向两端进行，求出各个基础的横向中心距，画出横向中心线，相邻两个基础横向中心距误差不超过 1.5mm，首尾两个基础的中心距允许误差：

三支承为3mm；四、五、六支承分别为4、5、6mm；并作出如图6-2所示的标志，在测量这些水平距离时应对钢卷尺由于自重及风力影响所产生的误差加以精确修正。

（4）安装标高标志

为了便于以后核对可能出现的基础沉降或倾斜，在浇筑基础时应在离地面约1m的高度预先埋入随设备供应的标高板。如图6-2所示，每个基础应埋入4块，其位置应尽可能靠近基础的四个棱角，并布置在相互对应的位置，浇筑后在板上刻出同一标高的水平线及垂直线，然后把标高铁焊在板上，使标高铁上沿紧贴水平刻线上。

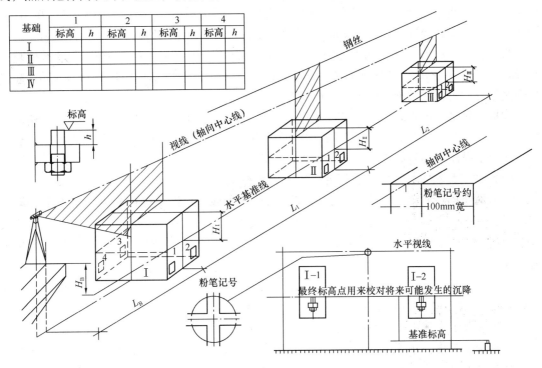

图6-2 窑基础画线及安装标高标志

应尽可能通过打锉或车削标高螺栓头端面，使各档基础的标高螺栓头上表面完全位于同一标高。最低限度也要使同一档基础上的4个标高螺栓头上表面具有同一标高。然后将这些标高及螺栓头高度 h 的数值填入表格内存查，在窑全部安装工作（包括砌砖）完毕后，必须再作一次最后的标高核对，并填表交给厂方（便于厂方在生产过程中可以定期或按需要检查这些标高的变动情况，通过筒体的计算不难得出每档基础的沉降或倾斜，从而有利于窑的找正调整工作）。

3. 支承装置的安装

窑筒体中心线是否能保持一条直线，取决于支承装置的定位，因此要高度重视支承装置的安装工作。

（1）托轮的组装

装配托轮滑动轴承时，必须检查轴承座，球面瓦及衬瓦的编号，确认是同一号码后才能进行组装。

衬瓦与托轮轴颈的接触角度保持60°～75°，用涂色方法检查衬瓦与托轮轴颈接触点，

每 $1cm^2$ 上 1 ~ 2 点；球面瓦与轴承底座间接触点，每 $2.5cm^2$ 不少于 1 ~ 2 点；球面瓦与衬瓦间接触点每 $2.5cm^2$ 不少于 3 点。用塞尺检查衬瓦与轴颈的两侧，侧间隙要保持在 0.001 ~ 0.0015d（d 为轴径），如不符合上述要求，必须研刮。上述工作完成后才能进行安装。滚动轴承的托轮组参照《装配通用技术条件》（JB/ZQ 4000.9—86）中对滚动轴承的装配要求进行装配。

（2）托轮组的安装

①安装托轮时，首先要找正中心位置，应以底座的中心十字线对准基础中心十字线，两托轮纵向中心线距底座纵向中心线应相等，并符合图纸尺寸，允许误差不得超过 0.5mm，横向中心线重合，允许误差为 0.5mm，同时要使托轮两侧的窜动量相等。

②用斜度规检查托轮表面倾斜度，各个托轮表面倾斜度应一致，允许误差不得超过 0.05mm/m，同一档两个托轮顶面中点连线应呈水平，允许误差不得超过 0.05mm/m。超过允许误差时，可以在轴承座底下加垫板调整。

③将托轮轴承组安装于底座上，经过调正后托轮轴上高端（靠进料端）的止推圈应与衬瓦的端面接触，而低端则留有 2mm 间隙（或按图纸上要求的间隙），同时两托轮轮缘侧面的高端距横向中心线应相等，允许误差 0.5mm。

（3）各组托轮安装完毕后必须进行细致的复查

①测量各档托轮顶面中点标高，各档标高差应与修正后图中各档底座上表面中心高差相等，相邻两档托轮组标高的允许误差不得超过 0.5mm，首尾两档托轮组标高的允许误差不得超过：三支承的短窑为 1mm，四支承的窑为 1.5mm，五支承和五支承以上的长窑为 2mm。

②检查所有托轮顶面是否均与水平成规定的 sin 倾斜度，如标高或倾斜度有误差，均应进行调正，将底座略微升高或降低，直至完全符合要求。

支承装置全部找正后，就可以浇灌二次混凝土，浇灌前可将底座下面的垫铁点焊在底座上，以防松动脱落。浇筑工作必须连续地一次灌完，底座的内部也要灌满，并应很好地用振动泵夯实。为使二次混凝土与原有基础及底座之间有良好的结合，应将基础上露出的钢筋头点焊在底座上。

4. 筒体焊接和安装

（1）准备工作

①对窑筒体段节接口进行清除飞边、毛刺、油污、铁锈等污物，按接口字码在地面初步组装，查对窑筒体上各种装置：如人孔、湿法窑的链条悬挂点等角位是否符合图纸要求。

②对每节筒体段节两边接口进行检查，其圆周长允许误差不得大于 0.2%D（D 为筒体内径，下同）且不得大于 7mm；该断面上的最大直径与最小直径之差 $e = D_{max} - D_{min} \leqslant 0.2\% D$，当 e 的误差不能满足要求时，必须校正。

③测量轮带内径窑体加垫板后的外径尺寸，计算其间隙是否符合图纸要求。

（2）组装和找正筒体

组装筒体段节顺序由现场条件决定，为了保持筒体段节间接合面间隙有 2 ~ 4mm 的调整范围，可在接口处插入 16 块长约 100mm 厚为 2 ~ 4mm 的方铁板，铁板要沿圆周均匀分布。同时注意轮带在托轮的位置与图纸上位置大致相符。

以首尾两档轮带处筒体中心为基础，筒体中心的直线度：大齿轮和其余轮带处筒体中心

$\phi4mm$，其余部位筒体中心为 $\phi12mm$。

各筒体段节接口处的筒壁要用直尺对齐，圆周上任何位置的最大错边量不得大于 2mm。

（3）筒体焊接

筒体焊接是回转窑安装工作中的重要环节，要注意下列事项：

①焊工必须技术熟练，经过考试合格后才能参加焊接工作。

②视现场条件，筒体焊接可采用内部手工封底，外部自动焊接或手工焊接。Q235－B 和 20g 钢板自动焊接时要采用质量相当于 08A 焊丝，手工焊时采用质量相当于 T507 焊条，焊条要保证干燥，使用前要在 250℃ 下干燥 2h。

③筒体接口必须保证清洁和干燥，前述保证接口间隙的铁板应在焊接时逐个除去，不能整圈同时去掉。

④在焊接筒体时，窑上不得进行任何其他工作。

⑤在雨天或大风下雪时不应进行焊接工作，当低温（5℃以下）条件下焊接时，坡口要预热，焊后要保温，当筒体受日光曝晒，阴阳两面温差较大，使筒体弯曲时，要等太阳落山后开始焊接。当窑筒体的一面受正在生产窑的热辐射而引起弯曲时，要用石棉板隔热防护。

⑥各层焊肉间起熄弧点不得重叠，焊缝不得有缺肉、咬肉、夹渣、气孔、裂纹等外观缺陷，同时在纵向环向焊缝交叉处以及焊工认为没有把握的区域进行射线探伤，焊缝质量应符合《金属熔化焊焊接接头射线照相》（GB 3323—2005）中Ⅲ级的要求。如不符合，必须返修。

⑦筒体焊接完毕后，检查轮带宽度中心与托轮宽度中心的距离，应符合图纸上冷态尺寸，允许偏差 ±5mm，轮带与两侧挡圈（或挡块）要紧密接触。

5. 安装传动装置

在窑筒体组装成整体后，最好立即安装传动装置并临时固定，以便利用传动装置盘动筒体进行找正和焊接。安装传动装置必须满足下列要求：

（1）装大齿轮处筒体上纵焊缝要用砂轮磨平，其宽度要比弹簧拉板宽 100mm。

（2）大齿轮外圆径跳动和端面跳动公差均 1.5mm。

（3）注意弹簧拉板安装方向，当窑运转时，弹簧拉板只能承受拉力。当大齿轮与弹簧拉板连接铰孔螺栓装上后，在一侧的垫圈与弹簧拉板的轭板之间塞上 0.3mm 垫片，拧紧带槽螺母装上开口销后，再去掉垫片，以保持 0.3mm 的间隙。

（4）安装传动装置底座时，其横向位置应根据窑中心线决定，其轴向位置应根据大齿轮中心决定（此时注意相邻轮带是否位于两挡轮中间），其表面标高由带挡轮支承装置的底座标高来决定，其表面斜度与支承装置底座斜度相同。

（5）以大齿轮为准安装小齿轮，位置尺寸均应符合图纸要求，允许偏差 ±2mm，用斜度规找正斜度。在冷态转窑一周时，小齿轮与大齿轮的齿顶隙应在 0.25mn ＋（2 ~ 3）mm（mn 为齿轮模数，下同）。正式投产后，当窑体达到正常温度时，齿顶隙不得小于 0.25mn。

检查大齿轮与小齿轮齿面接触面积沿齿高应在 40% 以上，沿齿长应在 50% 以上。

（6）主减速器的低速轴与小齿轮轴的同轴度公差为 $\phi0.2mm$，在减速器轴孔剖面上测量其横向水平位置度公差，轴向倾斜度公差不得超过 ±0.05mm/m。

6. 砌筑前的单机试运

（1）试运前的检查内容

①托轮表面和轮带表面杂物、电焊渣等的清理，托轮轴瓦润滑状况检查。

②轮带内表面与轮带垫板之间杂物、电焊渣的清理，必要时用压缩空气吹净。

③各传动地脚螺栓、螺栓紧固性检查、大小齿轮啮合情况的检查。

④液压挡轮系统完善情况检查，窑头、窑尾密封情况检查。

（2）试运转程序

主辅电机空转 2h→主电机带主减速机空转 4h→主电机带窑体空转数周→主电机带窑体试运 8h。

（3）试运转应检查的内容

①采用液晶显示温度计（或自控系统投入观测）检测电动机、减速机及传动部件轴承温升，观察减速机的供油状况。

②通过观察孔观测各托轮轴瓦供油情况，观察冷却水是否畅通，设置液晶显示温度计（或自控系统投入观测）检测轴瓦温度及温升。

③调试液压挡轮系统，观察窑体窜动情况，使窑体平稳地上下移动。

④用听棒检听主减速机、开式齿轮运行声音，不应有不正常响声。

⑤观察窑体和轮带运转情况，窑体和轮带不应有颤动现象。

⑥观测各托轮与轮带的接触情况，接触长度应为轮带宽度的 70% 以上。

⑦挡风圈、窑头和窑尾的密封装置不应有局部摩擦现象。

（4）试运停车后，应检查各轴瓦的研磨情况，传动齿轮和减速机齿轮的啮合情况，做好试运记录，试运应会同建设单位监理、质检参加，并签证认可。

7. 回转窑耐火砖的砌筑注意事项和要求

（1）砌砖用的胶泥成分、粒度及配合比须符合要求，胶泥必须搅拌均匀，并在两小时内用完。

（2）最后插砖行数不得少于两行，插砖厚度不得小于原来尺寸的 3/4，如果空隙小于设计砖厚的 1.5 倍时，应再拆除一行改插三行砖，严禁将砖倒插。

（3）在一段砌砖区域内，每一行所砌耐火砖应为同一级别（厚度和公差）。

（4）耐火砖砌好后，纵向砖缝应与窑的中心线平行，环向砖缝应垂直于窑的中心线。

（5）砌完的耐火砖应做到表面平整，相邻两块砖高低不平的误差不得超过 3mm，砖与砖之间必须贴合紧密，不得有空隙，不得有缺浆或松动现象。

（6）砖缝一般用 2.5mm，宽为 15mm，厚度为 2.5mm 的塞规检查，塞入砖缝深度不得超过 20mm，在每 5 m² 砌砖内 10 个检查点上，不应多于 3 个点超过规定砖缝，对于超过 3mm 的砖缝，必须用薄铁片插入挤紧。

（7）冬季砌砖注意事项

①耐火砖堆放地点必须垫高并覆盖防雨布，以防冰雪浸湿。

②工作地点要有采暖和保温设施，使气温不低于 +5℃，即使停工或休假，也不得中断保温，所用耐火胶泥要用热水搅拌，砌砖时应防止砖缝结冰。

8. 窑衬烘干

烘窑应严格控制温度，窑内温度要逐渐平稳上升并均匀分布，保持在 250～300℃之间，所需时间可延长10%～20%。在烘窑过程中，根据窑内温度及时转窑，以免出现局部高温，如发现窑内耐火砖有松动或脱落的，应立即停窑修理，然后继续烘干。

第三节　水泥熟料冷却机的结构、工作原理及其施工

一、水泥熟料冷却机的结构及工作原理

由于出回转窑熟料的温度很高，约为1000～1200℃，因此，必须经过冷却机进一步冷却，其目的在于：

（1）降低熟料温度，回收熟料中的热量，提高入窑的二次空气温度，降低熟料热耗。燃烧燃料产生的热量约有30%～40%被熟料带走，若将每吨熟料的温度降低100℃就能节省3kg煤，同时亦便于对熟料进行输送和储存。

（2）改进熟料质量，提高熟料的易磨性。熟料经过淬冷可以减少MgO结晶成方镁石，对于含镁较高的熟料可防止由镁引起安定性不良问题；淬冷熟料的C_3S含量较高，易磨性较好，有利于降低粉磨产品的单位电耗。

因此，熟料冷却是水泥生产中的一个重要环节。熟料冷却机是回转窑系统的一个重要配套设备。

水泥熟料冷却机有筒式冷却机和篦式冷却机两大类。筒式冷却机又分为单筒冷却机和多筒冷却机；篦式冷却机分为回转篦式冷却机、振动篦式冷却机和推动篦式冷却机。由于筒式冷却机技术上的局限性，使篦式冷却机得到迅速的推广，而20世纪60年代后，篦式冷却机中的回转式与振动式篦冷机也已很少被采用。

1. 回转篦式冷却机的结构及工作原理

图6-3所示为回转篦式冷却机。由型钢柱架和钢板外壳所构成的机体内部装设无端链式炉篦子。承载篦子由上托轮支承，空载篦子由数个下托轮支承。设在冷却机卸料端的传动装置通过链传动使炉篦子作回转运动。采用直流电动机或机械变速器来调整篦床的运行速度。在冷却机的卸料端安装有卸料装置。篦床上部的外壳内壁镶砌耐热材料。篦床与机体侧壁之间设有密封装置。上述结构与立波窑的加热机是十分相似的。

整个冷却机划分为三个冷却带，即淬冷带、第一和第二冷却带（从冷却机的热端起）。从高压

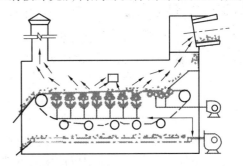

图6-3　回转篦式冷却机

风机来的强烈冷空气流由下往上透过淬冷带的熟料层，一般来说，使熟料颗粒处于悬浮状态。熟料得到迅速冷却，而空气则被加热。在淬冷带力求熟料层均匀，使篦床各处对空气的阻力大致相同，才能保证熟料在以后的第一和第二冷却带继续很好地冷却。由中压风机来的冷风由下往上透过第一和第二冷却带上的熟料层，使熟料进一步得到冷却，通过淬冷带和第一冷却带被加热了的空气，作为二次空气进入回转窑。在第二冷却带熟料被冷却到所需的低温，多余的废气可用于烘干或由烟囱排入大气。进入冷却机的风量可由机体外侧的空气阀门进行调节。冷却熟料在卸料端坠入输送设备，篦床下的漏料由底部的拉链输送机运出。

这种冷却机同其他篦式冷却机一样。熟料得到了淬冷，出冷却机的熟料温度较低，可冷

却到 100℃ 以下，热效率较高。最突出的优点是：由于篦床环形运动，篦子板与高温熟料不是长时间持续接触，也几乎没有相对运动。因此篦子板的烧蚀和磨损较轻，一般可不必采用耐热耐磨的合金钢制作。但是，这种冷却机篦床上的熟料分布不易达到均匀，易出现薄层或沟道孔穴等现象，使空气几乎无阻力地通过；此外，篦床上的熟料也很少能翻动。这些，对熟料的充分冷却都极为不利。加上结构的复杂，运行可靠性较差，所以目前采用的还不多。

2. 振动篦式冷却机的结构及工作原理

振动篦式冷却机的构造如图 6-4 所示。在钢板外壳内的底部，安装振动槽体，水平支承在支承杆和缓冲弹簧上，振动槽体的底部敷设平面篦子板，机壳与篦床间设置有密封装

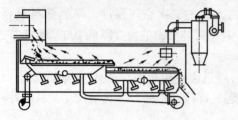

图 6-4　振动篦式冷却机的构造

置。驱动装置的连杆与槽体成 18°～25° 安装。可调速的直流电动机经皮带轮减速后驱动传动装置的偏心轴。偏心轴通过推力杆和动力弹簧推动槽体在低临界共振状态下作简谐运动。水泥熟料从回转窑卸料口经缓冲装置落到冷却机的篦子板上。随着槽体的连续振动把物料向前输送。小颗粒熟料通过篦孔落到槽体的底板上，由拉链输送机输送出去。鼓风机向篦板下部鼓入冷风，通过篦子板与熟料进行热交换，熟料被冷却，而气体被加热。在冷却机前部被熟料加热了的空气，在窑头负压的作用下进入回转窑成为二次空气。其余废气可进其他设备用作烘干热源，或经收尘后排入大气。

3. 推动篦式冷却机的构造及工作原理

推动篦式冷却机又细分为：水平推动篦式冷却机、倾斜及水平推动篦式冷却机和带中间破碎的阶梯篦式冷却机三种类型。

（1）水平推动篦式冷却机的构造及工作原理

图 6-5 所示为水平推动篦式冷却机。在钢板机体 1 的内壁，沿篦床上部镶砌一层轻质绝热衬料和一层耐火砖，以防止热量的散失。顶部呈圆拱形，以防耐火砖掉下。在冷却机内部装设水平篦床 2，它由固定篦板 3 和活动篦板 4 相间排列组成。在活动篦板下面安装托板 10。篦板上有许多长方形孔，以便冷空气通过篦床上的熟料层。

固定篦板装在固定纵梁 5 上，而固定纵梁安放在承重横梁 7 和机体所带有的支脚 8 上；活动篦板借助活动纵梁 6 坐落在活动框架 9 上。固定篦板和活动篦板是沿冷却机纵向相间排列的。

在冷却机靠近熟料出口端的一侧有一个废气出口。它通过废气管道与废气烟囱相通，让多余的空气排入大气。冷却机篦床的下部空间用钢板隔成三个空气室，按冷却需要适当地分配三个室的冷却空气量。每一个空气室 12 分别用管道与同一台变转数的中压鼓风机 11 相接，管道中分别安装阀门 13、14、15。通过阀门的执行机构来调节其开启程度。在冷却机的熟料进口处，装设高压风淬冷装置。它包括若干个支管 16，每个支管上端分别同篦床的前一排倾斜的淬冷篦板 17 牢固地连接。其下端引向同一总风管 18 并与恒转数的高压鼓风机 19 相通。总风管内有蝶阀 20，每个支管内有蝶阀 21。为了清除由淬冷篦板漏入总风管的细颗粒熟料，在总风管的另一端安装一套清灰装置，用手搬动重锤臂 22 就可以把漏料排至冷却机的底部。

从回转窑来的高温熟料落入用耐火砖砌的 V 形集料槽和分料器。由高压鼓风机鼓入强烈的冷空气，使熟料急剧地得到冷却，同时促使熟料均匀地分布在整个篦床宽度上。熟料缓

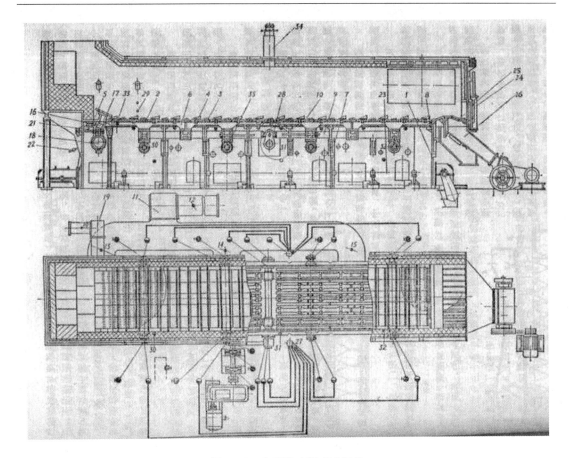

图 6-5　水平推动篦式冷却机

慢经过篦床，得到充分的冷却后被送到冷却机出料口。为了适应回转窑产量的波动，可改变活动篦板单位时间的冲程次数。

　　鼓入冷却机的冷空气与熟料进行热交换后，一部分作为二次空气进入回转窑，多余的废气可利用其部分或全部作为其他用途的热源，或经收尘后排入大气。

　　冷却后的熟料经过篦条 24 进入出料溜子 26，大块熟料从方形门 25 定期输出。穿过细篦条的细颗粒熟料，经出料溜子进入冷却机后的输送设备，篦条上的中等颗粒熟料，进入熟料锤式破碎机进行破碎，破碎后再转入输送设备。在冷却机的机体上设有若干观察孔、人孔门和照明灯等，便于操作、维护和检修。

　　（2）倾斜及水平推动篦式冷却机的结构及工作原理

　　图 6-5 为一般水平推动篦式冷却机，适用于日产量 1000t 以下的窑。日产量超过 1000t 但少于 2000t 时，人们把较长的篦床分为两段；日产量超过 2000t 时则为三段，这种多段篦式冷却机叫做复式冷却机。

　　此外，大多数复式冷却机（三段或多段篦式冷却机）由于前两段设计有一定的倾斜度，所以又称之为倾斜及水平推动篦式冷却机。该机由两段倾斜篦床和一段水平篦床组成。每段篦床分别驱动。前两段倾斜篦床较窄，倾斜 5°，推动速度较小，熟料层厚度最高可达 600mm。第三段水平篦床推动速度较大，熟料层的厚度相应地较小，大约 250mm。冷却空气通过前两段较厚的料层时，在同等的比风量下获得较高的二次风温。当然，为了能透过较厚的熟料层，冷却空气也相应地要求较高的风压。

上述推动箅式冷却机，熟料是通过 V 形集料槽和分料器到箅床上，由于熟料温度较高，常发生料块的粘结现象。因此，箅式冷却机改为熟料直接落到箅床上。

冷风从冷却机箅床的下面沿着整个冷却机的长度鼓进几个室内，透过箅板与熟料接触时进行热交换。通常把第一段箅床上回收了热量的冷却空气作为二次空气使用。通过中段部分的冷却空气即所谓中间空气，温度大约为 400℃。这部分空气可用于烘干或者采用二次通过时作为第一段箅床的冷却空气。

箅床下的细颗粒熟料，由位于底部的拉链输送机运走。在冷却机的出口，大部分熟料通过粗箅条后进入熟料输送机。粗箅条上的大块熟料进入锤式破碎机，破碎后进入熟料输送机。这种复式冷却机的箅板冲程已达 120mm。箅床负荷为 $26 \sim 34t \cdot cl/（d \cdot m^2）$ 有效面积，空气负荷为 $3.0Nm^3/（kg \cdot cl）$。

（3）带中间破碎的阶梯箅式冷却机的结构及工作原理

还有一种是带中间破碎的阶梯箅式冷却机。这是推动箅式冷却机中一种新的型式。它的第一级为复式冷却机，熟料在其上面被预冷到 500℃。然后通过破碎机进入第二级水平箅床上。这种冷却机的优点在于有中间破碎，能使大块熟料或圈块都得到充分冷却，从而对以后的输送装置起到了保护作用。

二、水泥熟料冷却机的安装施工

箅式冷却机是回转窑的重要配套设备之一，其作用是降低熟料温度，改善熟料质量，提高熟料的易磨性，提高二次空气温度，改变火焰燃烧条件，节约能源。现以 4500t/d 推动箅冷机为例介绍其安装施工方案。

箅式冷却机主要由以下几部分组成：壳体、箅床进料装置、出料装置、传动装置、破碎机、润滑系统等。

1. 施工工序

施工准备→基础验收及画线（设备出库及检验）→箅冷机下壳体安装→灰斗安装→传动装置安装→箅板安装→上壳体及润滑系统安装→破碎机安装→砌筑→试运转。

2. 基础验收及放线

（1）基础验收

基础验收必须认真进行，安排专人进行此项工作，会同厂方、土建等有关部门，根据有关资料（工艺图、基础图、安装图、验收标准等）认真测量、记录，验收合格后，方可进行安装施工。

设备基础各部分的偏差应符合表 6-1 的要求。

表 6-1 设备基础各部分的偏差一览表

序号	名　　　　称	允许偏差（mm）
1	基础外形尺寸	±30
2	基础坐标位置（纵、横中心线）	±20
3	基础上平面标高	0，-20
4	中心线间的距离	±1.0
5	地脚孔中心位置	±10
6	地脚孔深度	+20，0
7	地脚孔垂直度	5/1000

（2）基础放线

①用经纬仪或线坠等将窑体的轴线引到冷却机基础上，即画出一条窑纵向中心线的延长线。

②以窑头托轮的横向中心线为基准，将回转窑窑口圈热态工作点引到在冷却机基础上已画出的窑的纵向中心线上。并在此点画出与托轮横向中心线相平行的线。

③以上述所画出的纵线为基准，画出冷却机的纵向中心线，允许偏差≤1.5mm。

④以画出的横向线为基础画出尾轮、冷却机、传动减速机的中心线及冷却机进料端第一根柱子的横向中心线，其允差≤1.5mm。

⑤通过已画出的冷却机纵向中心线、尾轮、冷却机、传动减速机的中心线，第一根柱子的横向中心线画出全部基础的各个中心线，其允差≤1mm。

3. 篦冷机安装

（1）侧框架安装

①在支承框架的各混凝土柱顶安置垫铁，其标高应满足设计要求，允许偏差≯±1mm，水平度±0.1mm/m。

②在地面分别将第一段、第二段的四片侧框架通过临时平台组对起来。

③通过走线的倒链将四片侧框架吊装到位，每片用四个手搬葫芦临时固定或调整垂直度。每片框架的中心线通过线坠及钢板尺检查，必须与基础所画的中心线相重合。通过底梁下面的垫铁调整标高和水平。

标高允差≯±1mm；水平度允差≯0.1mm/m。同段的两片框架跨距应符合图纸要求，允差≤3mm，对角线允差≤4mm。

每片框架的垂直度为1/1000，通过手搬葫芦来调正。找正合格后地脚灌浆、养生，当强度达设计强度的75%后，即可进行下步施工。

（2）灰斗安装

侧框架全部安装找正完成后，将所有灰斗吊装就位，并安装漏料锁风装置和格栅板。

（3）底板安装

①按图纸要求的位置依次将底板横向支承梁通过走线、倒链吊装到位，两端与两侧的侧框架的底梁用螺栓连接起来。

②通过走线、倒链将底板按图纸要求吊放到支承梁上，并按图施焊。

（4）托轮支架安装

①复查、调整侧框架的铅垂度及两片顶梁的跨距与对角线。

②依次将托轮支架吊装到位。

③将托轮支架通过角钢焊在侧框架立柱上。

④拆除手搬葫芦。

（5）托轮组安装

①同一段托轮组应在同一直线上，允差≯±0.5mm。

②托轮组应与篦冷机中心线对称，允差≯±0.5mm。

③同段托轮组相互平行，对角线允差≯±2mm。

（6）活动框架安装

①在平台上将Ⅰ、Ⅱ两段的活动框架组装成一体。

②通过卷扬机、走线、倒链将组成一体的活动框架吊装到托轮装置上。

③活动框架中心线必须与篦冷机中心线相重合，活动框架与每个托轮都要接触。

④活动框架组装后对角线长度差不得大于 4.0mm，活动框架纵梁中心线与冷却机纵向中心线距离的允许偏差应为 ±0.5mm。

⑤在活动框架上表面分 6 点测量其顶面标高（分别是活动框架的两端与中间点），允许偏差 ±1mm。

（7）传动装置安装

①按图纸设计的位置通过倒链将滑块轴或曲轴安装到位。

②轴的水平度允差≤0.2/1000。滑块轴与曲轴要保证平行允差≤0.2/1000。

③滑块轴、曲轴与连杆连接处的轴套安装必须清洗干净，再在其内壁及轴径处用喷雾器喷一层 KH502 胶粘剂，注意不要滴到外滑动面或轴槽处。凉干三至五分钟将轴套旋入，靠紧轴肩就位。

④在活动框架与滑块轴找正、加紧楔铁后，应将需点焊处楔铁全部点焊。

⑤减速机、电机安装。由于减速机、电机是组成一体到货，所以可整体安装。将其吊装就位，按设备与基础的中心线找正，允差 ≤ ±1mm。

标高允差 ≤ ±1mm，然后地脚螺栓灌浆、养生或进行精找，检查减速机输出端、链轮与曲轴链轮中心重合度≤0.5mm。减速机输出轴与曲轴的平行度，允差 0.5/1000mm。

（8）篦板安装

篦板梁根据温度不同所采取的材质也不同，安装时必须按设计要求进行布置。梁距允差≤ ±1mm，标高允差 ≤ ±0.5mm。

篦板分为固定篦板和活动篦板，用 T 形螺栓与篦板梁连接。根据图纸及说明书将篦板按型号选出，从卸料端开始，按尺寸要求逐一向入料端进行安装。安装时每一篦板梁均只放置一个垫片，篦板与篦板间的垂直间隙（5mm）可通过调整篦板梁下的垫片厚度来实现，但应注意，若该垫片数量超过 4 个则必须将活动框架上的篦板梁支座割下，调整后再焊上，而不允许再增加垫片。

在整个篦床安装校正并调试运转无干涉后，再次把紧所有紧固螺栓并将篦板梁的连接螺栓与螺母、垫片予以点焊，T 形螺栓的后一个螺母与 T 形螺栓亦应点焊，待带料运行一段时间后，再将 T 形螺栓上的前一个螺母把紧后与螺栓点焊。

（9）侧板隔板安装

制造侧板的材料分高温、中温、低温三种，仔细核对分类，安装在两侧构件梁上，侧板与篦板的间隙一般是 4～6mm，经调整后，锁紧螺母。

上述工作结束后，进行空气室上隔板安装。将隔板的缺板处与活动框架对好，进行焊接，并将隔板与活动框架的缺口处用密封条封好。

（10）上机壳安装

①安装上机壳钢构架

上机壳的工字钢钢柱用螺栓与下机壳柱顶梁联接，安装时临时用支撑将钢柱支起；横梁用螺栓与钢柱组对好，然后将四个角柱的垂直度调好焊接。四个角柱的对角线允许误差为 3mm。四个角柱焊接定位后，测量中间各柱的上、下距离，相等后点焊，最后将柱顶工字梁用电焊焊牢。

②焊接侧板、顶板

首先检查检查口、进风口等的形位公差，是否符合图纸要求，要核对侧壁板、顶板的编号，对号就位。施焊时要求气密性好，不得有漏焊、气孔等疵病。

（11）润滑系统安装

①按设计图纸布置进行安装。

②管道布置要牢固、整齐、美观，力求快捷，减少弯曲，弯曲半径不小于管径的 3 倍，不允许热揻。

③管路安装前应进行酸洗，内部不允许有铁屑、氧化皮、杂物等。

④分配器应装在易受到指示杆操作的地方，并使指示杆均指向一个方向。

4. 无负荷试运转

（1）试车前准备工作

清除施工时所遗留的垃圾杂物；检查紧固联接螺栓紧固程度，点焊处是否焊牢；检查各密封垫是否严密；卸下润滑管与设备的接头，启动油泵，检查是否出油，分配阀的工作情况，管路是否有渗漏，启动调整润滑系统，确认供油系统工作正常；检查点动电动机回转方向是否正确；检查各温度计及压力表指针是否灵活准确。

（2）试运转

手盘电机出轴，确认箅床、导轨、托轮等动作没有卡住等现象才能通电启动；合上开关启动 5s 后停止，认为无异常现象，再重新启动；以最低速运转 10min 后，逐渐增速，以正常速度运转 4h（包括以最高速度运转 1h）。运转期间应检查：箅板的冲程长度；轴承温升及有无异声；活动箅板与固定箅板、侧板有无摩擦现象；电机的电流和电压等；拉链机运转时检查链条的行走情况是否偏摆；从动边链条的垂度；链条与齿轮啮合情况，轴承运转是否平稳及温升；电机及传动装置的运转是否平稳及电机的电流和电压；破碎机试运，应检查轴承运转是否平稳，有无异响及温升；机体振动情况（最大振幅＜140cm）；电机的电流及电压。

第四节　燃烧器的结构及其安装调整

一、某 5000t/d KSF 燃烧器的结构

某 5000t/d KSF 燃烧器采用四通道技术，功能独特，调节灵活，使用方便。由中心向外分别设有中心油枪、中心风通道、旋流风通道、煤粉通道和直流风通道。该燃烧器头部的结构如下：

1. 中心油枪

中心油枪主要用于冷窑点火升温，一般采用轻质柴油。燃油在高压泵的作用下，油压较高，到达油枪后能够很好地雾化，因此该油枪点火非常方便，不滴油，发热能力强。

为了保证进入油枪的油压，采用了回流式控制方法调节油量，因而油量调节非常方便，且不影响雾化质量，保证了油枪的性能。

2. 中心风通道

常规三通道燃烧器不带有中心风通道，在实际使用过程中，常会发生煤管头部堵塞、火焰不稳定、燃烧器头部易烧坏、NO_x 含量高等缺陷。

四通道燃烧器采用中心风主要是从以下几点考虑的：

（1）调整射流中心回流区的负压，改变头部高温区的位置及大小。

（2）少量的中心风可用于调节火焰的点燃位置，提供形成空气和燃料旋转的低压区。

（3）由于火焰射流中，高温烟气的回流是预热煤粉促进固定碳燃烧的有效途径，且还可因此降低火焰中的 O_2 浓度，从而减少 NO_x 的生成。火焰射流中，中心低压部位的回流风有可能引起煤粉堵塞或回火烧坏燃烧器，所以必须通过中心风来克服中心回流风。

（4）中心风对于稳定火焰具有显著效果。

3. 旋流风通道

旋流风通道位于煤粉通道和中心风通道之间，在旋流风通道的头部设置有旋流器，旋流风在旋流器的作用下，产生旋流效应。煤粉在出燃烧器后迅速散开，降低了煤粉浓度，提高了煤粉与空气的接触时间和接触面积，从而使煤粉能够快速燃烧，提高了煤粉燃烧效率。

如果旋流风太弱，煤粉散不开，中心煤粉浓度太高，火焰较长，且有不完全燃烧现象，火焰不集中，煅烧温度不够。如果旋流风太强，煤粉太散，火焰粗壮、发散，容易造成火焰扫窑皮、煤粉被物料裹填、窑头易结圈。因此旋流风必须有适当的要求，旋流风的强弱一般用旋流数表示：

$$S = \frac{1}{1-\varphi} \frac{2}{3} \left[\frac{1-\left(\frac{r_1}{r_0}\right)^3}{1-\left(\frac{r_1}{r_0}\right)^2} \right] \tan\alpha$$

旋流数越大，表示旋流强度越强。由上可以看出，旋流数主要与旋流器半径、旋流角度以及阻塞比有关。

旋流风通道采用长螺旋叶片轴流式旋流器，其特有的结构不但可降低气动阻力，且能产生足够的旋流强度。由于风在旋流过程中压力损失比较大，为了减小旋流器的阻力，设计了导向结构，使旋流风阻力大大下降。

4. 煤粉通道

煤粉通道在旋流风通道和直流风通道之间。这样设计的目的是使煤粉在旋流风作用下能够迅速分散，有利于煤粉快速着火。同时为了保证煤粉不至于太散，在煤粉通道外侧设有直流风通道，这样可以有效调节火焰长短和火焰温度。

5. 直流风通道

直流风通道设置在最外侧，外风通过外圈多个小圆形喷嘴，高速喷出多个射流，在射流作用下，喷嘴口形成的局部负压区，周围的高温气体被卷吸并通过两束射流之间的缝隙与煤粉混合，使煤粉快速升温而燃烧。因此直流风的引射能力是影响燃烧器性能的主要因素，通过高速引射作用，可以减少一次风的用量，提高高温二次风的用量，从而降低烧成热耗。

外风速度越大，要求的一次风机压力越高，动力消耗越大。因此需要合理设计一次风速度。一次风速度与压力的关系为：

$$P = P_2 \cdot \left[1 - \left(\frac{v_2^2}{2\mu^2} - \frac{v_1^2}{2} \right) \cdot \frac{k-1}{k} \cdot \frac{1}{RT} \right]^{\frac{-k}{k-1}} - P_0$$

6. 稳焰罩

在外直流风喷出后，射流气体逐渐变粗，容易造成火焰过早发散，同时熟料粉尘等物体容易通过缝隙而堵塞喷嘴。另外高温二次风直接接触燃烧器，容易造成燃烧器损坏，为了避免上述问题，KSF 燃烧器在直流风外侧设有稳焰罩。

7. 防堆料结构

燃烧器在工作过程中，由于回转窑内熟料粉尘较多，通常在燃烧器头部容易形成料堆，严重时会影响火焰形状、窑内通风。在实际使用过程中需要经常清扫头部结料，给燃烧器的使用带来不便。

燃烧器在头部设有突起，可以有效防止燃烧器头部结料。

8. 燃烧器移动小车

燃烧器在窑头的位置可以由移动小车前后调整，同时也可以将燃烧器推出窑头罩，使用非常方便。

9. 燃烧器的调节装置

通过调节装置，可将燃烧器在左右和上下方向上进行调节。

10. 煤粉入口处耐磨板

为了防止煤粉磨穿燃烧器，KSF 燃烧器在煤粉入口处设置了耐磨板，有效地防止了煤粉的磨损，延长了燃烧器的寿命。

二、燃烧器工作原理及调整方法

窑头燃烧器对窑内熟料的煅烧有着举足轻重的作用，其性能好坏及调整是否合理直接影响窑内的煅烧情况以及窑衬的使用寿命。合理调整燃烧器的外风、内风和中心风的蝶阀开度，提高煤粉着火前区域局部煤粉浓度，加强燃烧器高温气体的内、外回流，强化一次风充分混合，达到完全燃烧。但必须注意，内风不能调整太大，否则可能导致煤粉在着火前就已被稀释，这样反倒不利于着火，或者可能引起高温火焰，冲刷窑皮，导致窑皮脱落，损坏窑壁耐火砖。内风也不能调整过小，否则煤粉着火后不能很快与空气混合，就会导致煤粉反应速度降低，引起大量的一氧化碳不能及时地氧化成二氧化碳，造成窑内还原气氛。另外，外风也不宜调整过大，否则会造成烧成带火焰后移，窑内窑尾部分结厚窑皮或在过渡带附近出现结圈、结蛋现象，外风也不要太小，否则不能产生强劲的火焰，不利于煅烧出质量好的熟料。因此应根据具体情况选择合理的操作参数，根据煤质的好坏、细度、水分、二次风温度、窑内情况以及圣路易烧性的好坏而定，通过调整最佳的外风、内风和中心风的比例关系，以及燃烧器在窑口附近的合理位置，确定适宜的煅烧制度。燃烧器调整的重点为：

1. 燃烧器的定位

部分燃烧器采用"光柱法"定位，控制准确，但操作不方便。最好采用位置标尺在窑头截面上定位，一般控制在窑头截面 x 轴稍偏右位置或稍偏第四象限的位置效果较好。在特殊工艺情况下可做微调。

2. 火焰形状对煅烧的影响

燃烧器设计的最佳火焰形状是轴流风和旋流风在（0.0）位置（此时各风道管通风量最大），这时的火焰形状完整而有力。燃烧器横向分布，调整火焰的形状是通过调整各风道的通风截面积来实现的。在（0.0）位置时，轴流风和旋流风的通风截面积达到最大。

火焰形状是通过旋流风和轴流风的相互影响、相互制约而得到，火焰形状的稳定是通过中心风来实现的，中心风的风量不能过大，也不能过小。一般中心风的压力应该控制在 6～8kPa 之间比较理想，旋流风控制在 24～26kPa，轴流风控制在 23～25kPa，各风道的通风截面积不小于 90% 的情况下，对各参数进行调整。要想得到火焰形状的改变需要有稳定的一次风出口压力来维持，通过稳定燃烧器上的压力，改变各支管道的通风截面积来达到改变火焰形状的目的。

在调整火焰形状的时候，要杜绝走极端的现象，当火焰过粗的时候，此时也会很长、很软。当火焰过细的时候，火焰又会太短，烧成带要求火焰的形状完整、活泼、有力，这就需要我们长期观察和总结经验。

3. 煤质变化对火焰形状的影响

（1）当煤灰分变高时，煤粉的燃烧速度变慢，火焰变长，火焰燃烧带变长，应该：提高二次风温度或利用更多的二次风，加强一次风和二次风与煤粉的混合程度；降低煤粉的细度和水分；改变轴流风和旋流风的用风比例；增加一次风风量，减小煤粉在一、二次风中的浓度。

（2）当煤的挥发分变高时，煤粉着火快，焦炭颗粒周围的氧气浓度降低，易形成距窑头近、稳定偏低、高温部分变长的火焰，此时应：增加火焰周围的氧气浓度；增加轴流风的风量及风速（在原有火焰的状态下）；增加一次风风量。

（3）当煤的水分增加时，其外在水分可以通过提高出磨气体温度来降低，而内在水需要在 110℃ 左右才能蒸发，煤磨降低内在水分的含量是很困难的。内在水分高的煤粉入窑后火焰将会变长，燃烧速度变慢，火焰温度低，黑火头变长，这时应该适当加大二次风对火焰的助燃作用，增加二次风与一次风的风量混合，提高二次风温度，适当把燃烧器退出一些，利用二次风提高火焰的燃烧速度，达到提高火焰温度的目的。

4. 燃烧器的位置对窑况的影响

安装时，燃烧器在水平位置时中心点与窑的截面中心点处于同一个点上，每次检修结束前对燃烧器的位置多进行一次校正和核对。正常生产时，判断燃烧器的位置正确与否以及调整燃烧器的方法是：

（1）从窑上看，火焰的形状应该完整、有力、活泼，不冲刷窑皮，也不能顶料煅烧，火焰的外焰与窑内带起的物料相接触，如果燃烧器的位置太偏上，火焰会冲刷到窑皮，窑筒体局部温度偏高，降低窑衬的使用寿命，且烧成带的窑皮会向后延伸，窑内的热工制度紊乱，严重时，投料不久就红窑。此时应该适当地调整燃烧器向物料方向靠近，使火焰的外焰与物料接触。如果燃烧器的位置离料太近，火焰会顶住物料，造成顶火逼烧，未完全燃烧的煤粉被翻滚的物料包裹在内，烧成带还原气氛严重，降低熟料的质量。还原气氛严重的气体被带入预热器系统，降低物料液相出现的温度，使预热器系统结皮，甚至堵塞，影响窑的正常煅烧，此时应该适当调整燃烧器离物料远一些，使火焰顺畅有力。

（2）在中控筒体扫描图像上看，更直观、简便。

①成带的窑皮应在 20～25m 之间（小窑的窑皮短一些，大窑的窑皮要长一些），通体温度分布均匀，没有高温点，温度在 300～350℃，过渡带通体温度在 350℃ 左右，此时火焰完整、活泼、顺畅。燃烧器的位置比较合适，烧成的熟料也是理想状态。

②前面的温度较高，而烧成带后面部分温度正常，说明燃烧器的位置离料远了，或者火

焰已经分叉、变散,火力不集中,处理方法:

a) 在窑头罩侧部开设捅料孔,每班用人工或有条件的用气枪定期清理,发现问题要及时处理,否则会影响熟料的产量和质量。

b) 调整火焰形状在火焰根部保留少许黑火头,避免火焰温度过高。

可见,结焦和分叉很难避免,但是通过管理可以大大减少。如果烧成带后部分温度较低,烧出来的熟料大小不一样,结粒不均匀,说明燃烧器在 y 轴处于低的位置。

(3) 烧成带后温度偏高,特别是 2 号轮带以后,甚至在 380℃ 以上,说明燃烧器在 y 轴处于高的位置。

(4) 烧成带的温度较低,过渡带的温度也不高,说明烧成带的窑皮较厚,燃烧器靠物料太近,火焰不顺畅,往物料中扎,熟料经破碎后有黄心料。

5. 正常情况及不正常情况的调节

在正常情况操作中,如果窑内烧成带温度低,应开大内风蝶阀开度,关小外风蝶阀开度,使火焰缩短,提高窑前温度;当烧成带温度偏高时,应开大外风蝶阀开度,关小内风蝶阀开度,使火焰伸长,保持窑一定的快转率,提高熟料的产量和质量。

如果发现窑内有厚窑皮或结圈时,应及时处理掉,否则会影响到熟料的产量和质量,将燃烧器全部送入窑内,外风蝶阀全开,内风蝶阀少开,中心风蝶阀也要开大,使火焰变长,烧成带后移,提高圈体温度。如果发现烧成带有扁块物料,证明后圈已掉,将燃烧器全部退到窑口位置,外风蝶阀关小开度,内风蝶阀开大,中心风蝶阀也要关小,缩短火焰,提高窑速,控制好熟料结粒温度,保护好烧成带窑皮。因为结圈因素很多,应根据窑型和结圈的结构,具体情况分析,只要采用方法合理,就不难处理。

第五节　煤粉制备设备的结构、工作原理

一、煤粉制备

在我国,煅烧水泥熟料所用的燃料主要以煤为主,通常需将煤加工成煤粉喷入窑内燃烧,并要求燃料燃烧强度和所形成的火焰能适应熟料煅烧的要求。新型干法工艺生产水泥熟料燃料消耗量一般在 $100 \sim 130 \text{kg} \cdot \text{ce}/ (\text{t} \cdot \text{cl})$ 之间,因生料成分、产品方案、操作水平及工艺设备的不同而不同,燃料费用约占水泥生产成本的 15%。

煅烧高质量的熟料需要质量优良且稳定的煤粉供应,因而煤粉制备系统是保障水泥生产的重要环节之一。在煤粉制备、储存、输送和使用过程中,如处理不当,不仅不能生产出合格的煤粉产品,还容易污染环境,甚至发生安全事故,造成人员伤亡和设备损坏。

1. 煤磨系统的选择

目前,水泥工业煤粉制备系统主要采用风扫式钢球磨系统和立式辊磨系统两种。

(1) 风扫式钢球磨系统

传统的煤粉制备一直使用钢球磨机,由于进厂原煤水分一般为 4% ~ 15%,新型干法工艺煅烧用煤粉一般要求 0.5% ~ 1.5%,因而原煤在粉磨过程中需要进行烘干,为增强烘干能力,大型磨机都带有烘干仓。

原煤喂入后,先在烘干仓内烘干,烘干后的原煤进入粉磨仓粉磨并继续烘干,粉磨后的煤粉由热风带出磨机。

风扫式钢球磨具有操作可靠、对煤质的适应性强、维护方便、投资费用低等优点，同时对煤粉细度容易控制，但与立磨相比电耗较高，噪声较大。图6－6为球磨机煤磨系统工艺流程图。

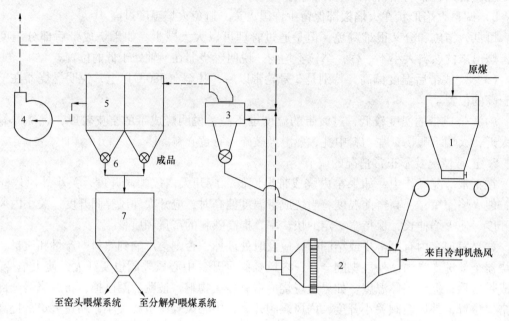

图6－6 球磨机煤磨系统（一级收尘单风机循环系统）工艺流程图
1—原煤仓；2—煤磨；3—高效动态选粉机；4—离心风机；5—收尘器；6—回转下料器；7—煤粉仓

原煤由原煤仓下的定量给料机喂入风扫式钢球磨内进行烘干与粉磨，粉磨后的物料由热风带出磨机，进入动态选粉机分选。经动态选粉机分离后的粗粉返回磨内继续粉磨，成品煤粉随气流出选粉机后，进入高浓度防爆型煤粉袋收尘器收集处理，收下的煤粉经输送机分别送入窑和分解炉用煤的煤粉仓中，废气由风机排入大气。

每套煤粉制备系统设煤粉仓，煤粉仓下设有一套煤粉计量输送装置，计量后的煤粉由罗茨风机分别送入窑和窑尾分解炉中燃烧。

该系统采用高效动态选粉机和袋除尘器替代过去的粗粉分离器及细粉分离器。由于高效选粉机可以有效地分级把关，系统风量可以适当增大，进磨的热风量增多，提高了煤磨的烘干能力。由于其分离效率高、循环负荷及磨内负荷小，提高了磨机粉磨效率及产量。煤粉细度可直接调整选粉机转速，控制十分方便。该系统缺点是系统阻力增大，工艺布置相对复杂。

（2）辊式煤磨系统

辊式煤磨（立磨）广泛用于煤粉制备，其工作方式为物料从磨机上方中心喂入磨盘，通过磨盘转动带动磨辊运行并将磨盘上的物料碾压粉碎后，细料由自下至上的高速热风带至设在磨机顶部的分离器分选，细度合格的煤粉随气体排出磨外，不合格则返回磨内继续粉磨。

立磨具有粉磨效率高、噪声小、工艺流程简单、占地面积较小、土建费用低、电耗低（与球磨机相比可节能10%～15%）、烘干能力强等优点。图6－7为辊式煤磨系统工艺流程图。

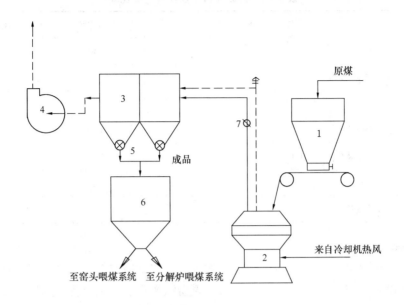

图 6 - 7　辊式煤磨系统工艺流程图
1—原煤仓；2—立式煤磨；3—收尘器；4—离心风机；5—回转下料器；
6—煤粉仓；7—气动蝶阀

原煤仓中的原煤由定量给料机、三道锁风阀喂入立磨，通过定量给料机控制入磨煤量，合格的煤粉随气流一起进入防爆型气箱脉冲袋式收尘器，被收集下来的煤粉由螺旋输送机分别送入窑和分解炉用煤的煤粉仓中，废气由风机排入大气。

煤粉仓下设有煤粉计量输送装置，计量后的煤粉由罗茨风机分别送入窑和窑尾分解炉中燃烧。

该系统煤粉细度是通过立磨上部旋转分离器的转速来控制的，调节方便且调节范围宽，可以获得更佳煤粉细度，可使煤磨的生产能力提高10%以上。

磨机的选择要结合生产规模、原煤性质、操作条件及经济性等多方面进行考虑。一般情况下，当煤质硬度大（无烟煤、贫煤），磨蚀性较大，要求细度 <5% 时选用钢球式风扫磨；当煤质硬度小，原煤水分较大，磨蚀性较小，且煤源供应稳定时，宜选用立式辊磨系统。

立磨的入磨粒径可达50mm，并有较强的烘干能力，可烘干含水分10% ~ 15%的原煤。一般情况下应优先选用节能且烘干能力较强的立磨系统。

钢球磨机系统和立磨系统有很大的差别，一般在选取磨机时应考虑以下几方面因素：

（1）立磨烘干能力较强，可烘干含水分15%的原煤；球磨机的烘干能力较小，一般入磨原煤的水分不大于10%，若另设热风炉可烘干含水分15%的原煤。

（2）与球磨机相比，立磨可节能15% ~ 25%。

（3）球磨机的入磨粒度应控制在25mm下，如果入磨粒度大于25mm则应设预破碎系统，而立磨的入磨粒径可达50mm。

5000t/d 水泥厂采用立磨和风扫式球磨的方案比较，见表 6 - 2。

表 6 – 2   煤粉制备系统不同方案比较

序号	比 较 内 容	辊式磨	风扫式球磨
1	生产能力（t/h）	40	40
2	入磨粒度（mm）	≤40	≤25
3	烘干能力	强	较强
4	主机装机容量（kW）	1120	1300
5	单位产品装机容量（kW）	35.5	41
6	占地面积（m²）	320	520
7	工程总投资	中	低

2. 煤粉输送

在水泥生产过程中，喂煤系统的连续、准确、稳定是稳定窑的热工制度、降低煤耗、提高产品质量和保证设备安全运转的关键因素。煤粉输送管道系统装备的选型和参数配置是否合理，关系到喂煤系统能否正常运转。由于气力输送管道占地面积小、系统密闭、输送距离长和无回程等特点，所以煤粉输送常采用压送式正压气力输送。高压输送设备有仓式泵、螺旋泵等，所需的压力一般在 2～5 个大气压范围内。在实际生产中煤粉输送常采用螺旋泵高压输送的方式。

当煤粉采用气力管道输送时，在输送管道中消耗大部分动力，这对气力输送设备的输送量、动力消耗和输送可靠性影响很大。罗茨风机工艺参数的选型直接保障煤粉输送的畅通，输送管道管径、气流速度和管线布置的设计直接影响输送能耗的大小。

二、煤粉输送系统的基本原理

煤粉输送管道中，有相当长度的水平管道。水平管道内的垂直方向上，粉状物料浓度存在差异，煤粉的水平气力输送依照其在竖直方向上的浓度差异大致可以分为：稀相输送（又称为稳流输送）和双相输送。随着煤粉浓度的进一步加大（或风速的降低），水平煤粉输送管道底部的煤粉浓度将超出稀相输送的范围，形成上部为稀相，下部为浓相的双相输送。随着风速的进一步降低（或煤粉浓度的进一步加大），水平输送管道下部将出现断续的煤粉沉积，气体的阻力会出现一定程度的振荡，输送将进而演变成脉冲输送和塞流输送。在这两种状态下，气体阻力将大幅度增加，这种状态对于煤粉计量和控制系统而言是灾难性的。因而在生产中，煤粉输送系统总是在稀相和双相输送的工作范围内，追求较高的煤风比。

对于较长的水平输送的煤粉管道而言，如风速不足，会产生煤粉的沉积。系统将转变为脉冲输送，长管道中的脉冲输送会使管道系统阻力快速上升，并呈现较大幅度的振荡状态，此时如果风机的压头不足以克服阻力，风速将下降，输送能力也将直线下降，甚至造成管道堵塞。而且这种加大并振荡的气体阻力，将使锁风设备的出口，出现较高的大幅度波动的正压，加大煤粉计量系统锁风设备的压力，甚至导致计量系统计量的紊乱，严重时输送管道堵塞，以至干扰了计量系统的正常下料。对于高硫和高挥发分的煤粉而言，还存在自燃自爆的可能。

从控制的稳定性和可靠性出发，罗茨风机的配置和煤粉输送系统的管道，应根据不同的条件（包括输送距离——水平和垂直、弯头的数量、煤粉输送量、煤风混合物的重度、喷煤管的阻力和风速要求、所在地区的海拔高度、计量与控制设备对于风压的接受能力等）优化罗茨风机和管道的设置，确保煤粉输送的状态介于稀相和双相输送之间，以兼顾煤粉气力输送的可靠性和经济性。

第七章 水泥粉磨系统及其设备的安装

生料、水泥粉磨系统应用的设备主要有球磨机、立式磨机、辊压机与打散机等主机以及在闭路粉磨系统中与之相配套的选粉机、输送和收尘等辅助设备。本章将对主机部分的类型、构造、工作原理及应用性进行分析讨论，辅助设备在其他章节中介绍。

第一节 水泥粉磨系统及其设备

一、水泥粉磨工艺流程

熟料刚出窑时的温度约 1000℃，即使进行了冷却处理，温度也在 100~300℃ 之间，如此高温度的熟料是不能立即入水泥磨的，因此需要把它放在堆场或储库里存放一段时间，让它们自然冷却，这样做一是窑磨生产的平衡，有利于控制水泥质量；二是让它吸收空气中的部分水蒸气，使熟料中的部分 f-CaO 消解为 Ca（OH）$_2$，其反应式：

$$CaO + H_2O （气）== Ca（OH）_2$$

这个反应的结果是减少了熟料中 f-CaO 的含量（越少越好），使熟料内部产生膨胀应力，提高了易磨性并改善了水泥的安定性；三是不至于让磨机筒体和磨内的温度过高，有利于磨机的安全运转，并能防止石膏脱水过多而引起的水泥凝结时间不正常。

水泥粉磨系统也如同生料粉磨系统一样有开路和闭路之分。

水泥磨所处理的物料是熟料、石膏及混合材，粉磨流程与生料粉磨基本一致，但不能采用烘干磨，因为熟料出窑时是不含水分的，因此也就谈不上边烘干边粉磨了。

近十多年来，随着新型干法水泥生产技术的发展，水泥粉磨工艺和装备技术呈现出了两大特点：一是设备的大型化，二是工艺新。新设备、新工艺的应用，各种新型设备的组合，优势互补，带来了水泥粉磨效率的提高。目前我国除了单机开路和闭路粉磨系统外，还普及了高细高产粉磨工艺、联合粉磨系统、半终粉磨系统、终粉磨系统、分别粉磨和串联粉磨等水泥粉磨工艺系统。

二、辊压机水泥粉磨工艺流程

1. 联合粉磨工艺

这种流程中辊压机和球磨机各自承担的粉碎功能界限比较明确，辊压机对入磨机前的物料努力挤压，尽量缩小粒径，将挤压后的物料（含料饼）经打散分级、打散分选，将大于3mm 以上的粗颗粒返回挤压机再次挤压，小于一定粒径（0.5~3mm）的半成品，送入球磨机粉磨，球磨机系统可以开路、也可以闭路。

2. 半终粉磨工艺

如果将辊压机挤压后的物料经打散送入选粉机选出一部分成品不再经过磨机粉磨而直接与水泥库选出的粗粉送进球磨机里进行粉磨，这就是半终粉磨系统，它必须是闭路的。

3. 终粉磨工艺

终粉磨系统的成品完全由辊压机产生，经过打散机送入选粉机直接分选出成品。挤压物料中的成品含量就是系统中的水泥产量，因此对于该系统既要有较高的压力，以产生足够数量的成品，提高产量，又要让物料有一定的循环挤压次数，来保证产品细度。

三、粉磨系统

按一定的粉磨流程配备的主机和辅机构成的系统称为粉磨工艺系统，无论是粉磨生料（湿法或干法）还是粉磨水泥，都有开路和闭路粉磨系统之分。

1. 开路（开流）粉磨

也就是直进直出式，磨的时间长一点。而且部分已经磨细的物料颗粒要等较粗的物料颗粒磨细后一同卸出，大部分细粉不能及时排除（尽管磨内通风能带走一定量的细粉），在磨内继续受到研磨，就出现"过粉磨"现象了，并形成缓冲垫层，妨碍粗颗粒的进一步磨细。开路粉磨多用于小型磨机的水泥粉磨系统。图 7-1 是生料开路粉磨工艺系统图，而图 7-2 则是水泥开路粉磨工艺系统图。

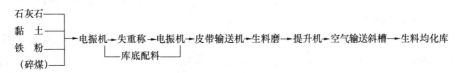

图 7-1　生料开路粉磨工艺系统

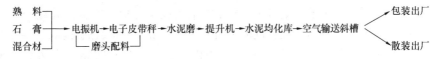

图 7-2　水泥开路粉磨工艺系统

2. 闭路（圈流）粉磨

如果我们让被磨物料在磨内的流速快一点，就能把部分已经磨细的物料颗粒及时送到磨外，可以基本消除"过粉磨"现象和缓冲垫层了，有利于提高磨机产量、降低电耗，一般闭路系统比开路系统（同规格磨机）产量高 15% ~ 25%，不过这样一来大部分还没有磨细的粗颗粒也随之出磨了，使得细度不合格。因此，需要加一台分级设备，把出磨物料通过提升机送到分级设备中，将细粉筛选出来作为合格生料送到下一道工序（均化、煅烧），粗粉再送入磨内重磨。图 7-3 为生料闭路粉磨工艺系统图，而图 7-4 则是水泥生料闭路工艺系统图。

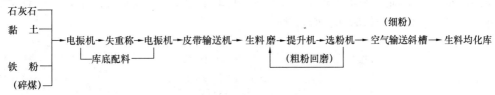

图 7-3　生料闭路粉磨工艺系统

由此可见，闭路粉磨系统是在开路粉磨系统的提升机之后增加了选粉工序，从而将细粉送入下道工序，将粗粉返回到磨内重磨。闭路粉磨系统涉及到的设备较多，工艺复杂，一层

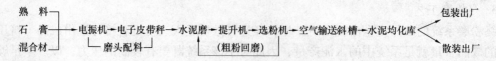

图 7 - 4　水泥闭路粉磨工艺系统

厂房是不够用的，因此投资大，操作、维护、管理等技术要求较高。所以，闭路粉磨多用于大型磨机生料或水泥的粉磨系统。

四、粉磨设备

生料、水泥粉磨系统应用的设备主要有球磨机、立式磨机、辊压机与打散机等主机以及在闭路粉磨系统中与之相配套的选粉机、输送和收尘等辅助设备。下面我们着重介绍球磨机、立磨机、辊压机和选粉机等主要设备。

1. 球磨机

球磨机是目前应用最为广泛的一种粉磨设备，对粉磨物料的适应性较强，能连续生产，粉碎比较大（300 ~ 1000），既可干法粉磨又可湿法粉磨，还可烘干兼粉磨同时进行。

（1）球磨机的构造及分类

球磨机主体是一个回转的筒体，两端装有带空心轴的端盖，空心轴由主轴承支撑，整个磨机借传动装置以 16.5 ~ 27r/min 的转速（大磨转速低、小磨转速高）运转，并伴随着冲击声，把约 20mm 左右的块状物料磨成细粉。筒体内被隔仓板分割成了若干个仓，不同的仓里装入适量的、用于粉磨（冲击、研磨）物料用的不同规格和种类的钢球、钢段或钢棒等作为研磨体（烘干仓和卸料仓不装研磨体），筒体内壁还装有衬板，以保护筒体免受钢球的直接撞击和钢球及物料对它的滑动摩擦，同时又能改善钢球的运动状态、提高粉磨效率。

我们把距进料端（也是磨头）近的那一仓叫粗磨仓，所装研磨体（干法磨为钢球，湿法磨为钢棒）的平均尺寸（3 ~ 4 种不同球径的尺寸配合在一起）大一些，这主要是刚喂入的物料是从前一道工序——破碎、预均化后送来的配合原料，这其中占有绝大多数的块状石灰石为 20 mm 左右的粒度，尺寸也不算小，在粗磨仓里首先要受到冲击和研磨的共同作用而粉碎，成为小颗粒状物料和粉状物料（粗粉），通过隔仓板的篦孔进入下一仓（细磨仓）继续研磨。第二仓或第三、四仓研磨体（钢球或钢段）的平均尺寸就逐渐减小了，对小颗粒物料和粗粉主要是研磨，从磨端（磨尾）或磨中（中卸）卸出。

用于生料、水泥粉磨的球磨机一般按以下方式分类：

其实，用于回转窑煅烧用的煤粉粉磨的风扫磨也是球磨机（本书第六章第五节中有简单介绍）。球磨机的规格用筒体的内径和长度来表示，如 $\phi 2.2 \times 6.5m$，这里 6.5m 是筒体两端的距离，不含中空轴。球磨机短磨一般为两个仓或单仓，中长磨设有两个仓，长磨设三到四个仓。水泥厂多使用中长磨和长磨，统称管磨。

球磨机分类
- 按长径比（L/D）
  - 短磨（L/D = 1 ~ 2）
  - 中长磨（L/D = 2 ~ 3）
  - 管磨（L/D = 3.5 ~ 6）
- 按卸料方式
  - 中卸磨（中间卸料）
  - 尾卸磨（端部卸料）
- 按粉磨方式
  - 烘干磨（烘干、粉磨一体，只用于生料粉磨）
  - 干法磨（用于干法）
  - 湿法磨（只用于湿法生产的生料粉磨）

（2）用于水泥粉磨的几种典型的球磨机

水泥磨与生料磨的结构基本相同，但水泥磨不设烘干仓，增加了喷水装置。

①$\phi 3 \times 11m$ 中心传动水泥磨（尾卸）

该磨机为中长磨，三仓，第一、二仓采用阶梯衬板，两仓之间用双层隔仓板分开，第二、三仓之间采用单层隔仓板，第三仓安装小波纹无螺栓衬板，为降低水泥粉磨时的磨内温度，在磨尾装有喷水管（有的水泥磨各仓均设有喷水管）。

②$\phi 4.2 \times 13m$ 中心传动双滑履水泥磨（尾卸）

这种磨机从机械设计方面来看，简化了结构，并减小了质量。由于粉磨水泥使磨内产生高温，这种磨机可以充分利用其两端的进、出料口的最大截面积来通风散热，而且降低了气流出口风速，避免了较大颗粒的水泥被气流带走。

③$\phi 2.2 \times 6.5m$ 边缘传动水泥磨（尾卸）

与同规格原料磨的结构基本相同，但去掉了烘干仓，磨内设有喷水管，用于粉磨水泥产生的高温的降温。

2. 立式磨

立式磨也有称之为立式辊磨（简称立磨）、环辊磨或辊式磨（简称辊磨或碾磨）及以制造厂命名的磨机。它与球磨机的工作内容和目的一样，但构造和工作方法却差别很大。球磨机是"躺着"工作，而立式磨是"站着"工作，所以称它为立磨。这是继球磨机之后的一种新型的粉磨设备，它具有产量高、粉磨效率高和烘干能力强等优点，因此成了新型干法水泥生产线对原料粉磨的首选设备，且也正逐渐应用于水泥粉磨工艺系统之中。

（1）立式磨的构造和原理

立式磨主要由碾辊、磨盘、加压装置及选粉机构、底座、机壳、传动装置及润滑系统等部件组成。被磨物料从腰部喂入，堆积在回转的磨盘中间，转速较高的磨盘（比相同直径的球磨机快约80%）产生的离心力使其移向磨盘周边，进入磨辊和磨盘间的辊道内，磨辊在液压系统控制机构的作用下，向辊道内的物料施加压力，物料经碾压后向磨盘边缘移动，从挡料圈溢出。与此同时，来自风环由下而上的热气流对含有一定水分的物料边粉磨边烘干（水泥粉磨不再烘干），将磨碎后的粉状物料带至磨机顶部的选粉机构进行分选，粗粉由于颗粒质量较大，又落入磨盘与新喂入的物料一起再粉磨，合格的细粉随气流带出机外进入旋风筒气固分离。立式磨粉磨系统中是靠风机产生的负压把粉磨后的物料（细粉）抽走的，因此风速（风压、风量）必须达到一定（很大）才能产生足够的抽力。对于生料粉磨来讲，这较高的风速能加快热气流对湿物料的传热速率，使小颗粒瞬间得到干燥，大颗粒表面被烘干，再返回重新粉磨的过程中又得到进一步干燥，也有部分粗颗粒则以较低的速度进入分级区，可能被转子叶片撞击甩开而跌落至磨盘上，形成循环粉磨。

（2）用于原料和水泥粉磨的几种典型立磨

用于原料和水泥粉磨的立式磨机主要有 MPS 磨、ATOX 磨、OK 系列磨、伯力鸠斯磨、来歇磨、雷蒙磨等几种类型，但它们的结构大同小异，工作原理也基本相同，所不同的是在磨盘的结构、碾辊的形状和数目以及选粉机上的差别。下面仅以德国法埃夫公司制造的 MPS 磨为例介绍一下立磨的主要部件及功能。

①碾辊和磨盘。把石灰石、黏土或砂岩、铁粉等原料或熟料、石膏、混合材等物料碾碎并制成细粉，靠的是 2~4 个磨辊和一个磨盘所构成的粉磨机构，该磨具备了两个必要条件：

那就是能形成厚度均匀的料床和接触面上具有相等的比压。磨盘平面上"开凿了"一圈与轮鼓形磨辊相适应的弧形沟槽与辊道，磨辊与磨盘辊道呈倾斜状，这样易于形成均匀的料层。鼓形磨辊的形状对称，磨损后可调换使用（磨损后可用慢速转动装置转到便于维修的部位）。

② 加压装置。辊磨与球磨的粉磨作业原理不同，它不是靠研磨体的抛落对物料的冲击和泻落及料球之间的研磨，而是需要借助于加压机构来对块状物料碾碎、研磨，直至磨成细粉。MPS 立磨是由液压气动装置通过摆杆对磨辊施加压力的。磨辊置于压力架之下，拉杆的一端铰接在压力架之上，另一端与液压缸的活塞杆连接，液压缸带动拉杆对磨辊施加压力，将物料碾碎、磨细。

③ 分级机构。立磨自身已经构成了闭路粉磨系统，它不像球磨机组成的闭路系统那样设备多（有提升机、螺旋输送机或空气输送斜槽、选粉机等）而分散、庞大、复杂，它只摘取了选粉机的风叶，与转子组成了分级机构，装在磨内的顶部，构成了粉磨——选粉闭路循环，自己的事情自己在内部解决，简化了粉磨工艺流程，减少了辅助设备。

一般把这种分级机构分为静态、动态和高效组合式选粉机三大类。

a）静态选粉机。工作原理类似于旋风筒，不同的是含尘气流经过内外锥壳之间的通道上升，并通过圆周均布的导风叶切向折入内选粉室，边回转边再次折进内筒。结构简单，无可动部件，不易出故障。但调整不灵活，分离效率不高。

b）动态选粉机。这是一个高速旋转的笼子，含尘气体穿过笼子时，细颗粒由空气摩擦带入，粗颗粒直接被叶片碰撞拦下，转子的速度可以根据要求来调节，转速高时，出料细度就越细，与离心式选粉机的分级原理是一样的。它有较高的分级精度，细度控制也很方便。

c）高效组合式选粉机。将静态选粉机（旋转笼子）和动态选粉机（导风叶）结合在一起，即圆柱形的笼子作为转子，在它的四周均布了导风叶片，使气流上下均匀地进入选粉机区，粗细粉分离清晰，选粉效率高。不过这种选粉机的阻力较大，因此叶片的磨损也大。

3. 辊压机

辊压机是 20 世纪 80 年代发展起来的一种新型节能增产粉磨设备，适用于石灰石、砂岩、页岩、水泥熟料、石膏、粒化高炉矿渣等脆性物料的粉碎，最初辊压机是安装在管磨之前作预粉磨设备，经过不断地发展，辊压机系统又出现了终粉磨和混合粉磨系统。与球磨机相比较，辊压机的噪声小、粉磨效率高、钢材消耗低，质量轻，占地面积小，安装容易。不过由于辊压机辊子作用力大，还存在辊面材料脱落及过度磨损情况，轴承容易损坏，对工艺操作过程要求严格等。与辊压机配套的是打散机，将压成的料饼打碎后入磨继续粉磨。

（1）辊压机的构造及粉碎原理

辊压机与立式磨的粉磨原理类似，都有料床挤压粉碎特征。但二者又有明显差别，立式磨是借助于磨辊和磨盘的相对运动碾碎物料，属非完全限制性料床挤压物料；辊压机是利用两磨辊，对物料实施的是纯压力，被粉碎的物料受挤压形成密实的料床，颗粒内部产生强大的应力，使之产生裂纹而粉碎。出辊压机后的物料形成了强度很低的料饼，经打散机打碎后，产品中粒度为 2mm 以下的颗粒占 80% ~ 90%。如果把它与磨机共同组成联合粉磨系统，它起到的是预粉碎作用。辊压机还可以独立组成终粉磨系统，完成生料（或水泥）的最终粉磨任务。

辊压机主要是由两个速度相同、相向转动的辊子组成，物料从两辊间的上方喂入。随着辊子的转动，向下运动，进入辊间的缝隙内。在 50～300MPa 的高压作用下，受挤压形成密实的料床；物料颗粒内部产生强大的应力，使颗粒产生裂纹，有的颗粒被粉碎。从辊压机卸出的物料形成了强度很低的料饼；经打散机打碎后，产品为手搓易碎的扁平料片，粒度 2mm 以下的占 80%～90%，80μm 以下的占 30% 左右，经打散机打散或球磨机进一步粉磨。

（2）辊压机的主要部件

①挤压辊。辊子分为滑动辊和固定辊，固定辊是用螺栓固定在机体上；滑动辊两端四个油缸对辊施加压力，使辊子的轴承座在机体上滑动并使辊子产生 100kN/cm 左右的线压力。辊子有镶套式压辊和整体式压辊两种结构形式，如果物料较软，可以采用带楔形联结的镶套式压辊。轴与辊芯为整体，表面堆焊耐磨层，焊后硬度可达 HRC55 左右；磨损后不需拆卸辊子，直接采用专门的堆焊装置修复。通常辊子的工作表面采用槽形，又可分为环状波纹、人字波纹、斜井字形波纹三种（都是通过堆焊来实现）。

②液压系统。液压系统为压辊提供压力，它是由 4 个（2 大 2 小）蓄能器，四个平油缸、站等组成液气联动系统。主要有油泵、蓄能器、液压缸、控制阀件组成。蓄能器预先充压至小于正常操作压力，当系统压力达到一定值时喂料，辊子后退，继续供压至操作设定值时，油泵停止。正常工作情况下油泵不工作，系统中如压力过大，液压油排至蓄能器，使压力降低，保护设备，若压力继续超过上限值时，自动卸压。操作中系统压力低于下限值时，自动启泵增压。

③喂料装置。喂料装置内衬采用耐磨材料，它是弹性浮动的料斗结构，料斗围板（辊子两端面挡板）用碟形弹簧机构使其随辊子滑动面浮动。用一丝杆机构将斗围板上下滑动，可使辊压机产品料饼厚度发生变化，适应不同物料的挤压。

④主机架。主机架采用焊接结构，由上下横梁及立柱组成，相互之间用螺栓连接。固定辊的轴承座与底架端部之间有橡皮起缓冲作用，活动辊的轴承底部衬以聚四氟乙烯，支撑活动辊轴承座处铆有光环镍板。

4. 选粉机

在新型干法水泥生产线中的煤磨、生料中卸烘干磨及水泥磨系统得到广泛应用。

（1）选粉机的类型

选粉机的类型主要有：离心式选粉机（第一代）、旋风式选粉机（第二代）、O－Sepa 选粉机（第三代）、转子选粉机（第二代与第三代综合改进型）、组合式选粉机和 V 型选粉机等。

以 O－SEPA 选粉机为代表的笼式选粉机被称之为第三代选粉机。O－SEPA 选粉机是 1979 年由日本小野田公司开发的，不仅保留了旋风式选粉机外部循环的优点，而且采用笼式转子，从根本上改变了选粉原理，大幅度提高了选粉效率，因此，被广泛应用。下面我们以 O－SEPA 选粉机为例，介绍其结构、工作原理及其安装施工。

（2）选粉机的结构及其工作原理

选粉机的结构主要由传动装置、回转体、壳体、润滑站和电器控制柜等组成。出磨物料由上部进料口喂入选粉机，通过撒料盘、缓冲板充分分散，落入选粉区。来自磨机和收尘器的一次风和二次风，分别由选粉室两侧的进风口，经导向叶片水平进入选粉区。在选粉机内由垂直叶片和水平叶片组成的笼型转子，回转时使整个选粉区内外压差上下维持一定，气流稳定均匀，为自上而下的物料提供了多次重复分选的机会，而且每次分选都在精确的离心力和水平风力的平衡条件下进行，为精确选粉创造了良好的条件；粉体颗粒随气流作涡旋运动，由于选粉距离较长，最后落入锥体部分的颗粒又经过三次风再次分选；合格的细粉随气流由中心管从上部抽出，进入收尘器将细粉收集；粗粉从锥体下部排出返回磨机形成闭路粉磨系统。物料经两个入口喂入选粉机，落到撒料盘上，随转子旋转的撒料盘，将物料均匀地分散到转子与导向叶片之间形成的选粉区；来自磨机的气流从一次风管进入选粉机，来自收尘器的气流由二次风管进入选粉机，一次风和二次风经导向叶片作用后，进入选粉区分级物料；由垂直叶片和水平叶片组成的笼型转子，回转时使内外压差在整个选粉区高度上下维持一定，确保气流稳定、均匀，为物料分级创造了良好的条件；物料在选粉区下落的过程中，得到了多次重复分级的机会，粗颗粒最后落入集料斗，经过环境进入的三次风再一次地分选，部分贴附在粗颗粒上的细粉被三次风带起上升；粗颗粒则从下部的锁风阀卸出，返回磨机重新粉磨；合格的细粉随气流穿过笼型转子的叶片，进入转子中部的通道，由细粉出口排出机外，进入袋收尘器分离而被收集下来。一次风、二次风、三次风的比例一般控制在 7:2:1 的经验范围。

（3）O–SEPA 双转子选粉机

O–SEPA 选粉机的撒料虽然也是利用分级机构的旋转实现的，但与第一代和第二代选粉机不同的是：在原理上 O–SEPA 选粉机的撒料是由两部分连续的作业过程完成的。第一过程是由分级转笼的上部撒料盘将粉料抛撒到挡料板上；另一过程是由旋转的气流将被抛撒的粉料进行气粉混合，通过气粉混合，形成气粉两相流。这两过程的效果都对 O–SEPA 选粉机的撒料效果有着直接的影响。首先是撒料盘抛撒粉料沿圆周 360° 分布的料幕均匀性，其次是旋转气流对料幕"气化"过程的充分性和及时性，都将影响着选粉机对混合粉料的分级效果。

O–SEPA 选粉机的分级机构是采用圆柱形转笼和圆柱面分布的导向叶片组成，可以形成一个均匀、对称的圆柱面的分级空间。设计思路是：由导向叶片的外侧进风和柱面转笼的旋转，形成一个沿柱面的周向和轴向分布都很均匀的旋转气流场，使得经气粉充分混合的气粉两相流，在这个均匀的柱面涡流场中获得均匀一致的预分级的作用，再经过旋转的转笼叶片实现强制分级。同时，被分选出的粗粉是由上而下地运动，因而可以对被选对象进行多次分选，提高对粗、细粉的分级作用，从而提高分级效果。O–SEPA 选粉机的现有结构并未能按设计思路达到理想的状况。

第二节　球磨机的安装

水泥磨一般采用滑履磨，是目前比较先进的设备，它采用中空轴中心传动，带有慢速起动装置，磨仓内有衬板和隔仓板钢球。下面我们以中空轴中心传动滑履磨为例介绍其安装施工。

1. 施工顺序

基础验收→砂墩制作及养护→设备进场→设备检测→刮、研瓦→支承座就位→找正找平→一次灌浆→筒体坐入支承座→传动部分开始就位→一次灌浆→精找→接通润滑及冷却系统。

2. 基础验收

（1）基础验收应会同业主、监理、土建单位共同进行，要有相应的原始资料。

（2）对照土建图、设备和工艺图检查基础外形尺寸、中心线、基础标高、基础孔的几何尺寸及相互位置必须符合表 7 - 1 的要求：

表 7 - 1　基础外形综合尺寸允许误差一览表

项目名称		允许偏差	检验工具
基础外形尺寸		±30	30 米钢盘尺
基础坐标位置（纵横中心线）		±20	30 米钢盘尺
基础平面上的标高		0 -20	水准仪
中心线间的距离		+1	30 米钢盘尺
基准点标高对车间零点标高		+3	水准仪
地脚孔	相互中心线位置	+10	30 米钢盘尺
	深度	0 +20	3 米钢卷尺
	垂直度	5/1000	3 米钢卷尺 线坠

（3）基础周围必须平整、夯实、所有遗留的模板和混凝土外的钢筋等杂物，必须清除，并将设备安装场地脚孔内的碎料、脏物及积水全部清除干净。

3. 标定磨机基准线

（1）依据工艺图在磨机的基础上埋设中心标板，在出料端基础上设置一标高基准点，并注意保护。

（2）根据土建单位提供的基准点和基准线，一次放出磨机及传动装置的纵向中心线，在中心板上用样冲打上中心点，用对角线法进行校核。然后根据工艺图设计尺寸画出基础传动横向中心线。

4. 垫铁的布置及砂墩的制作

（1）依据工艺图及负荷计作出垫铁布置，对砂堆及底座覆盖的位置进行铲麻面。

（2）砂墩的制作应按照以下规范：

①所有材料配比：52.5 级硅酸盐水泥、中砂、水 =1:1 适量。

② 砂堆垫铁的水平度偏差为 0.2mm/m，标高偏差为 0 ~ -1mm。

③每天加水养护，根据环境情况，养护 3 ~ 7d。

5. 设备检查

为了确保设备安装施工质量，在设备安装前，施工技术员应会同甲方及监理对设备进行验收，并做好验收记录，最好请设备制造商一起验收，以便验收发现问题能及时解决，以免影响安装质量及延误工期。

（1）外观检查。

（2）重要部位及零部件应仔细检查并做好记录。

①支撑底座。

②主轴承与轴承座的接触应符合技术文件要求，如技术文件无规定时则遵照以下规范要求：球面接触带的周向接触包角应不大于 45°，周向接触宽度应大于球面宽度的 1/3，但不小于 10mm。接触斑点的部分应均匀连续，间距不小于 5mm。

③滑履轴承与滚圈的周向间隙及接触斑点应符合技术文件要求。

④检查主轴承球面瓦的直径，轴瓦外观有无裂纹、砂眼、气孔、夹渣等缺陷。

⑤轴瓦合金与球面瓦的铸合是否严密、牢固、不得脱壳、裂纹、气孔、碰伤等缺陷。

⑥冷却水通道是否堵塞，有无裂纹等现象。

⑦主轴承与轴承座的接触应符合技术文件要求，滑履轴承凸凹球面的接触应符合技术文件要求。

⑧磨体的检查，实测磨体长度、直径尺寸，作为中空轴传动位置是否与图纸相符，应根据实测尺寸对施工图进行修改，必要时会同有关单位共同协商处理。

⑨对传动装置的检查符合有关技术文件要求。

6. 支撑座装置的安装

（1）底座安装

①安装前要对磨体中空轴进行实测，根据实测长度给底座定位；按安装规范标准执行。

②底座除锈、清理、去毛刺，尤其是加工面，如有撞击伤痕一定要锉平。

③以加工面为依据，在底座上划十字线，并打样冲作为标记。

④底座安装时，底座的纵横中心线与中心标板的中心线吻合，其偏差不大于1mm。

⑤底座初步找正后，应通知监理、业主共同会检，会检完毕后，方可进行一次地脚孔灌浆（混凝土标号应根据设计要求或技术规范要求）养护当混凝土达到70%强度时进行底座的精确找正并紧死地脚螺栓。

（2）轴承瓦的刮研

施工前要对设备及工器具进行精心组织、准备。

①刮研瓦采用的工具；

②研瓦之前应对其进行水压试验并通知监理、业主验收；

③刮研瓦翻转采用手拉葫芦利用建筑物和现有电动葫芦配合其起吊落瓦刮研使用；

④刮研后检查球面瓦与中空轴的接触情况，严格按照技术规范要求进行施工；

⑤每 $10 \times 10mm^2$ 面积上接触斑点至少有1到2点；

⑥对刮好的瓦要有保护措施；

⑦在适当的时候采用吊车配合研瓦。

（3）主轴承瓦座的安装

主轴承球面瓦与中空轴轴颈配合间隙、接触及接触斑点应符合技术文件要求，技术文件无要求时，应遵循以下规范：接触斑点不少于 1 点/$10 \times 10mm^2$，接触角度为 $30° \sim 45°$。

①刮研瓦首先要搭好脚手架，脚手架要有围栏防护。

②主轴承瓦座安装前应清洗干净并在球面上抹上一层润滑油脂，按出厂时标记装入轴承座。

③主轴承瓦座，使轴承座十字中心线对准十字中心线，偏差不得大于 $±0.5mm$。

④两轴承座的相对标高不得大于 $±1mm$，且出料端不得高于进料端，水平度为 $0.04mm/m$。

⑤轴承的中心标高对基准点标高偏差不得大于 $±1mm$。

7. 筒体安装

（1）轴承瓦座找正完毕后，一次灌浆，待混凝土凝固强度达到70%时，将进行二次精找，精找完毕后，待所有螺丝拧紧后，才能进行筒体吊装就位。

（2）根据车间不同的环境条件，选择适当的吊装方案，筒体就位不得与瓦座有碰撞现象，一定要缓慢对准位置就位，安装完毕后检查以下部位：

①空轴传动的磨机，其固定中空轴与主轴承的侧间隙及轴肩间隙应符合图纸及技术要求；

②本体就位后，检查磨体的膨胀量是否满足要求；

③查中空轴中心标高，一般采用激光经纬仪或水管连通器进行找正，用百分表对两端中空轴相对径向圆跳动公差检查是否达到要求；

④检查磨机滑动端轴肩间隙应符合设计图纸要求；

⑤测量进出料端的相对标高，偏差不得大于±1mm，按照工艺要求且出料端不得高于进料端。

8. 衬板及隔仓板的安装

（1）安装衬板时应注意筒体的旋转方向，衬板与筒体接触应严密；

（2）衬板在筒体内部的排列不应构成环形间隙，衬板与衬板的间隙应符合设计规定；

（3）隔仓板安装时，隔仓板平面应与磨机筒体的中心线相垂直，垂直度为0.5%。

9. 传动装置的安装

（1）传动部分各联轴节径向及轴向圆跳动应符合"机械设备安装工程施工及验收通用规范"中的有关规定。

（2）中心传动的球磨机安装符合以下要求：

①纵向中心线允许偏差0.5mm；

②横向中心线到传动接管距离应符合设计要求；

③主减速机水平度应符合设计要求；

④减速机输出轴与传动接管法兰旋转中心的同轴度应符合设计要求。

10. 冷却润滑系统及进出料装置的安装

（1）冷却润滑系统的安装，要求清洁、密封、可靠，并且不得有泄漏现象。

（2）所有管道要认真清洗，可用20%的硫酸溶液清洗，而后用10%的碱水清洗管道中的残留酸，再用清水清洗，擦干，浸防锈油。

（3）管道的活接头、三通、弯头安装前要检查完好无损，安装过程中注意严密性，不得有渗漏现象。

（4）需要现场焊接的管子、法兰，严格按要求施工，不得有漏焊、气孔。

（5）安装试压后要刷漆防腐。

（6）进出料装置安装时要注意防止变形，当磨机转动时不得有摩擦现象。

（7）进出料装置要有良好的密封性能。

11. 吊装施工

（1）支撑底座吊装

①根据现场情况利用电动葫芦、卷扬机和手拉葫芦进行吊装；

②依靠建筑物作为受力点加起重工具安装；

③有必要的情况下采用吊车吊装。

（2）筒体移位及吊装

①对现场地面环境要求，地面要夯实，铺上10～20mm厚石子，再铺上道木和16～30mm厚钢板，然后加上滚杠进行滑动移位或拖拉移位；

②在不影响电缆沟的情况下，将采用千斤顶、道链、卷扬机等设备结合滚杠进行综合移

位至磨房内；

③筒体进入磨房后就位将采用千斤顶升高、进行地下垫上道木逐渐升高到相应位置后进行横向移动，一直与底座相对高度时方可回落，在回落时要缓慢，不得与瓦座相碰撞；

④将采用千斤顶进行升高，下部采用垫木或铁墩架进行就位；

⑤再利用建筑物屋面混凝土梁、混凝土立柱作为支撑点，根据大梁立柱强度及吊装比较轻的零部件；在二层楼面混凝土梁上用道木及工字钢和钢丝绳相互串联作为辅助吊装着力点从而做到万无一失。

第三节　立　磨　的　安　装

以下我们以 LM282D 型立式磨机为例介绍立磨的安装施工。

1. 施工程序

基础验收确定安装基准→基础框架安装→磨机机座安装→基础框架混凝土灌浆→齿轮箱底板安装及灌浆→齿轮箱安装→研磨盘安装→磨机本体及衬里安装→摇臂安装→研磨辊安装→磨机本体收尾→马达安装→分离器安装、气动及润滑系统安装→气动润滑系统调试→磨机调试试运。

2. 基础验收确定安装基准

（1）基础清理及标板、线架：清理磨机基础表面和所有基础孔，保证基础表面和基础孔清洁，在基础纵横中心两端相应位置埋设中心标板和线架，并埋设标高标志。

（2）基础检查：依据工艺布置图，拉线检查基础纵横中心、基础孔位置，用水准仪检查基础各部位标高，测量基础孔大小及深度，其各项偏差应符合设计、图纸要求。

（3）安装基准确定：各项偏差合格后，将确定的磨机纵横中心投射在中心标板上，作出永久标志，并延伸到基础外车间内合适位置。确定标高标志的具体标高值。以上标志为基准进行磨机各部件的安装。

（4）基础验收在甲方组织下，由土建、安装单位共同参加验收，不合格部位由土建单位在安装前必须进行修正符合设计、图纸要求。

（5）基础验收要填写详细的记录。

3. 基础框架安装

（1）调平螺栓用支撑板安装：根据基础框架调平螺栓孔的位置，在基础相应位置画出支撑板位置（大小要比支撑板大约 20mm），铲研基础面，使支撑板与基础接触良好平稳。用水平尺在支撑板上面检查支撑板水平，使其偏差≤0.5mm/m。

（2）基础框架就位：用水平运输的方法将基础框架和马达框架运输就位在磨机基础上（设备进口方位，视现场实际情况而定）进行初步找正，将地脚螺栓穿入基础框架。

（3）基础框架找正

①将调平螺栓涂普通润滑脂后，拧入基础框架的内螺纹孔内，全行程活动，调平螺栓应旋转灵活。

②将中心钢丝恢复在线架上，调校好中心钢丝线。

③按中心钢丝线吊线找正，基础框架和马达框架齿轮箱轨道的纵横中心位置，使其偏差≤0.5mm。

④用水准仪检查基础框架和马达框架、齿轮箱轨道的标高，测量点分布要在基础框架和马达框架、齿轮箱轨道上均匀分布（≤500mm），其各部位标高要符合图纸要求，偏差要控制在 +0 ~ -0.5mm 之间。

⑤水平、标高用调平螺栓调整，中心位置用撬杆或千斤顶调整。

⑥中心位置、标高、水平的调整要兼顾同时进行。全面检查合格后，用大约∠100×100角铁将基础框架、马达框架斜向点焊固定，一端固定在框架上边缘下，一端固定在基础上。

⑦框架上所有孔必须涂以润滑脂，用塑料盖密封。

4. 磨机机座安装

磨机机座主要由底板、桥形构件、环形管道、齿轮箱底板及烟道组成，所有构件在制造厂预装过，安装时严格按装配标记进行，装配标记不允许动。安装先从两块底板开始。

（1）底板安装：按装配标记将 1#底板和 2#底板装到基础框架两侧相应位置上，并用水准仪检查两块底板的标高和水平，应符合图纸要求。

（2）桥形构件组装：按装配标记用螺栓和销钉组装并连接到两块底板上。

（3）桥形构件上平面检查调整：用水准仪检查桥形构件上平面标高和水平（振动臂轴承安装在此面上），吊线检查桥形构件上平面中心与基础框架上磨机中心的重合度，其各项偏差如有必要调整，则可通过调整框架上的调平螺栓进行调整。

（4）磨机机座焊接

磨机机座焊接所用焊条型号以及焊接方法参见制造商提供的设备图纸，焊接必须由持合格证的焊工进行，所有焊接处应无间隙，间隙越小越好，必须采取反变形措施，把焊接变形减小到最低程度。桥形结构件与底板的焊接（轴承及铸铁件）必须预热到200℃，焊接顺序如下：

底板与桥立缝焊接要先焊内面，后焊底板与桥的外部焊缝；底板与桥平缝的焊接也应按先内后外的顺序焊接；焊接底板和基础框架；把环形管道安装到桥和底板上，用基础框架中心找正环形管道后，将环形管道与底板、桥连接起来；参考相应安装焊接环形管道外侧；用螺栓和销钉将烟道装到桥上相应环形管道上，需焊接的地方参见安装图；组装和焊接标高为 3.770m 的操作平台。

5. 磨机基础框架的灌浆

（1）灌浆前的检查

①地脚螺栓孔内清洁无杂物、无积水，基础表面清洁无杂物，地脚螺栓要自由悬空，不能碰孔底和孔壁。

②重新检查各控制点，如有偏差通过调平螺栓重新进行调整。

（2）混凝土灌浆及凝固

①灌浆由土建承包商进行，必须用不收缩水泥制成的混凝土，用振动棒振动密实。

②混凝土凝固大约72h，具体时间根据外部环境温度决定，达到75%强度后，才能拧紧基础框架地脚螺栓。

③在混凝土凝固期内，不能调整基础框架螺栓。

6. 齿轮箱底板安装及灌浆

（1）底板就位：将底板放到磨机机座底上，在底板上安装调整螺栓。

（2）底板找正：按齿轮箱底中心找正中心位置，用水准仪检查底板标高，用数字调平仪调整底板水平度（调整标高和水平用调整螺栓），各项偏差应符合图纸要求，并在相应位置作出标记。

（3）底板灌浆

①将灌浆面清理干净，无油污、无灰尘。用油涂抹有可能粘结的表面，用橡皮条堵塞所有灌浆液体不允许流到的地方。

②将设备带来的两组混合物，用设备专用的搅拌器充分搅拌均匀。计算好灌浆所用液体量。

③将齿轮箱底板用倒链抬高到磨机基础框架上方约 1m 处。

④在 60min 内迅速灌浆完毕，厚度大约 10~12mm。

⑤把齿数箱底板按初找标记，靠到基础框架上，放入所有固定螺栓及找正销钉。

⑥再次用水准仪检查齿轮箱底板标高，复查中心位置和水平度偏差。

⑦灌浆液体凝固后（凝固时间 18~48h，由外部环境温度决定）松开调平螺丝，清洁齿轮箱底板，移去防护物，旋紧紧固螺栓。

7. 磨机齿轮箱安装

（1）安装的前提条件：必须在齿轮箱底板和轨道灌浆体强度达到 75% 以上后，方能进行。清理底板、检查孔和螺栓，在齿轮轮箱底板和轨道上涂润滑脂。

（2）齿轮箱就位：如果齿轮箱重量在车间内 140kN 起重机范围内，可利用，如果超出则用其他方法（如千斤顶与水平运输相结合的方法）将齿轮箱放到齿轮箱轨道上，用倒链将齿轮箱向磨机方向拉动，把齿轮箱就位在磨机机座内的齿轮箱底板上。

（3）找正和固定

①按齿轮箱中的标记找正纵横中心位置。

②清理齿轮箱输出法兰盘，用数字水平仪检查输出法兰盘的水平度。

③把与马达连接的半联轴装配到齿轮箱输入轴上相应位置处，保证沿马达方向的轴向位置（特别重要）。

④各项偏差合格后，按齿轮箱底应销孔位置，现场人工镗孔，打入固定销钉。

8. 研磨盘安装

（1）齿轮箱输出法兰盘的清理：再次清理齿轮箱输出法兰盘，检查螺栓孔。

（2）研磨盘就位：用 50t 汽车吊吊装，吊装时用 10t 倒链配平，以便与输出法兰联接。

（3）研磨盘与齿轮箱的联接

①将研磨盘吊起后，清理研磨盘轴承（包括驱动销），并在其表面涂少许润滑油。

②吊装到齿轮箱输出法兰盘上方，要确保研磨盘水平，对中无误后，缓慢落到齿轮箱输出法兰盘上。

③若螺栓孔驱动销孔不对中时，可盘动齿轮箱输入轴，变动输出法兰盘圆周位置。

④联接紧固螺栓后，用力矩扳手对称均匀分几遍拧紧螺栓，具体规定拧紧力矩数值见安装图。

⑤按规定力矩拧紧完，确认无误后，螺栓用肩钢焊接固定。

（4）研磨盘上部件安装

①把研磨盘各组成部件装到研磨盘上，把它们均匀地分布到圆周上，一个卡环固定一个卡板（夹板）。

②先安装通风环、后安装挡环，耐磨环焊接顺序和工艺执行图纸要求。

③在环形管道下装研磨盘的密封。

9. 磨机本体和衬里安装

（1）磨机本体就位和找正：利用25t吊车将磨机本体吊装就位，按装配标记，找正本体。拆掉摇臂处的密封盖。

（2）焊接：焊接前检查各焊缝，对称焊接本体与机座，采用反变形措施把焊接变形减小到最低程度。

（3）安装耐磨板：焊接后，按设备图纸要求，安装本体内所有耐磨板。

10. 摇臂安装

（1）液压缸安装：将液压缸按图纸要求装在机座内，用螺栓和销钉固定，安装之前检查活动鼓形滚柱轴承是否已注油。

（2）减震装置安装：把减震装置安装在轴承座上，要注意他们的正确位置，参见指导说明书中的图样。

（3）摇臂的安装：

①移去机座轴承座上部盖，检查轴承座上的油孔是否清洁畅通。

②用预先装配好已注油的轴承连同振动臂插入装配在相应轴承孔凹孔内，轴安装到凹孔内顶端后，用螺栓拧紧，固定轴承盖。

③组装好弹簧的活塞杆柱头穿过机座孔，连接到摇臂上，并要检查滚子轴承是否注油。

④装了摇臂之后，先拆去锥形销钉的套和螺栓，把振动臂拉到水平位置，为装研磨辊作好准备。

11. 研磨辊安装

（1）清理：清理研磨辊轴和振动臂上轴孔。

（2）在装研磨辊之前，要先装夹套。

（3）研磨辊装入摇臂：利用50t起重机吊起研磨辊，吊装时要用10t倒链配平便于装配，当研磨辊吊至摆平的振动臂正上方时，再次清洁辊轴和振动臂轴孔，在辊轴上涂油，对中振动臂配孔时，缓慢落入。

（4）装配辊轴时，要确保辊轴的前面凹槽向下；确保耐磨环与研磨环之间的间隙。摆动磨辊时要小心，如果研磨环接触耐磨环，长度调节环要按规定装入。

（5）把锥形销套插入，用螺栓紧固磨辊，安好盖子、护板。

（6）用液压翻辊装置。

（7）摆入研磨辊。

①液压翻辊（装置）、液压管路安装：按图纸布置安装液压翻辊装置、摆出液压缸、蓄能器，连接管子，管子安装前必须确保有足够的清洁性（氩弧焊焊接、酸性），管子连接后，必须冲洗（根据液压管子冲洗规程）。②调试液压装置：按图纸要求调试液压装置。③摆入磨辊（a. 连接液压缸/辊拧紧到摆动臂上；b. 检查磨机里边有无妨碍；c. 启动液压装置，摆入研磨辊直到它与研磨盘的研磨板相接触；d. 装入螺栓、销钉等，用液压力矩扳手对称均匀分别扭至1750Nm力矩；e. 然后拆掉摆出液压缸；f. 安装摇臂监视器）。

12. 磨机本体的收尾

（1）磨机缓冲弹簧的安装收尾

①清理运行缓冲液压缸上活塞杆的螺纹，用二硫化钼涂抹。

②用两半夹式（对开式）螺栓连接活塞杆和柱头，确保夹式螺母的内部间隙（像图纸上的一样），要记录此间隙。

③安装储能器，充氮压力为 25 巴，在调试时再做调整。

（2）磨机本体的收尾

①安装磨机本体内的料斗，不要忘记密封热处的密封（化合物）。

②用螺栓连接磨机本体和摇臂之间的所有密封件。在试车过程中，必须检查摇臂相关密封件是否调整得合适。

13. 分选器（分离器）安装

（1）在地面预装分离器中下部壳体检查无误后，将其吊装到磨机本体法兰上，根据规定的检测项目检测合格后，将其对称焊接到磨机本体法兰上。

（2）将降低颗粒料斗吊放到壳体内，安装找正后焊接到下部外壳上。

（3）把转子临时放在颗粒料斗内，以便在把转子降入料斗之前把内置轴与转子法兰连在一起。

（4）把挡板框架装在分离器中下部外壳上，把上部外壳与挡板框架装在一起。

（5）把轴承保持器与上部外壳装到一起。

（6）用起重机提升转子，把内轴的顶部法兰与保持器连接起来。检查转子与分离器外壳间的间隙。检查转子与上部外壳的法兰之间的间隙，如需调整可通过斜垫片来实现，填写转子调整记录。

（7）安装和焊接下料管。

（8）安装和找正所有挡板框架上的挡板，把所有挡板保持器固定到颗粒料斗上，根据图纸调整。

（9）安装马达支架和分离器驱动装置。

（10）根据施工图安装分离器润滑管路。

14. 磨机马达安装

（1）根据马达轴向延长尺寸和半联轴器尺寸（包括销和键）把半联轴器装在马达轴上。

（2）根据齿轮箱输入的半联轴器用百分表检查其马达的位置，保持联轴器的同轴度，其偏差≤0.05mm。

（3）安装联轴器护罩。

（4）检查马达转向符合设计要求后，再连接联轴器螺栓。

15. 气动润滑系统安装

（1）按图纸要求安装齿轮箱润滑油站，并连接管路，管路要分二次安装，预装好后，打好标记，进行酸洗，再进行二次安装。

（2）按图纸进行气动系统安装。

第四节 辊压机的安装

高压辊压机又称辊压磨，挤压磨或双辊磨，该磨是由德国科劳斯特尔大学的逊纳特教授所发明，随后克虏伯、伯力鸠斯公司与 K·逊纳特教授合作进行了研制。实践证明：这种新型粉磨设备，在提高质量、降低电耗方面颇有成效。根据不同的资料介绍，辊压机用水泥的粉磨，可比一般球磨机增产15%～35%，节电10%～30%。辊压机所生产的水泥的质量也较好。颗粒级配较窄，如果具有相同晚期强度，辊压机所磨制的水泥比表面积较低。所以辊压机正受到世界各国的普遍重视和广泛应用。

由于辊压机设备庞大，在出厂时一般是分为四大部分运输的。一是：主机（包括主机架、进料装置，液压装置、润滑系统）；二是：两套轴系；三是：行星减速器；四是：主电动机。另外还有附属配套设备。

一、辊压机的安装施工

1. 主机架安装

（1）主机架一般是做为一个整体出厂，其安装顺序如下：

①以两立柱的承载销和定位销为基准定位，用高强度螺栓组成将上、下横梁与左、右立柱连接成一整体。在此应注意承载销与销孔是配作的，安装时应分清配对的标记。

②将四条导轨安装于机架的内腔上，四条导轨分两种规格，宽度有所不同，两条较宽的应安装于靠近传动侧，即安装于靠近主电机一侧。

（2）将主机架吊装至预定的安装位置。注意只能使用下横梁的吊装孔避免机架连接螺栓受力。

（3）按照工艺设计图纸校正主机架的水平位置及标高。必须注意主机架与两主电机的相对位置。

（4）用水平仪校正主机架的水平，使主机架平面度公差2mm/m。

（5）在机架安全安装完毕后，应用力矩扳手拧紧高强度螺栓组，拧紧力矩为750Nm。

（6）在机架连接螺栓拧紧，并确认立柱与横梁接合面无缝隙后，方可拧紧地脚螺栓。

2. 主轴轴系安装

轴系在出厂时是做为一个部件装配好的，使用单位在将其安装到位前，必须做一次全面的检查，以保证以后的装配质量，其装配顺序如下：

（1）松开并吊装下主机架的上横梁。

（2）因每套轴系重达26t，为防止起吊时整个轴系发生弯曲变形，我们建议起吊时用角钢或槽钢焊制一个矩形框架撑住四个起吊点。

（3）起吊固定辊轴系，将其固装于主机架的左立柱侧。

（4）在吊装活动辊轴系时，先在其轴承座的上、下槽内涂以适量的润滑脂，并以靠近传动侧的导轨为定位基准，将轴系装于主机架内腔。

（5）在保证导轨不与活动辊轴承座发生干涉的前提下，尽量调整磨辊的位置，使两磨辊的工作段端面保持在同一垂直面内，这样一方面可尽量增加工作段宽度，另一方面可使进料装置中的侧挡板尽量靠近磨辊端面，减少端面漏料，降低边缘效应。

（6）在两磨辊安装到位后，安装位于两磨辊之间的中间架，在安装时必须保证两点：一是中间架与固定辊之间不能留有间隙，因中间架的作用就是将无物料挤压时作用于活动辊上的液压力通过固定辊传递到主机架，从而在主机架上平衡，若二者之间留有间隙，则液压力直接作用在中间架上，有可能剪断中间架与上、下横梁的联接螺栓。二是为了防止无物料时，活动辊碰撞到固定辊，必须保证一定的原始辊缝，因此在中间架与活动辊之间必须加设垫板，以确保留有15mm的原始辊缝。

（7）利用承载销和定位销将上横梁安装到位，用力矩扳手拧紧上横梁与左、右立柱的高强度联接螺栓，拧紧力矩为 750Nm，原则上应保证上横梁与左、右立柱间没有明显的间隙。

安装轴系水冷系统时，应确保旋转接头与主轴中心孔的同心度，以防止旋转接头跟转。

3. 主电机及控制装置安装

（1）以固定辊中心线为基准，校正固定辊驱动电机的水平及垂直位置，必须保证：电机轴线与磨辊轴线同轴度为 2mm；两轴线夹角小于 2°。

（2）主电机的地脚螺栓需在万向节传动轴安装完毕，并再次校对与磨辊轴线位置后，方可拧紧。

（3）在接冷却电机电源时，应注意风叶的转向，以避免反接。

4. 行星减速器及缩套联轴器的安装

（1）缩套联轴器的安装

①用汽油清洗缩套联轴器，在锥面、螺孔及螺杆处均匀地涂一层 10#或 20#机械油，注意不得采用含有二硫化钼的润滑油和脂。

②将缩套联轴器套于已清洗干净的行星减速器中空输出轴上，并推至输出轴轴颈的圆弧边缘位置。

（2）行星减速器的安装

①在安装前先用手盘动其输入轴，看其内部运转是否灵活；

②用汽油将行星减速器中空输出轴和磨辊主轴轴线清洗干净；

③将缩套联轴器套于减速器中空轴上；

④起吊减速器使其轴线与磨辊主轴轴线尽可能保持一致；

⑤将减速器缓慢、均匀地套于主轴轴颈上；

⑥用力将减速器推行到位。

（3）螺栓的拧紧

在行星减速器安装于主轴完毕后，按如下规程均匀拧紧螺栓：

①用手将缩紧螺栓拧紧至拧不动为止；

②将力矩扳手的力矩数调至 200Nm 按对角交叉拧紧；

③将力矩调至 350Nm，将螺栓对角交叉拧紧；

④把力矩调至 500Nm，将螺栓对角交叉拧紧；

⑤以 600Nm 的拧紧力矩，将螺栓对角交叉拧紧；

⑥以 700Nm 拧紧力矩，将所有的螺栓拧紧；

⑦以 600Nm 拧紧力矩将所有螺栓复紧一遍。

5. 万向节传动轴的安装

（1）用汽油清洗减速器输入轴，主电动机输出轴及传动轴两端的法兰盘；

（2）将两法兰盘分别套于减速器输入轴和主电动机输出轴；

（3）在安装好法兰盘上的平键后，方可将中间段万向节传动轴就位，先安装减速器一端；

（4）用力矩扳手拧紧万向节传动轴轴承座与底盘的联接螺栓；

（5）拧紧减速器联接法兰与万向节传动轴联接法兰的螺栓组；

（6）给主机通电，确认空载可行后，拧紧主电机联接法兰与万向节传动轴联接法兰的螺栓。

二、辊压机的调试

1. 主传动系统、电机空载试车及其条件

（1）准备工作

①煤油清洗减速器。在减速器的箱体内倒入适量的煤油先浸泡，待主电机可驱动时空载传动，清洗齿面；

②接通主电机及冷却电机电源，并确认主电机空载运转正常后，安装并拧紧主电机与万向节传动轴的法兰盘联接螺栓；

③拧下减速器箱体下侧的两螺塞，放出清洗用的煤油，再将螺塞拧紧。注意其密封圈是否完好，若已损坏应及时更换，在用代用器时，应保证密封圈材料为耐油胶板；

④灌入所选用的润滑油，注意应保证达到油标指示的位置。

（2）润滑油品的选用

该减速器可广泛使用于全国大部分地区，但对于不同的环境，不同的温度或季度则应采用不同的润滑油。

①正常的环境温度中使用，即冬季温度在 − 15℃ 以上，夏季在 38℃ 以下。北方可选N220 硫 − 磷型中极压齿轮油，南方可选用 N320 硫 − 磷型中极压齿轮油。若使用厂家根据本厂情况选用其他型号的润滑油，应与设备制造厂或研制单位协商确定；

②若工作环境温度高于 40℃ 低于 60℃，应选用 N460 硫 − 磷型中极压齿轮油；

③当工作环境温度低于 − 15℃ 时，应与研制单位协商确定所用油品。研制单位将免费为用户选择油品。

（3）更换油品

不同种类的油，不可混用。若需更换油的品种，应先将减速器内的油放尽，并清洗减速器，方可注入新润滑油。

（4）传动系统空载试车必要条件

①主电机接线转向均正确，地脚螺栓已拧紧；

②万向节传动轴联接法兰螺栓及万向节轴承与底盘的螺栓均已按规定拧紧；

③行星减速器手盘运转灵活，并且已加润滑油；

④缩套联轴器已安装完毕，缩紧螺栓已按规定拧紧；

⑤扭矩支承中蝶形弹簧已做好调整和预紧，连杆机构安装符合要求，关节轴承中已注入了润滑剂（可选用 2# 或 3# 二硫化钼锂基脂）；

⑥检查并确认主要力量主轴轴系内外无任何妨碍传动系统及主要力量转动的异物，尤其是辊隙中无铁块及其他杂物；

⑦辊压机处于无喂料状态。

（5）系统空载试车

①仔细倾听主轴承的运转声音是否正常；

②仔细倾听行星减速器运转声音是否正常；

③观察万向节传动轴在运转中的摇动是否在允许的范围内；

④仔细倾听主电机运转声音是否正常；检查其冷却风机的转向是否正确；

⑤观察电机的空载电流是否在正常范围之内；

⑥空载试运转应保证连续 4h 以上，并在运转过程中经常观察其各部分的温升、运转声音和电机电流及控制柜的工作状况。

2. 液压系统试车

（1）蓄能器充气

①所充气必须是氮气，严禁使用氧气和空气，否则有爆炸的危险；

②将充气工具接到氮气瓶，拆下蓄能器充气阀门的安全罩和阀帽，将充气工具另一端拧到蓄能器上，检查蓄能器的放气阀是否拧紧；

③首先打开蓄能器的阀门，检查蓄能器内的残余压力，关闭其阀门，再打开氮气瓶的阀门，检查氮气瓶内的压力；

④将氮气瓶的阀门保持开启状态，缓慢拧开蓄能器充气阀门，使皮囊慢慢胀开，注意观察充气工具上的压力表，并经常关闭氮气瓶的阀门，以检查蓄能器是否已达到预定的充气压力；

⑤蓄能器实际充气压力应大于预充压力 5kg/cm^2 左右，在充气完毕后，略停留两分钟左右，等蓄能器内气体稳定，温度恢复正常后，缓慢打开蓄能器的放气阀门，将蓄能器内压力调至预定充气压力；

⑥关闭蓄能器充气阀和氮气瓶的阀门，卸下蓄能器端的充气工具，用肥皂水检查确认蓄能器充气阀无泄漏后，方可拧紧阀帽和安全罩。

（2）液压油的准备

①液压系统必须是清洗干净的，所有的阀门及管道均已安装完毕，无任何暴露在外的管口和空腔；

②检查准备使用的液压油质量，可直接观察其粘度、颜色、清洁度和透明度、防止取错、用错，在灌入液压油箱前必须经过严格的过滤。

（3）液压油品的选择

为了保持液压系统良好的工作状态，稳定的工作性能，防止液压设备发生锈蚀和磨损过大等现象，以保证整机设备的使用寿命，提高运转率，必须使用所规定的液压油，不允许使用普通机械油。

①当环境温度高于 -20℃，低于 40℃ 时，可使用 HL 系列液压油。一般选择 N32 或 N46；

②当环境温度低于 -10℃，高于 -30℃，可选用低凝液压油 N32 或 N46；

③一旦选定并使用了某种液压油，一般不宜更换油品，只需定期检查，补充液压油。

（4）液压系统试车前的准备

检查所有管道接头及法兰是否连接就位好；检查所有方向阀是否与所需要动作的方向相一致；将所有的溢流阀调到最小压力上；将液压系统的排气阀打开；检查液压油箱内液压油的油位是否在规定的高度内；用机旁开关点动液压油泵，观察其转向是否正确；检查移动辊轴系做水平移动时，有无阻碍其运转的杂物，与其他设备有无可能发生干涉，特别是两磨辊间和四只轴承座之间有无异物或铁块妨碍移动辊运动；主机架各联接部分安装就位，联接螺栓组均已按规定拧紧力矩均匀拧紧。

（5）液压系统试车

液压系统主要可划分为以下三个回路：加压回路、退辊回路、压力保护回路，在进行调试时，可按以下步骤进行：

1）调试泵站压力，检验齿轮泵和油泵电机的工作性能（在调试过程中，若出现齿轮泵密封圈处往外冒油，则可考虑是否因油泵电机反接）。

2）用进辊油路给系统排气（在只有一侧冒油的情况下，可将该侧的排气阀拧紧关闭，再往系统中充油）。

3）调试各油路，检验系统各元器件的可靠性和灵敏度。下面设定系统压力为 P，来讲解各油路的调试：

①调试进辊油路。将蓄能器的充气压力调至（0.65~0.85）P；将电接点压力表上限调至 PD 上 =（$P+0.7$）MPa、下限调至 PD 下 =（$P-0.7$）MPa；将各方向阀调至左进辊状态；启动油泵电机，调节泵站溢流阀的压力至（$P+0.5$）MPa（可从泵站压力表上读取）；调节组合阀中电磁溢流阀手柄，使电接点压力表显示压力与泵站压力表相同，并在此基础上，稍稍再拧紧一点电磁溢流阀手柄；观察左辊推进是否灵活，因是单边进辊，所以推进距离不宜过长，以移动辊与导轨不发生干涉为宜；拧松电磁溢流阀手柄，给系统卸压；将各方向阀调至右进辊状态；启动油泵电机；观察右辊推进是否灵活，同样推进距离不宜过长；拧松电磁溢流阀手柄，给系统卸压；将各方向阀调至左、右辊同时进辊状态；启动油泵电机；观察两辊水平移动是否灵活。

②调试退辊油路。给系统卸压；将各方向阀调至左退辊状态；启动油泵电机，调节回路溢流阀，使其压力调至 4MPa（从泵站压力表读取）；观察退辊是否灵活。

③用进辊油路进行保压试验。将各方向阀调至进辊状态；蓄能器充气压力为 8MPa；电接点压力表上限设定为 PD 上 =11MPa，下限设定为 PD 下 =9MPa；调整液压泵站的溢流阀，使其压力为 10MPa；调整组合阀中电磁阀压力，使其在 10MPa 的基础上再稍稍超过一点；在上述参数下，系统压力约为 10MPa，在此压力下保压 2h，检查各接头和法兰等有无明显的外泄漏和元件的内泄漏。

3. 润滑系统试车

该润滑系统共润滑 16 个润滑点，这 16 个润滑点的分布是：四个轴承，每个轴承上两个润滑点，共有八个润滑点；四个端盖，每个端盖上一个润滑点，共四个润滑点；四个导轨，每个导轨上一个润滑点，共四个润滑点，各润滑点所需油量多少的顺序依次为：轴承>端盖>导轨，因此在安装时应仔细地对应好分油器各出油口与各润滑点，其具体做法如下：

（1）在安装完毕后，往润滑泵内充入适量的润滑脂（约 30L）；

（2）启动电机，注意电机的正反接，观察分油器各出油口出油量的多少；

（3）将两分油器中出油量最多的八个出油口与轴承润滑点相连，将出油量较多的四个出油口与端盖润滑点相连，将出油量最少的四个出油口与导轨的润滑点相连；

（4）在润滑电机不发热的前提下，将导轨、端盖处充满油脂，直到看到有润滑油溢出为止。

4. 检测系统试车

（1）辊缝检测调试

首先，检查确认感应式位移传感器的一次仪表和二次仪表接线是否正确；其次是将移动辊推到头，检测原始辊缝并做记录；再次是抽动位移传感器的活动杆于不同位移量时，检测二次仪表显示的线性度；然后是找出感应式位移传感器的线性工作段，将传感器的外壳安装于合适的位置上；最后是以所检测的原始辊缝为初始量，将位移传感器的活动杆固定于移动辊轴承座上，并注意检查其安装是否牢固。

（2）轴承温度检测

首先，检查端面热电阻的接线和二次仪表接线是否正确；其次，用标准温度计校验端面热电阻在 0～80℃ 内的温度误差值是否在产品规定的范围内；最后，将校验后的端面热电阻装于主轴承外端盖上。注意热电阻元件端面应与主轴承外圈保持良好的接触，而热电阻上的弹簧又不可压得过紧，以防损坏元件。

（3）液压系统压力检测

首先，检查确认压力传感器及显示仪表的接线是否正确；其次，将液压系统调节至不同的压力，调整显示仪表上的指示数值在 2～12.0MPa 的范围内其压力显示误差不大于 ±0.3MPa，在 7～11MPa 的范围内其误差不大于 ±0.1MPa。

（4）润滑系统正常工作检测

首先，检查确认接近开关和指示灯的接线是否正确；其次，将接近开关装于递进式分配器的接近开关安装座上。调整好接近开关头部与分油器滑杆间的距离，使其在规定的范围内；然后，启动油泵电机，观察当分油器滑杆移动时，接近开关的指示灯是否随之有规律地闪动。

5. 各系统联动空载及加载试车

（1）各系统空载联动试车的条件

①主机部分。所有地脚螺栓均已拧紧；所有联接件及螺栓组均已按规定安装完毕；移动辊水平移动自如，无任何可能妨碍其运动的杂物；磨辊转动灵活。

②传动部分。传动系统空载试车完毕；检查确认主电机、扭矩支承的地脚螺栓是否拧紧；万向节传动轴安装完好，法兰盘联接螺栓及传动轴轴承座与底盘的联接螺栓均已按规定拧紧；减速器在空载试车中未发生任何不正常现象，温升较小；主电机及控制柜接线正确；其散热条件符合产品规定要求，温升较小。

③液压系统。液压油箱内液压油量合适；蓄能器充气压力合适；液压缸进退移动灵活；所有压力控制阀和压力控制仪表调整完毕；液压系统静态保压性能良好，控制在规定所要求的压降范围内。

④检测系统。位移传感器反应、检测灵敏；热电阻温度指示正确；压力传感器及二次显示仪表可正常检测。

⑤主机控制柜内各仪表的联锁控制接线正确。

⑥润滑系统。润滑泵工作压力正常；各分油器及各管路均畅通；主轴承内的润滑脂充足；分油器正常工作检测完好；润滑油泵贮油筒空油报警正常；泵站油脂过滤网清洗干净；泵站限压阀调节完毕。

（2）整机空载联动

①启动顺序。启动主机控制柜→启动集中润滑系统→启动主电动机→启动液压泵电机。

②空载联动试车内容。电接点压力表可控制油泵电机的启闭灵敏。将电接点压力表上限调至超过所调压力传感器的上限，试验液压系统压力达到压力传感器表上限时，主电动机可否立即停机。把液压系统各阀调至使移动辊退回状态，使移动辊退到最大辊缝（即60mm）

位置，检验主电机是否在此时立即停机；将液压系统压力调至压力传感器的调定压力上，检验其是否可在此压力下液压系统自动卸压；集中润滑系统是否按规定的停、开时间工作。分别将4只端面热电阻取出，施加一大于80℃温度负荷，检验主电动机是否立即停机；在运转过程中，注意检查各系统及零部件工作是否正常；辊压机空载联动试运转需2h，在此期间，应按规定给各润滑点加好所需的润滑油脂，并注意检查集中润滑系统是否按规定定时为各集中润滑点供油。

（3）加载试车条件

1）所有出料系统设备空载试运转正常：

①各输送设备运转灵活，空载电机工作电流正常，无较大摩擦声音；

②各出料输送设备与主机联锁正常，一旦出料系统中某一设备出现故障，主机随即停止。

2）主机空载联动试车完毕，各系统及零部件工作正常。

3）进料系统各设备空载试运转正常：

①各输送设备运转灵活，空载电机电流正常，设备工作声音正常；

②各进料输送设备与主机联锁正常，若主机或出料系统发生故障，可立即停机。

4）进料系统中的除铁器和金属探测器工作正常，并已与主机联锁。

5）进料系统中的称重仓必须是放空状态，防止安装中的一些铁块及异物混于仓中，损坏设备。

（4）加载试车及其调试

1）首次加载及调试

①初调进料装置的插板于最低位置；

②开启进料系统，将称重仓的料位加到设定的高度，并保持料位高度在60%~80%之间，注意调节给料量；

③启动液压油泵电机，给液压系统加压，使压力逐步上升（即5，6，7，7.5，8×10^6Pa），每次上升都要取样分析；

④在加载过程中，应注意观察移动辊是否一直在做水平移动。若移动辊静止不动或偶然移动一次，并且主电机工作电流较小，则应将进料插板适当提高，使工作辊缝大于原始辊缝，移动辊水平移动频繁，每次对挤压物料的取样均应在该状态下进行；

⑤在加压和调试过程中，应注意观察主电动机的电流变化情况。其平均电流不允许超过主电机额定电流；

⑥每次加载试车时间为1h，在此期间应注意观察机械和电气各部分设备的运转及工作情况。注意检查主轴承、减速器及电动机的温度。注意各检测仪表和显示仪表的变化情况。仔细倾听设备有无异常声音；

⑦关闭辊压机及其附属设备。将所有的联接螺栓、地脚螺栓重新拧紧一遍。对于重要的螺栓，缩套联轴器缩紧螺栓，万向节传动轴承座与底座的联接螺栓，减速器联接螺栓等均应按规定的力矩重新拧紧，对设备其他部分进行仔细检查，及时发现设备隐患；

⑧在正式启动前必须对设备的关键部分定人员、定岗位、定责任进行操作和监视；

⑨所有人员必须预先熟悉和了解设备的性能及主要结构；

⑩启动时统一指挥，未经许可不得启动设备。发现异常情况及时报告，及时处理。一般

处理故障时应停机、卸压。

2）第二次加载试车

①在对首次加载试车时取出的试样进行分析的基础上，初选一个较为合适的操作参数。即在较大的处理量和较小的挤压状态下，达到较好的挤压效果；

②开启辊压机及其附属设备，用选择好的参数进行操作，并将挤压后的物料送入下一工序中。根据整个粉磨工艺系统的物料平衡和综合粉磨效果调节辊压机的操作参数，以求达到预计的粉磨效果；

③第二次加载应连续试车 12h，此时设备各部分的温度已基本平衡，应注意观察。仔细倾听主轴承和行星减速机中有无异样声音，检查主轴承的温度及主电机的运转状况。主轴承的工作温度一般不超过 70℃，短时间不可超过 80℃，减速机工作声音正常，温度适当，外壳偏转平稳而有规律，主电机声音正常，平均电流在额定范围内。

第五节　选粉机的安装

1. 选粉机的安装施工

（1）施工前的准备工作

首先，安装前应组织施工人员熟悉工艺施工图及设备安装图，领会技术要领；其次，准备相应的施工工具、机具及施工用材料；最后是对设备基础进行基础核对。

（2）支座安装

①在安装选粉机的楼板上按工艺平面布置图确定设备位置，画出基础中心线以便确定 0°、90°、180°、270°的方位，并画出安装支座的基础线。

②在楼板标注的相应位置上安置支座，找正支座上的基础线和楼板上的基础，二者的偏差不超过 ±5mm，校正各支座的中心距尺寸，随后将支座点焊固定。

（3）壳体安装

①检查陶瓷片是否受损，是否有脱落，注意保护贴陶瓷片处。

②将选粉室未装上的两条护腿焊接上，打磨平整，将选粉室放置在支座上。

③把选粉室调整到支座的安装基础线上，用螺栓临时固定。

④调整选粉室各个支脚高度，使得选粉室顶板水平偏差 ±2mm 之内。

⑤最后固定好选粉室。

⑥将下锥体从基础孔的中间吊起，与选粉室壳体下法兰连接，在两法兰之间垫石棉垫或石棉线，带上螺栓，拧紧。由上放下转子，装上出风筒。

（4）出风口弯头安装

将出风口弯管安装于选粉室上，弯管出口按要求的方向放置，选粉室和弯管之间加衬垫并用螺栓拧紧。

（5）支架安装

将支架对正定位孔，用螺栓暂时将支架固定在壳体的工字梁上。

（6）主轴和转子安装

①打开主轴箱，检测测温元件，是否完好。吊装主轴时注意保护好测温元件和陶瓷片，必须使用手拉葫芦吊装主轴组件。

②将法兰盘装上支架，·调整主轴方位，对准润滑油出口和测温管出口的方向，然后从法兰盘的孔中缓慢下落，轴上的键对准轴套上的键槽，缓慢地插入转子的轴套孔中。当轴上的螺纹超出轴套固定端面时，带上锁紧螺母。

③用螺栓将法兰盘与轴毂套紧固。

④用传动支架的调整垫片调整支架各支脚高度，保证主轴的垂直度在 0.2～0.4mm/m，调整密封环与密封槽轴向之间的间隙，保持在规定的范围内；调整密封槽与主轴套表面的径向间距，使对应的距离偏差不大于 2mm。

⑤校准高度和水平后，固定法兰盘与支架，拧紧支架和壳体的联接螺栓。

⑥用等扭矩力旋紧轴套上的拉紧丝杆上的螺母。

⑦手盘主轴不应有卡滞感。

（7）联轴器安装

将两个不同的联轴器拆开（拆开前做好位置标记），分别安装在减速器上、主轴上和电机上。注意：安装联轴器时应该用热套法或螺旋旋入法装入，不得用打击的方法装入。装前要将配合表面擦干净，抹上润滑油。

（8）减速器安装

①将减速器支架装上，带上螺栓。

②吊装减速器到支架上的同时，要使相配的联轴器对准到位，带上螺栓。

③调整减速器输出轴和主轴各自联轴器之间的轴向间隙和同轴度，保证轴向间隙在 2～5mm，两轴的同轴度在 0.1mm。

④拧紧螺栓。

（9）电机安装

①将电机支架装上，带上螺栓。

②吊装电机到支架上的同时，要使相配的联轴器对准，带上螺栓。

③以一个半联轴器为基础校准另一个半联轴器的外圆和端面，要求：端面轴向距离在 0.15mm 之内；径向偏差在 0.20mm 之内；轴向间隙在 1.5～5mm。

④校准后，用螺栓固定电机和支架。

⑤装上弹性柱销（装前应调整好电机的旋转方向）。

⑥用手盘动电机转轴不应有卡滞感。

（10）轴毂套及附套安装

将附套套在轴毂套外，套与套之间安上毛毡密封，带上螺栓，夹着轴套并用螺栓把附套固定在风筒上。

（11）稀油站安装

①按现场布置图将稀油站安放到位。建议稀油站安放在楼板面上的横梁上或高出楼板 400～500mm 的支架上，楼板面应考虑一个 400～500cm 的接油盘。

②仪表盘安放在油站附近及观察方便的地方并固定好。

（12）测压油管安装

①先将紫铜管按需要的长度下斜，两端分别用套管套上铜管带上螺帽，将孔口扩成锥形口，然后将紫铜管内壁用压缩空气或氨气吹净，将铜管弯成形。

②将油管连接在仪表盘和油站对应的位子上。

（13）润滑油管道安装

①按要求长度下斜，两端用管螺纹套丝器套出螺纹。

②安装前，将管道内壁经高压水冲洗后，用压缩空气吹干。

③先接上一小节轴套上的进油管、出油管的引出管，处于弯头内的一节出油管，必须用耐磨的钢管套在外面，壳体的筒体外面装上钢座将出油管固定。然后按设计要求，将进、出油管连接到油站上，用生料带或铅油麻绳缠在螺口密封。

（14）油站冷却水管安装

进、出水管上应带有控制阀。水管应耐压 0.4MPa 压力，不得有渗漏现象。

（15）安装测温元件

将测温元件安到测温位置上，下轴承测温元件必须从测温护管中穿出，护管外必须套上耐磨钢管，在壳体的筒体上装钢座，护管与钢座压盖点焊固定。

（16）锁风阀、三次风阀及三次风阀盖板安装

将锁风阀吊装到下锥体上，两法兰之间垫上橡胶密封垫，带上螺栓，拧紧。

（17）主机电控柜和油站电控柜安装。

（18）连接电源线和信号线。

（19）一次风阀安装

法兰面之间使用橡胶密封垫。

（20）二次风阀安装

法兰面之间使用橡胶密封垫。

选粉机一、二次风阀和出风口弯管的外接风管必须有 1.5m 以上的水平段，以保证出风的平稳性和均匀性，保证选粉机的正常工况。

2. 试运转

（1）选粉机开车前的检查

主机安装完毕后，检查连接处有无松动、密封不严现象，各润滑点加注润滑油，均检查无误后，可进行试运转工作。除上述要求外，还应满足下列要求：

①转子旋转平稳，无卡滞现象。

②减速机的油位在正常范围内。

③主电机旋向正确，选粉机旋向正确。

④润滑系统管路畅通，选粉机主轴承能得到正常润滑，润滑油无渗漏现象。

（2）开车顺序

开启收尘器及系统风机→开启选粉机→开磨机的输送设备→开磨机→开磨机的喂料设备。

（3）停车顺序

停车顺序与开车顺序相反。

3. 安装施工注意事项

（1）壳体标高偏差不应大于 ±5mm。

（2）主轴垂直度为 0.1mm/m，可在主轴部分的上底加工面测量，允许在壳体支撑下加垫调整。

（3）主轴、内、外壳体的同轴度为 4mm。

（4）减速机与主轴的同轴度为 0.1mm。

（5）电机与减速机联轴器同轴度（端面轴向距离在 0.15mm 之内，径向偏差在 0.20mm 之内，轴向间隙在 1.5~5mm）。

（6）所有连接处要求密封严密，不得有漏气现象。

O-SEPA 选粉机分级流场不均是影响选粉效率的另一个重要因素。O-SEPA 选粉机采用进风口与分级转笼平行布置的方式，同时采用左右不等蜗壳的进风口，左右蜗壳进风量一般分别为 67% 和 23%，二次进风量是一次进风量的一半还不到，但左右进风口却都承担着向半个柱面分级区供风，显然在分级区的左右两侧供风不均。由于采用了蜗壳渐变的供风方式，实际上半个蜗壳的圆周上，选粉机距离风口的远近不同气流分布也不均。

第八章 水泥包装与散装工艺流程及设备安装

在工业化的国家里，袋装水泥所占的比例不足20%，但在基础设施落后和预拌混凝土比重小的国家里它却超过80%。包装设施与装料筒仓装备被安置在单独的厂房内。尽管装配地点的方式有所不同，但是两种情况下，包括用筒仓卸料和垂直输送、杂物清除筛、中间料仓、计量装置、带电子秤系统的包装机、返料系统、卸包和质量校正系统以及损坏袋的甩出设施的操控线、包装袋前往托盘或装载设施的传输设施在内，包装设施的安装几乎都是同样的。

第一节 水泥包装工艺流程、设备及安装

一、水泥自动包装机

在水泥的生产过程中，包装是最后一道工序，产品的质量是否达标（50kg，误差2%）是一个很重要的指标。目前国内的中、小型水泥厂的包装多是人工的凭经验的包装，常出现过重造成浪费，过少又不达标，产品不合格，影响工厂信誉，且劳动效率低。因此，大型的水泥厂都是采用自动装袋、配料等成套微机控制系统。

1. 水泥包装机的分类

水泥包装机大部分为固定式和旋转式，固定式水泥包装机是指1~4嘴包装机，由人工移动插袋来完成水泥的灌装，旋转式水泥包装机是指6~14嘴，人工不动，包装机旋转来完成插袋灌装。

旋转式水泥包装机的配套设备有：振动筛、螺旋闸门、给料机、溜槽、包装机主机、接包输送机、正包输送机、清包输送机、荷重传感器、料位控制仪等（根据水泥生产企业的不同要求，配置不同）。

2. 水泥包装机的特点

（1）包装计量准确，袋重一致性好。由于采用简便的键盘设定袋重方式，操作工人可方便地将袋重调整到所需要的质量，以保证袋重合格率。

（2）自动化程度高，工人劳动强度低，人工只需完成插袋动作，其余如开闸、灌装、闭闸、推包等动作均由电脑控制，自动完成。

（3）包装机在包装过程中回灰量极小，同时采用了密闭顺流的收尘方式使扬尘减少，操作岗位空气含尘浓度达到了环保和劳动保护的要求，包装机工作时噪声低，在其他设备开动时几乎无法察觉包装机是否在运行，该设备在正常运行时噪声只有7dB左右。

（4）采用了单元组合结构，使设备质量轻，标准化程度高，备品备件品种少，易购买，易更换。

二、BHYW-8型回转式水泥包装机

下面我们以BHYW-8型回转式水泥包装机为例，介绍该型号水泥包装机的结构、工作

原理及其安装施工。

1. 主要结构

BHYW-8型回转式水泥包装机主要由入料装置、上传动装置、供电系统、回转料仓、称量机构、出料机构、吊挂、闸板控制机构、锥体中间盘、下轴承、包装机回灰斗、电控柜等部分组成，见图8-1。

（1）入料装置

BHYW-8型回转式水泥包装机采用筒体中心入料。水泥物料在包装机上部经中间仓、螺旋闸门、给料机到包装机顶部，经软连接进入包装机回转料仓。为解决密封与连接问题，设有固定式连接架、入料口等构件，入料口由进料器与给料机相接。

（2）上传动装置

上传动装置由上横梁、轴承座、空心主轴、传动齿轮和带电机的立式摆线针轮减速机所组成。回转速度采用变频调速，调速范围0~6转/分。齿轮传动为开式，无需润滑；大齿轮有护罩，一为防尘，二为安全。空心主轴由圆锥滚子轴承承受轴向载荷，承载能力大。

（3）供电系统

包装机的供电系统分两大部分：一路是整机主传动回转驱动系统及辅机供电；二路是各出料机构灌装电机及各执行元器件和微机系统的电源供电。因第二路的电器件是随回转料仓旋转，所以整个供电线路是通过碳刷和滑环装置引入到回转料仓顶部，再分流到各单嘴控制箱，以保证设备的正常供电。

供电滑环一般为七道，按自下而上的位置关系接线：第一道为供电电源零线N；第二、三、四道为供电电源A、B、C三个相线；第五道为包装机回转料仓高料位；第六道为控制电源；第七道为计数输入。

（4）回转料仓

回转料仓为金属结构件，筒体为圆柱形，与空心主轴同轴回转。料仓顶部有入料料钟，中心是空心轴，同时也是料仓的溢流管。筒体底部为圆锥形，按灌装嘴的个数在其上开有出料口。筒体顶部设有检查维修孔和料位控制器。料位控制器采用RF射频导纳物料控制器，高料位一个，给料机的工作由料位控制器控制。

当水泥物料低于下限位时，给料机开始供料。物料堆集高度到上限位时，给料机供料停止，多余水泥物料从溢流管排出，以保证仓压正常。

（5）称量机构

该设备称量机构采用称重传感器与微型计算机组成微机称量机构。

（6）出料机构

出料机构由出料斗壳体、压盖、叶轮、主轴、轴承座、轴承、皮带轮等组成。

出料斗壳体内有保护衬板，磨损后可以更换。

主轴采用迷宫式、密封轴套外缠聚四氟乙烯盘根、挡灰盘、骨架密封等四道密封装置，确保主轴使用寿命。

由回转料仓流入出料壳体内的水泥物料，在高速旋转的叶轮作用下，经出料嘴喷射到水泥包装袋内，完成水泥灌装。

（7）吊挂

在每个出料口的前面安装吊挂（又称装袋称重架），在其上固定有压袋和掉袋机构。压

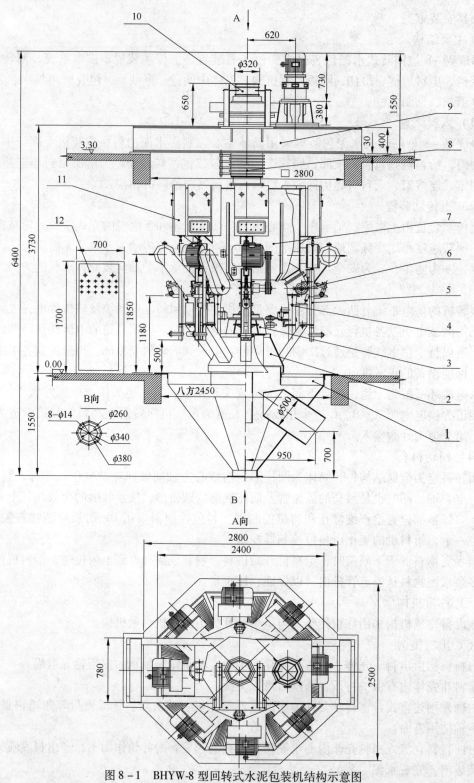

图 8 – 1　BHYW-8 型回转式水泥包装机结构示意图

1—包装机回灰斗；2—锥体中间盘；3—下轴承；4—闸板控制机构；5—吊挂；6—出料机构；
7—回转料仓；8—供电滑环；9—上传动装置；10—入料装置；11—称量机构；12—电控柜

袋架上的橡胶压袋轮以一定角度压在出料管的上部，其角度可调。掉袋机构由掉袋架、调节拉杆和电磁铁组成。吊挂顶部与称重传感器连接，整个吊挂装置通过四个弹簧片与机体安装固定。

（8）闸板控制机构

每个出料机构的下方设置一套独立机电式出料口闸板控制机构。该机构由闸板、闸板杠杆、闸板弹簧、支架、卡轮、卡销、电磁铁等零部件所组成。

当包装机旋转到一定位置，内撞块与闸板控制机构撞块相碰，出料闸板打开，水泥物料开始灌装；当质量达标时，微机系统发出信号使电磁铁吸合，卡轮卡销脱离，出料闸板迅速关闭，停止灌装，完成一次灌装循环。

（9）锥体中间盘

锥体中间盘由回料管和回转锥组成。在每个出料口的下边有一个回料管，各个回料管倾斜安装在回转锥上。同时还与闸板控制机构、吊挂相连接，以形成一个收尘、回料系统，改善工作条件，降低粉尘污染。

（10）下轴承

包装机下部有下轴承，下轴承的作用主要是保证整机的同轴度，承受一定的轴向力和径向力。

（11）包装机回灰斗

包装机底部为包装机回灰斗，是静止的金属结构件。其作用是将包装机各溢流管的回料、每个出料管喷射的回料、掉包、甩包的物料集中在一起，经回料螺旋输送机送回斗提机，以便回收使用。侧面的收尘管，连接除尘设备，提供负压，以保证工作现场清洁、降低粉尘含量。

（12）电控柜

电气控制柜主要包括：主控制柜一台；单嘴控制箱八台；操作箱一台。

2. 工作原理

包装用的水泥物料由斗式提升机输送给振动筛，经其筛除水泥中杂物后，进入中间仓存储。中间仓存储的水泥物料经手动螺旋闸门调节流量、给料机均匀给料后，通过软连接进入包装机入料装置，水泥物料由此进入包装机。

该型号包装机采用筒体中心入料。水泥物料由入料装置经上传动空心主轴进入包装机回转料仓。料仓内有料钟均匀布料。料仓的料位控制，由 RF 射频导纳物位控制器控制给料机的开停来实现。料仓的回转速度采用变频调速，调速范围 0～6 转/分。回转方向为俯视顺时针。

回转料仓的水泥物料进入出料斗壳体，在高速旋转的叶轮作用下强制连续灌装。整个灌装过程为机电一体控制，不需任何气动元件。除人工插袋外，水泥袋压袋、闸板启闭、灌装、称重计量、定点掉袋等功能均可自动完成。八嘴各有一电器控制箱，箱内装有微机控制系统。控制箱由供电滑环供电。

人工插袋后，通过内撞块与闸板控制机构撞块相碰实现定点开启闸板，灌装开始。

灌装过程分四种情况：

（1）正常灌装

当包装机工作时，人工将水泥纸袋插到料嘴上，同时纸袋推动了装在料嘴上方的摆杆，使摆杆上的开关信号接通，向微机发出启动信号，微电脑接到信号后，当袋重大于 0.8kg 时，经微机控制系统检测、识别，视为已插袋，立即启动主电机，控制电力液压推动器打开三位出料闸门，使闸门全开。卸料室内的水泥在水平旋转叶片的加速作用下，靠离心力高速喷出，通过闸、橡胶管和出料嘴灌入水泥袋内，同时传感器不断地将袋内水泥质量值转化为电模拟量，经运算放大器放大后，该模拟量送入微电脑，由微电脑计算处理。

当袋内水泥装到 45kg 时，微电脑便关闭一位闸，使闸门处于半开位置，水泥以细流状灌装，到 50kg 时再使闸门全部关闭，此时推包电力液压推动器动作，滚轮和卡块脱开，水泥袋自动掉袋，从料架上推下水泥包，完成一个灌装循环。每装完一袋水泥后，电脑内的累加器自动进行加一计算，并实现累加产量。

（2）不插袋或无料时，不灌装

当未插袋或无料，袋重达不到 0.8kg 时，经微机控制系统检测、识别，视为未插袋，电磁铁吸合，闸板关闭，防止出灰嘴溢料。

（3）灌装过程发生掉袋时，停止灌装

灌装过程发生掉袋时，微机控制系统通过固体继电器控制电气元件，使电磁铁吸合，闸板关闭，停止灌装。

（4）二次灌装

当灌装未达到设定目标值（如 50kg），到掉袋位置时，接近开关感应，电磁铁吸合，闸板关闭，但电磁铁断路，滚轮、卡块不脱开，此时不掉袋。

通过掉袋位置后，内撞块强制打开闸板，进行二次灌装。当达到设定目标值时，固体继电器控制电气元件，使电磁铁吸合，闸板关闭。到掉袋位置时，接近开关感应，电磁铁吸合，滚轮、卡块脱开，水泥袋自动掉袋，完成灌装全过程。

灌装过程中压袋、掉袋及闸板启闭均可调整，保证灌装正常进行。

灌装掉袋后的水泥袋经接包机接收、正包机顺袋、清包机清理浮灰后，由胶带输送机运至仓储，以备销售外运。也可与袋装水泥汽车装车机配套，直接装运。

为使包装机在灌装时减少粉尘污染，包装机由锥形中间盘、包装机回灰斗、接包、清包回灰斗等组成一个收尘、回料系统，可将各出料嘴喷射的回料、掉包、甩包后的物料经螺旋输送机送回斗提机，以便水泥物料重新利用。包装机回灰斗与除尘器相连，负压收尘。

3. 回转式水泥包装机的安装

BHYW－8 型回转式水泥包装机的安装，应以上传动装置空心主轴中心为基准进行，使回转料仓、包装机回灰斗及其配套辅机与之同轴布置。

设备安装前，根据工程施工现场各楼层楼板预留孔的具体情况，用测量仪器将八方孔 2300×2300（包装机回灰斗）、四方孔 2800×2800（上传动装置）、圆计仓基础孔为 $\phi2800$（方计仓，四方孔 2750×2750）三预留孔中心线位置找正，使之同轴，并在楼板画出预留孔十字中心线，作为设备安装基准。同时，应检查预留孔及预埋铁位置，是否符合土建设计。

包装机安装应在配套辅机中间仓安装就位后进行。具体步骤如下：

（1）包装机上传动装置安装

①将包装机上传动装置组装好，使传动齿轮接触精度不低于《渐开线圆柱齿轮精度》（GB 10095）中八级规定，以保证齿轮传动工作的平稳性。

②按设备布置图位置、方向要求，用固定在中间仓底仓吊耳的起重设备，将包装机上传动装置吊起，放至四方孔 2800×2800 位置上。

（2）包装回灰斗安装

①将八块∠125×12×150 固定角钢与包装机回灰斗焊合牢固。焊接时应注意固定角钢与包装机回灰斗井字梁的相对位置关系，不可错焊。

②用固定在中间仓底仓吊耳的起重设备，通过包装机上传动装置空心主轴中心孔，将包装机回灰斗吊装在八方孔 2300 位置上，用垫铁将之找平找正。注意收尘管的方向应与系统除尘管路相一致，以便进行相接焊合。

③放置"篦子板"。

④"下轴承支承座"在包装机回转料仓安装后进行焊接。

⑤"下轴承支承座"焊接后，套上包装机"锥体中间盘"。

⑥"外踏板"在楼板二次装修时放置。

（3）包装机回转料仓、供电滑环安装

①将供电滑环连接法兰用紧固件与回转料仓连接法兰紧固，紧固件型号、尺寸及数量见包装机设备图纸。安装后，应使回转料仓顶盖进线管对准滑环接线柱 2、3 中间位置。

②用起重设备通过回转料仓盖上的起重吊耳将回转料仓先吊至包装机回灰斗上，然后吊起，用紧固件将供电滑环上连接法兰与包装机上传动装置空心主轴连接法兰紧固。紧固件型号、尺寸及数量见包装机设备图纸。紧固后，包装机空心主轴与回转料仓应同轴，其同轴度公差为 4mm。

（4）包装机下轴承安装

将"下轴承"放在包装机回灰斗的"下轴承支承座"上，下轴承连接法兰与连接管下法兰用紧固件紧固。然后，连接管上法兰与回转料仓下料口法兰用紧固件紧固。紧固件型号、尺寸及数量见包装机设备图纸。

（5）包装机上传动装置定位、固定

①通过中间仓底仓吊耳用两个 5t 起重拉链，将包装机主体吊起，用水平尺通过垫铁、楔铁将主梁找平找正，使上传动装置空心主轴与水平面垂直，其垂直度公差为轴长 2‰；主梁上平面至包装机回灰斗平面高度为 3730mm。见包装机设备图纸。

②待全部找平、找正后，将主梁下底板、垫铁、楔铁与基础预埋铁焊合牢固，以防松动。

③待包装机上传动装置定位安装后，安装包装机入料装置。应注意入料接管与上传动装置空心主轴间的密封，以防跑冒物料，污染工作环境。

（6）包装机回灰斗定位、固定

①在包装机主体定位安装后，对包装机回灰斗定位安装。

②用垫铁、楔铁将包装机回灰斗重新找平找正，使之与包装机空心主轴中心同轴。

③找平、找正后，将固定角钢、垫铁、楔铁与基础预埋铁焊合牢固，以防松动。

（7）包装机其他部件安装

在包装机主体安装就位后，可将出料机构灌装电机、皮带、皮带罩壳；吊挂；闸板控制机构等进行安装。

（8）包装机回灰斗下部与包装系统除尘管路及回料螺旋输送机相接。

（9）电气安装

①按设备安装图要求放置低压控制柜。

②安装供电滑环至出料机构控制箱的供电线路。

③安装低压控制柜至包装机的供电线路。

④安装低压控制柜至供电电源的线路。

⑤安装包装机的接地线。

⑥用兆欧表、万用表检查线路安装是否正确，检查接线无误后，方可通电试车。

4. 回转式水泥包装机的调试

包装机安装完毕后，应对其进行调整，使之具备空试车条件。

包装机调整包括以下几项内容：上传动装置调整（主要指齿轮啮合精度，此项工作在安装前进行）；吊挂的调整（包括吊挂位置调整、压袋机构调整、掉袋机构调整）；闸板控制机构调整和微机称重计量系统静态标定。

（1）上传动装置的调整

调整传动齿轮的安装位置和啮合间隙，使齿轮接触面上的接触斑点面积不低于 60%，以保证齿轮传动工作平稳性。传动齿轮接触精度应不低于 GB 10095 中八级规定。

（2）吊挂的调整

1）吊挂位置的调整

调整出料管使之与出料胶管的中心线同轴，以减小出料阻力；前后距离为 10～20mm。调整四个弹簧片的安装位置，使之处于同一水平面内，其误差不大于 2.5mm。吊挂与传感器拉杆的连接应在垂直位置，上下两接点水平投影的偏移量不大于 5mm。

2）压袋机构的调整

①调整滚轮与卡块的啮合位置，使其啮合深度大于滚轮半径。

②紧袋架上的胶轮用于压紧水泥袋，通过调整出料管上架的安装位置，使紧袋架的倾斜角度适当，保证胶轮与出料管的外表既能将水泥袋卡住，又能顺利地掉袋。

③将紧袋架上的调整螺栓与顶块的距离调整至 3～4mm。使紧袋架处于正确的工作位置，当出料管下摆时，紧袋架不致随同下摆，这样自动掉袋后，出料管在出料管拨簧作用下得以迅速复位。

3）掉袋机构的调整

调节拉杆的长度，使电磁铁吸合时，滚轮与卡块能够迅速脱开，实现自动掉袋。

（3）闸板控制机构的调整

将出料闸板完全开启（闸板上端与出料管内下壁平），调整卡销与卡轮的啮合深度至约 4mm，并调整撞块拉杆长度，使之刚好撞开，紧固螺母。

调整卡销杠杆限位螺栓，使在电磁铁得电后能释放卡轮。

关闭出料闸板后，调整闸板杠杆限位螺栓，使之紧靠闸板杠杆承受冲击力。开启闸板力的大小，通过调整弹簧螺母解决。

（4）微机系统的静态标定

①不加载时，应调整使显示器显示"00.00"。

②将质量设定值（例如 50kg）砝码一组，轻轻地放在清扫干净的吊挂总成上，调整微机显示质量为 50kg，并进行内部存储。当把砝码拿下来后，微机显示为"00.00"。

注意：微机的静态标定应定期检查。尤其是松开、拧紧吊挂拉杆或四个弹簧片紧固螺栓时，必须重新标定，否则将造成计量不准确。

5. 回转式水泥包装机的试运行

（1）空载试运行

空载试运行前，应检查电机接线；检查影响试车的其他问题，待检查无误后，方可通电试运行。

试运行时，应注意整机是否平稳，电气控制动作是否协调；应注意包装机回转方向，除用户特殊要求外，一般为俯视顺时针回转。主驱动由变频调速器变频调速，调速范围 0 ~ 6 转/分；应将灌装全过程动作进行模拟试验，检查压袋、闸板开启、灌装、掉袋（安装、调整接近开关感应片位置）、闸板关闭等动作是否协调联动。

应检查、调整上传动空心主轴与回转料仓的同轴度，同轴度为 4mm；检查、调整传动齿轮啮合情况，接触精度不低于《圆柱齿轮 精度制》（GB/T 10095—2008）中八级规定；检查、调整出料机构皮带传动，使三角胶带松紧度符合要求；检查、调整闸板控制机构是否灵活可靠；闸板启、闭是否到位；检查各轴承温升情况；包装机空载试运行，应达到《回转式水泥包装机》（JC/T 818—2007）之有关规定。

（2）负荷试运行

1）空载试运行完成后，在具备负荷试运行条件下，进行负荷试车。

2）在负荷试运行过程中，机械部分应运转灵活，无明显振动，各部分动作协调，轴承温升应不超过 40℃。电气控制动作准确无误。

3）包装机负荷试运转过程中，应无漏电、无漏灰，生产能力及称量精度满足性能要求。

①对微机称重计量装置进行校验、调整，使之保证称量精度要求。

②调整微机控制系统，使整个灌装过程协调联动，满足要求。

③调整闸板控制机构，确保水泥物料不跑冒。

4）检查包装机回转料仓中的 RF 射频导纳物位控制器工作是否正常。

5）负荷试运行正常后，按供货合同规定，进行达标试产，在满足生产能力及称量精度等有关合同规定后，供需双方可进行设备验收。

三、移动式袋装水泥汽车装车机及其安装

移动式袋装水泥汽车装车机，是用于水泥生产企业的袋装水泥装车工序的关键设备。该设备自动化程度较高，由一个人即可完成由汽车上部卸袋的整个装车过程。

1. 工作原理

袋装成品件由横向输送机经卸袋挡板进入到移动式袋装水泥汽车装车机的进料皮带输送机上，袋装成品件经进、出料输送机的输送，到达出料输送机端部托板部位卸袋装车。操作工人用一只手控制卸料位置和码放高度，用另一只手可调整出料输送机的卸料高度和整机纵向位置，完成一辆汽车的整个装车过程。

移动式袋装水泥汽车装车机的纵向移动距离，即装车机行程，应根据所装汽车车型选取，一般货运汽车车箱长度为 7 ~ 12m，所以装车机选型纵向移动距离 7 ~ 11m 即可满足要求。进料皮带机输送距离为 7 ~ 18m（由进料输送机对应接收一至两条横向卸袋输送机确定）。

2. 主要结构

移动式袋装水泥汽车装车机主要由悬臂梁、进料输送机、出料输送机、行走机构和电气控制系统五大部分所组成。

（1）悬臂梁

在悬臂梁上安装有机上电控箱，一组行走轮和卷扬变幅装置。其尾部与进料输送机和出料输送机相连接。卷扬变幅装置通过钢丝绳使出料输送机俯仰升降。

（2）进料输送机

进料输送机将横向输送系统输送的袋装成品件转载到出料输送机上。由驱动装置、传动滚筒、改向滚筒、拉紧装置及输送胶带等组成。进料输送机驱动装置为电机减速机，通过链轮、链条驱动进、出料输送机。

（3）出料输送机

出料输送机将进料输送机送来的袋装成品件转载到汽车上。在接近头部的一端，装有吊架和滑轮，与悬臂梁的卷扬变幅装置用钢丝绳连接，通过卷扬装置的升降，实现出料输送机变幅卸袋的目的。操作人员在出料输送机头部，通过左右两组按钮可控制装车机的装车作业。

（4）行走机构

行走机构由主行走机构、行走机构、减速机和链传动机构组成。减速机选用行星摆线针轮减速机，通过链传动将动力传至主行走机构，带动行走机构及整机前进或后退。

（5）电气控制系统

电气控制系统控制整机的开关和各部分的各种动作及安全保护。控制箱装在悬臂梁上，另外两个按钮盒分别装在出料输送机两侧，机下按钮盒装在机下适于操作的地方，以便于操作人员未登机前操作。具体安装位置及其他执行元件、线路布置详见电气原理图。

3. 操作说明

当汽车停于装车位置等待装车时，操作人员可利用机下按钮盒进行操作。首先点动行车控制按钮，使出料输送机端部托板停于车厢前上方一米左右位置，再点动卷扬变幅按钮，使出料输送机上下移动到车厢以上适当位置。此时操作人员可登上汽车启动进料输送机开始装车。袋装成品件码放高度通过点动变幅按钮，使出料输送机升降来实现。随着车上袋装成品件的增多，陆续点动行车按钮，使装车机向后移动，以满足装车需要，直至装足。装车完毕后，立刻将进料输送机关闭，停止输送。并将出料输送机提升，关闭电源，即完成一次装车作业。

4. 设备的安装

（1）设备钢轨的铺设

该设备钢轨使用 P18 轻轨。土建基础在铺设钢轨的位置有预埋铁 150 × 100，间距 500mm。钢轨安装具体技术要求为：钢轨上表面的直线度不大于其总长的 1/1500，两轨道应平行。轨道内距 1250mm。轨道中心与装车机中心线重合，其偏差不大于 3mm，两轨道相对标高差不大于 1mm，轨道纵向倾斜度不大于其总长的 1/1500，轨道接头处偏差不大于 0.5mm。

（2）移动式袋装水泥汽车装车机的安装

移动式袋装水泥汽车装车机一般按三大部分解体运输，现场安装。吊装到安装现场后，首先将进料输送机和悬臂梁架在钢轨上，出料输送机一端架在楼面上，一端放在开孔槽部位，再安装吊装钢丝绳。最后用三角架吊起出料输送机，用联接板将出料输送机、悬臂梁和进料输送机联接起来。到此基本安装到位。

（3）电器电路接线安装

按电路原理图联接各部分接线。出料输送机的升降和整机的移动为点动控制，并分别有限位装置。移动式袋装水泥汽车装车机输送部位应与横向输送机及上游输送设备联动或互锁，启动装车机输送部分后才能启动上游的输送设备；装车机输送部分停止时，上游输送设备同时停止，以避免卸袋堆积。根据横向输送机的位置，可确定移动式袋装水泥装车机纵向移动的极限位置，并安装限位开关。

5. 设备空载试运行

电器设备安装完成后，应进行设备空载试运行，要求如下：

（1）出料输送机变幅升降性能可靠，到达极限位置，安全装置应灵敏可靠。

（2）移动式袋装水泥汽车装车机纵向移动前进、后退性能可靠。移动到达极限位置开关运作，应能自动停机，并且前、后死挡铁限位应牢固可靠。

（3）输送部分无输送带跑偏现象，无异响。输送联动应正确可靠，无异常现象。

（4）上述空载试运行次数应不少于5次。

第二节　水泥散装工艺流程、设备及安装

一、熟料散装机及其安装

熟料散装机是水泥厂熟料装车（船）的专用发放设备，亦可用于建材、冶金、煤炭以及化工等其他行业无腐蚀的干燥块状物料的装车或装船作业。

熟料散装机具有自动定位自动跟踪料位探测、能耗低、卸料流畅、装车能力大、无尘装车（船）等特点，既可安装在库底直接用汽车及火车的散装发放，亦可安装在输送设备的中部或端部用于装车（船）。

1. 结构形式

熟料散装机由手动棒阀、气动弧形阀、供料装置、套筒式伸缩散装下料头、自动定位松绳开关装置、上限限位装置、电动升降卷扬装置、自动跟踪料位检测器和专用电控柜等组成，安装维护极为方便。水泥熟料散装机上备有收尘接口，装料时含尘气体通过收尘接口抽往收尘器净化后排放，可实现无尘作业，散装机上配置的自动跟踪料位控制器能可靠地控制电动卷扬装置按设定的状况自动升降散装下料头，或在料满时自动报警和停机。

2. 工作原理

卸料前打开棒阀相应的棒条数量、调整卸料量，当熟料运载车辆或船只进入装料位置时，按控制装置的"下降"钮，使散装下料头下降到运载车辆或船只的进料口或达到指定装料位置，到位后松绳开关装置自动脱开升降电机，电源进入准备装料状态，然后按"装料"钮，气动棒阀进行装车或装船。装料过程中的含尘气体通过伸缩套管中的夹层通道由收尘接口抽至收尘器净化后排放，工作场地可实现无尘作业。当下料头的物料装满时，下料头料位探测器发出信号，下料头上升，上升距离要在装料前设置，若上升距 I 米，则将时间继电器的时间调为 $T = I/V$。在上升过程中装料还在进行，当达到所设定的位置时（由料位

开关控制），气动弧形阀关闭或电振机反制止，其他相应设备停止工作。在装车或装船过程中如遇到特殊情况需中止装料时，可直接按"停止"钮，然后按"上升"钮使收尘罩离位，达到预先设定的最高限位位置。

3. 安装、调试

（1）安装

①主要部件的安装

主要部件的安装位置参考说明书附图。另外，在安装时，各部件之间应加密封垫，以防止过多的外部空气进入收尘系统而影响收尘效果。

②卷扬装置及散装下料头

安装时将卷扬装置和下料套筒分别固定在各自的安装位置上，然后将钢丝绳分别从定滑轮和动滑轮之间绕过，再将引上来固定在机架上的钢丝绳紧定在 OO 型索具环钩上。

③料位跟踪探测器

信号电缆必须从收尘伸缩套管上的固定套扣上呈螺旋状引上，并确保在收尘伸缩套管升降过程中不会打结，信号开关的安装为的是要通过人工模拟动作后确定。防误动作的机械阻尼装置必须连接牢固，以免在使用中脱落。

④电气控制系统

严格按照各种机型套筒式熟料散装机的电控原理图连接控制线路和动力线路，非带电的设备外壳及金属网罩、平台都必须做好安全接地。

（2）调试

①卷扬装置。松绳开关上的重锤在钢丝绳松弛落下时，固定在铰轴上的凸轮应能使定位行程开关动作。钢丝绳张紧时，定位行程开关应能自行复位。若凸轮位置不符合上述动作要求时需松开凸轮紧定螺钉调整。调节 OO 型索具，保持下料斗的平衡。

打开上限限位机构保护罩并松开上限限位行程开关，启动电动机将下料斗提升到适当位置（一般高于最大装料车辆进料口 0.5m），再将上限限位行程开关同行程开关撞块紧靠，听到"咔哒"一声后表明行程开关已动作，即可将行程开关固定。

调整好上限限位和下限定位行程开关位置后，即可按控制箱上的"上升"钮和"下降"钮，检查伸缩散装头的定位情况。当散装下料头上升到予先调定位置和下降到最低位置时，应能自动脱开卷扬电机电源，反复试验三次动作无误即可。

②料位探测装置。料位探测装置调试可采用人工将物料探测板的位置触动，然后通过信号开关的电信号来确定其安装位置，确定后要通过人工模拟动作反复试验三次以上无异常方可投入使用。

③气动弧形阀。气动弧形阀的调试按气缸使用说明书进行。

二、散装水泥车的结构及工作原理

1. 基本结构及主要功能

散装水泥车主要由两个部分组成：一部分是汽车底盘，一部分是罐体部分。

半挂水泥车也是一样，由牵引车和半挂车组成，半挂部分为主要罐体部分。

汽车底盘和牵引车是外购件，由专业的汽车生产厂提供，罐体部分由罐体总成（包括底架和上走台）、传动总成、空气管道总成（包括卸压管道）、卸料管道及附件（包括进料口、防护栏、梯子、挡泥板）等几个总成组成。半挂水泥车还有支架、悬挂和制动总成。

（1）罐体总成

罐体总成是实现散装水泥车专用功能的主要总成，散装水泥车的主要功能：

① 能装载散装水泥并保证水泥质量。

② 利用压缩空气自动输送水泥，并能输送到一定水平距离和一定的垂直高度。

③ 要求输送得越快越干净越好，达到或超过国家标准要求的指标。

罐体分单仓罐和多仓罐。V 形罐（元宝形状）都是单仓罐，直筒罐一般为多仓罐（只有 10t 以下的车可做成单仓）。罐体主要由密封的罐筒体、里面的滑板、帆布及帆布下面的多孔板等组成。滑板和多孔板下面的空间部分叫气室。而较长的单仓罐，为了清扫余料，将其平分为两个气室。有几个气室就有几个进气管，每个进气管都由球阀控制，从罐体外部就可看出有几个气室。罐内的多孔板（或者说帆布）的安装形式，一种是"一"字形的，即一长条，V 形罐都是这种形式。一种是"×"形的（横剖面称"W"形），即一个仓有四块帆布，其功能都是一样的。制作"×"形比较费工费材料，但可增加罐体有效容积。"×"形帆布中间有两个三棱罐，俗称"脊背"，其实也是滑板。

罐体下面设有底架，主要功能就是通过边耳将罐体与汽车大梁连接在一起。罐体上面设有走台，主要功能就是操作人员装水泥的工作平台。

2. 传动总成

传动总成是散装水泥车的关键总成。因为散装水泥运到地方后还要输送出来，输送散装水泥的动力就是压缩空气，压缩空气就由传动总成产生。传动总成的结构有两种，一种是直联式传动，此传动方式最为常用，其结构简单。取力器从汽车变速厢取出发动机动力后通过传动轴直接驱动空压机。另一种为皮带传动，其工作原理主要是用取力器从汽车变速厢取出发动机的动力，通过传动轴传递给皮带轮，再由三角皮带传递给空压机。

这两种传动方式各有优缺点。皮带传动的结构比较复杂，比直联式多出一个空压机座，一个轴承座，两个轮及 5～6 根三角皮带，传动时振动较大。但是皮带传动具有过载保护功能，当出现故障时，皮带可以打滑，从而保护了其他设备。直联式传动比较简单，成本低、传动振动小。但是故障的机会比皮带传动相应要多一些。比如止回阀损坏、空气管道堵塞，而安全阀失灵。排气阻力增大，或者误操作都可能损坏空压机、传动轴、取力器甚至损坏汽车变速厢。当然，空压机本身的故障也会损坏传动轴、取力器等零配件。

（3）空气管道总成

空气管道总成包括进气管道和卸压管道。进气管道是空压机排气口到进罐体的整个管路。进气管道上装有止回阀、安全阀、压力表、球阀。止回阀的功能是阻止罐内空气倒流进入空压机，起保护空压机的作用。安全阀的功能是保证空压机和罐体不超压力工作，当罐内气压超过 0.2MPa 时自动打开排气。因为空压机和罐体的额定工作压力为 0.2MPa 时，若超过 0.2MPa 就会发生故障或危险。压力表主要是指示进气管道和罐体的压力值，同时反映进气和卸料状况。球阀的功能分别是：

①进气阀，分别操作各个气室的进气，有几个气室就有几个进气阀。

②二次风球阀（接在卸料管上的球阀），主要是控制卸料时水泥与空气的混合比。当卸料高度较高或水平距离较远时，开启二次风球阀使空气混合比变大，便于输送。反之，则应关小或全闭，提高卸料速度。二次风球阀还有一个功能就是在卸料蝶阀打开时先开启一会儿，可疏通整个卸料管道。

③外接气源球阀，只是在有地面空压机站时使用，直接用地面气源，可减少汽车及空压机的使用。

卸压管道的功能就是排除罐内的剩余压缩空气，卸掉管内压力，便于无压力运输和装料操作。大罐体的卸压管道直接装在罐体顶部，小罐体则可放下来，便于操作。

（4）卸料管道总成

卸料管道的功能主要是将罐内各仓与储存水泥的塔（仓）管道连接，由蝶阀控制。卸料时，当罐内压力达到额定值 0.2MPa 时，打开蝶阀，罐内空气与水泥的混合物通过此管道输送到目的地。卸料管道由罐内的吸管嘴、弯管和罐外的直管、蝶阀、4 寸钢管和快速接头构成。

（5）附件

附件包括进料口盖、防护栏、挡泥板、梯子等。其名称就表达了其功能。但进料口盖不仅是一个盖子，它也属于压力容器的一部分。既要求密封性好，还要求操作方便，同时要安全可靠。

（6）半挂车支架总成、悬挂总成和气制动总成

支架总成是自制件，上与罐体焊为一体，下装牵引销、悬挂、制动装置及备胎架、附架等。

悬挂总成包括：钢板弹簧、钢板弹簧固定架、平衡摆臂、轴、钢圈、轮胎等。按要求成套外购，按计划提供的安装位置安装即可。

气制动总成即刹车装置，从牵引车快速接头，到轴上的制动分泵为止，都属于这一系统。制动系统既重要又关键，直接关系到行车安全。由供应商根据半挂车总质量及桥数提供全套配件，并指导安装。

2. 基本工作原理

散装水泥车的工作原理主要指散装水泥如何从散装水泥车内自动输送出去。其输送原理是：由取力器取出汽车发动机的动力，经过传动轴传递给空压机，空压机产生的压缩空气通过空气管道进入罐内下部的气室，并透过气室的流化床，使流化床上面的一层水泥悬浮形成流态状，当罐内气体的压力达到额定值 0.2MPa 时，打开卸料蝶阀，水泥和空气的流态状混合物通过卸料管道输送到储存水泥的塔（仓）内。

三、散装水泥车操作规程

1. 装料

（1）打开入孔前，务必先打开卸压阀，查看罐内压力是否与大气压力相同，即压力表值为零。

（2）打开入孔前，查看罐内是否有结块粉粒体，特别是装过粉粒体且有较长时间未使用的罐体，要仔细查看，将结块粉粒体清除。

（3）将物料装入罐内。

（4）装料完毕后，由于进料口密封圈积有粉粒，应清扫干净方可关闭进料口，确保密封性能。

2. 卸料

（1）将卸料管接到所需接的地方，保证密封可靠。

（2）关闭卸料阀、外接风阀及二次风阀，接通进气阀。

（3）启动发动机，在刹车压力达 392kPa 时，踏下离合器踏板，将驾驶室内的取力箱气动开关阀手柄拉出，使取力箱挂档，然后缓缓放开踏板，使空气压缩机运转平稳，方可将手油门加大，使其转速达到额定转速，向罐内气室充气。

（4）当罐内压力，即压力表读数为 196kPa 时，打开卸料蝶阀，在输送过程中，若压力上升，欲超过 196kPa 时，说明管道堵塞。

（5）控制手油门，使卸灰压力保持 145～165kPa，一般卸料速度 1.1t/min，当卸灰完毕时，罐内压力降到 9.8～19.6kPa，此时应打开二次风球阀，使卸灰管道全部疏通。

（6）放松手油门，踩下离合器踏板，分离取力器，使空压机停止转动。

（7）打开卸压阀，将罐体内剩余压缩气体排出，使罐内压力等于大气压，并可避免在打开进料口时发生"掀盖"事故。

（8）在水平距离 5m，输送高超过 15m 时，在打开蝶阀卸料之后，接着应打开二次风球阀，以稀释粉体浓度，提升卸灰高度。

3. 安全操作要领

（1）每次揭开进料口盖之前，应先打开卸压阀，排出罐内余气，以免发生伤人事故。

（2）经常注意压力表是否工作正常，严防压力表失灵而超压发生罐体爆炸。

（3）经常查看安全阀，保证在 196kPa 时开始卸料，不得使罐内压力超过 196kPa。

（4）经常查看转速表是否工作正常，以免超转而损坏空压机及取力箱。

（5）经常倾听取力箱及空压机转动声音，若有异常响声，应立即停机排除故障。

第九章　收尘器在水泥生产过程中的应用及其安装

水泥的生产由于其自身特点，在生产过程的各个环节中会产生大量的粉尘，从来源上来说，主要有两类，即原料在破碎时所产生的粉尘，这种收尘主要特点是环境开敞性，因此需要收尘系统产生负压，以利于粉尘进入收尘器；另一类为废气中所夹带的粉尘，这种收尘主要特点是环境密闭，废弃量大。目前在水泥厂中使用比较普遍的是干式收尘与水收尘，其中干式收尘又分为过滤收尘与静电收尘，袋式收尘器就是目前使用最为广泛的干式收尘方式。

第一节　袋式收尘器的技术发展和展望

袋式收尘器是水泥工业中使用最广泛的一种收尘器。它对细尘粒（$1 \sim 5\,\mu m$）的去除效率在99%以上，还可以除去$1\,\mu m$甚至$0.1\,\mu m$的尘粒。袋式收尘器的适应性比较强，不受粉尘比电阻的影响，也不存在其他的污染问题，在选取适当助滤剂的条件下，能同时脱除气体中的固、气两项污染质。由于这个特点，在水泥工业中所有卸料扬尘点处基本上都使用袋式收尘器。

一、袋式收尘器的发展

袋式收尘器早期用人工或机械振打清灰，因而其应用受到限制。1950年以来，由于逆向喷吹型（反吹风）和脉冲型的发明与应用，使袋式收尘器与清灰实现了连续操作，而且阻力稳定，气流速度高，内部无运动机件，随着新型、耐用、耐腐蚀、耐高温（达$300 \sim 400\,℃$）、低压损、易清灰滤材的应用，特别是非织物的聚合物滤材和金属丝织物混合物滤材的发展，使其应用日益广泛，成为主要的高效收尘器。

1. 袋式收尘器的特点

（1）重力沉降：含尘气体进入布袋收尘器时，颗粒较大、密度较大的粉尘，在重力作用下沉降下来，这和沉降室的作用完全相同。

（2）筛滤：当粉尘的颗粒直径较滤料的纤维间的空隙或滤料上粉尘间的间隙大时，粉尘在气流通过时即被阻留下来。

（3）惯性作用：气流通过滤布时可绕纤维而过，而较大的粉尘颗粒在惯性的作用下，仍按原方向运动，遂与滤料相撞而被捕获。

（4）热运动作用：质轻体小的粉尘随气流运动，非常接近于气流之线，能绕过纤维。但它们在受到作热运动（即布朗运动）的气体分子的碰撞之后，便改变原来的运动方向。这就增加了粉尘与纤维的接触机会，使粉尘能够被捕获。

2. 袋式收尘器的集灰方式

（1）振动滤袋法：在滤袋顶上给以轻微振动，促使滤袋上灰层垮落。

（2）反吹风法：此法使滤袋因袋内外的空气压力差而收瘪，从而使粘着的灰层松散落下。

（3）脉冲喷气法：每隔3s用7.0×10^5Pa的压缩空气向脉冲阀的隔仓气室喷吹一次，脉冲喷吹的空气高速扩张而产生冲击波，传滤袋挠曲去掉粘附其上的灰层。

（4）声波清灰法：此法应用声波发生器产生低频声波，使滤袋发生振动，并结合反吹风使粘附在滤袋表面的尘粒振落下来。

3. 袋式收尘器的过滤材料

（1）天然纤维：主要有棉纤维、毛纤维和棉毛混纺纤维。

（2）无机纤维：主要有玻璃纤维材料。

（3）合成纤维：主要有尼龙纤维、涤纶纤维、腈纶纤维、维尼纶纤维、特氟纶纤维等。

从20世纪90年代初，面对日益严格的环保法规和民众环保意识的提高，西方发达国家除尘器制造厂家开始寻找新的收尘突破点，经综合评估后认为，在技术可行和制造成本竞争方面，袋式收尘器最有发展前景。在此之前已经诞生了脉冲清灰布袋收尘器，但处理能力有限。在此基础上发展而来的气箱脉冲布袋收尘器已经接近静电收尘器的处理能力，但高温工况仍是普通滤料的一个误区。

20世纪90年代初，国内水泥专业设计院开发出了玻璃纤维滤袋，但由于过滤机理仍是在滤袋内部形成尘饼后的深层过滤，玻纤密度不如化纤混纺编织布高，加上滤袋都有金属框架，而玻纤抗折强度很低，因而使用过程中无论是使用效果还是生命周期都较差，无法推广。真正使布袋收尘器发生革命性的变革技术是美国杜邦公司率先开发出的 PTFE〔$(C_2F_4)_n$，TEFLON〕，即聚四氟乙烯覆膜技术。聚四氟乙烯是一种高分子化合物，化学性质稳定，耐酸碱，尤其耐酸性更好，耐高温，在300℃以下物理化学特性稳定，高于300℃时出现不稳定活性。

现在用于布袋覆膜的聚四氟乙烯薄膜都不是单纯的聚四氟乙烯，为了保证薄膜制作的适当厚度并控制透气性，都加有其他成分的添加剂，实际使用温度在260℃以下，瞬间温度可达280～290℃，超过300℃时结构会被破坏。聚四氟乙烯覆膜的革命性意义在于能够阻挡粉尘透过聚四氟乙烯膜，因而在滤料内形不成尘饼，传统的深层过滤变成了表层过滤，只要表层尘剥离及时，滤料的透气性就不会大幅度降低，压力损失也会很小。将聚四氟乙烯膜覆在玻纤上，可以在260℃以下的温度工况内使用，而一般静电除尘器的理想使用温度在180～220℃之间，因而比静电除尘器有更宽的温度使用范围。

以美国富勒（FULLER）为代表，20世纪80年代末就开发出了大布袋收尘器用来取代静电除尘器，但由于玻纤滤料的缺点（诺美克斯 NOMAX 滤料仅适用于200℃以下的温度）和分室控制技术的不完善，一直得不到推广。

20世纪90年代初，分室控制技术采用 PLC 控制电磁阀切换，在聚四氟乙烯覆膜技术的支持下，反吹风大布袋和气箱脉冲技术得到了极大的发展。已可完全取代静电除尘器。2000年开工建设的西南某水泥厂已全部采用布袋收尘器，2002年验收监测结果显示，所有收尘器排放浓度控制在20mg/Nm³ 以下，窑尾废气处理大布袋收尘器的排放浓度控制在10mg/Nm³ 以下，基本达到概念上的工业零排放程度。目前，成熟的大布袋反吹风收尘器生产技术、聚四氟乙烯薄膜的产权和最好的玻纤基布技术均由国外公司所垄断，技术成本较高，难以在国内普及。除大布袋收尘器之外，小型单机脉冲清灰布袋收尘器和气箱脉冲布袋收尘器在国内已较普及。国内滤料生产厂家对涤纶、丙纶或腈纶基布覆聚四氟乙烯膜已能满足水泥厂低温工况的过滤需求，由于国内技术覆膜后成本增加很少，因而覆膜滤布目前已成为水泥厂布袋收尘器的主要滤料。

二、袋式收尘器的技术展望

1. 技术创新趋势

目前各主要水泥环保装备企业均十分关注国际上先进技术的发展，如主机的标准化，不同焊接的装配化；纳米技术应用于滤料，生产出纳米级的纤维，滤料的品质大大提高；覆膜技术应用于刚性滤料，表面喷覆的金属膜大大改善过滤料与反清灰效果等。随着企业生产规模的不断扩大，产品技术含量、产品品质、产品品种的适应能力等均得到提高，袋式收尘器应用和技术发展也会更上一层楼。

2. 整机大型化趋势

随着国内水泥工业结构调整步伐的加快，高技术、大规模水泥窑生产线的陆续上马，加之国家大气粉尘排放标准的提高，必然会促进大型袋收尘器的应用及推广，尤其是脉冲袋式、低压长袋收尘器大型化的趋势明显，性能目前已达到国际先进水平。

3. 推广耐高温、高浓度袋收尘器的趋势

在"十五"期间，适应高温、高含尘浓度的袋收尘器将得到进一步推广使用。这种袋收尘器能够直接处理温度达 300℃、含尘浓度达 $1400g/m^3$ 的气体，比以往提高数十倍，并可稳定达标排放。

4. 广泛应用

欧、美等许多国家都广泛采用袋收尘器，并进行电改袋，技术和经济上比较成功。随着国家对日益加剧的大气污染影响的重视，环保标准的提高，对燃料成分的严格要求，袋收尘器的优越性就比较明显了。大力推广袋收尘器的应用范围，逐步提高袋收尘器的市场份额，在未来几年内将成为我国水泥行业环保装备市场不争的事实。我国在 2000 年 6 月 1 日开始实施的《生活垃圾焚烧污染控制标准》（GB 18485—2001）中，对污染排放制定了十项指标，并且明确规定，收尘设备必须用袋式收尘器。这是袋收尘器的机理所决定的，这个机理就是过滤的机理，使粉尘附着在滤袋上，用粉尘参与过滤粉尘。因此，袋式收尘器的收尘效率很高。在我国实行可持续发展战略，大力加强环境保护，实行污染物总量控制、"一控双达标"的情况下，袋收尘器在治理烟尘、粉尘、二氧化硫、二噁英等污染物等方面将得到极大的应用。

第二节　袋式收尘器在水泥生产过程中的应用

新型干法水泥生产过程中一般使用的除尘器达 50 多台。过去除回转窑废气处理和窑头冷却机外，多数企业采用电除尘器。随着环保事业的发展及袋式除尘器技术的进步，水泥生产的整个过程几乎全部可以采用袋式除尘器。

大型化的高效袋式除尘器是现代除尘技术发展的标志之一。它除尘效率高，特别是捕集微细粉尘效果更佳。近年来，袋式除尘器滤料材质的提高和清灰控制自动化与结构性能的优化，为袋式除尘的发展提供了技术保证，大型干法水泥窑窑尾烟气处理采用袋式除尘器已渐成趋势。袋式除尘器具有以下技术特点：

1. 对窑工况变化的适应能力

强客观地讲，无论是电除尘器还是袋式除尘器均有很高的捕尘效果，只要设计选型正确、产品质量优良、维护操作合理，均能保证国家规定的排放标准。相比较而言，由于设备结构及除尘清灰机理的不同，当窑工况失稳、热工参数偏离原设计指标波动变化时，袋式除尘器的适应能力则要强一些。

实际生产中，当进入电除尘器的废气量或含尘浓度超过原设计值时，其除尘效率就会下降。而窑尾废气不可能一直保持在设计指标范围内。当喂料（煤）量、系统漏风超过设计指标时，均有可能使窑尾废气量超标，从而使除尘器的除尘效率下降，排放浓度超标。

要解决进入电除尘器的废气量或含尘浓度增加而导致除尘效率下降、排放超标的问题，必须增加极板以增加沉淀极板面积，这对正在使用的电除尘器来说是非常困难的。而袋式除尘器是按照选定的过滤风速来确定滤袋过滤面积的，其滤袋过滤面积基本不受废气量或含尘浓度影响。当进入袋式除尘器废气量增加时，其过滤风速增加，阻力上升速度加快，此时只需将滤袋清灰周期缩短、清灰次数增加即可满足除尘要求，其除尘效率是不受影响的。

另外，相比较而言，进入除尘器废气的温度、湿度（即烟气性质）的变化对电除尘器的影响要大些。一般控制进入电除尘器的烟气温度为 $120 \sim 150\,℃$、湿度为 $10\% \sim 15\%$、露点为 $50 \sim 60\,℃$，过高或过低均对电除尘器运行不利。温度过高、湿度过低，则粉尘比电阻升高，有可能使电场频繁火花放电、电晕电流增大、除尘效率下降；温度过低、湿度过高，有可能使粉尘在极板和电晕线上产生粘附，使振打清灰困难，严重时会影响除尘器正常工作。

袋式除尘器对废气温度、湿度变化的范围要求较宽，尤其是由于一些新型滤料的应用，如玻璃膨体纱微孔薄膜复合滤料等，其工作温度为 $250\,℃$（瞬时可达 $280\,℃$），允许温度要求也较电除尘器宽。综上所述，可以说袋式除尘器较电除尘器对窑工况变化及烟气性质变化的适应性要强些。

2. 袋式除尘器能捕捉细微的粉尘

随着滤料产业的发展，新产品不断出现，已经可以选择满足捕捉细微粉尘的滤料，这就使除尘效率大大提高。

3. 对环保要求适应性强

随着人们对生存环境质量要求的不断提高，政府必然会逐步提高环保标准。目前，电除尘器进一步降低出口浓度只能靠增加沉淀极板面积来提高捕尘效率，减小排放量，这势必将增加设备体积和投资。而袋式除尘器只需通过调整清灰频率即可满足新排放要求。

4. 运行维护简单可靠

水泥窑运行过程中，在开窑或处理不正常窑况时，燃料量增加、空气量不足或者燃料与空气混合不均，以及窑温过低使燃料燃烧不完全时，往往可能产生大量的 CO 可燃气体以及过多的未燃尽煤粉进入除尘器内沉积。另外，大多数窑尾除尘器是负压操作，在设备管道不严密处，漏入空气。不论是电除尘器还是袋式除尘器，如果机内存在上述两种情况（即机内有可燃物质和助燃氧气），一旦遇上明火，都同样存在燃爆的可能。对电除尘器而言，高压电场的放电火花将激发它的燃爆，其燃爆的可能性更大些。因此，窑尾必须装设 CO 及 O_2 分析仪，以确保电除尘器安全运行，而对袋式除尘器来讲，因其机内不具备产生明火的条件，相对电除尘器其安全性更大些，控制要求不需要如此严格，因此其操作运行相对要简单可靠些。

除尘器长期运行过程中，总不免会发生一些故障，如电除尘器变形或位移，阴极线的松动、断线，电极积灰过多，绝缘瓷瓶破损及袋式除尘器破袋等。对电除尘器来说，一旦出现突发性故障，影响整机运行时，就必须停机离线维修。大型袋式除尘器采用的都是分室结构离线清灰。如2000t/d水泥窑窑尾大布袋除尘器一般分14～16个室，某一室发生故障，离线维修，对整机运行基本没有影响，仅过滤风速略有增加而已。

5. 袋式除尘器可以在非正常情况下最小排放

现有的水泥窑大多采用电除尘器，受电除尘器自身的安全要求，有两种超标情况：①点窑时煤燃烧不完全，CO超标，此时不向电除尘器供电引起粉尘浓度超标排放。不过，它的时间不长，超标排放量也不大，可以忽略。窑点火，窑温上升到一定温度，燃烧基本正常时才投料，电除尘器也投入运行。因时间很短，而投料之前只有烟尘，即使有一段时间超标，超标值也很小（200～300mg/m³），排放总量可以忽略。②生产过程中，由于操作不当造成CO超标，停止向除尘器供电引起粉尘浓度超标排放。此时由于要对窑系统进行调整，不能停止运行，因此只能停止向电除尘器供电，这引起粉尘浓度超标排放，此时粉尘浓度超标排放量就大了。

窑尾粉尘浓度平均为60～80g/Nm³，增湿塔及电除尘器壳体的沉降率分别为20%、50%，排入大气的粉尘浓度则为（60～80）×（1－0.2）×（1－0.5）＝24～32g/Nm³，国家规定的水泥窑排放标准为100mg/Nm³，生产过程中由于操作不当造成CO超标，停止向电除尘器供电引起粉尘浓度超标排放量是达标排放量的240～320倍，这是十分惊人的，而采用袋式除尘器就可避免此情况。

6. 经济方面的比较

袋式除尘器的阻力大，而电除尘器阻力小，因而很多人认为袋式除尘器主风机消耗的电功率也要大很多。其实电除尘器除了主风机消耗的电功率之外，还有高压供电机组、电除尘器绝缘加热器及极板的振打等都会耗电，算起来两者的功率消耗相差也不是很大。初投资两类除尘器接近（袋式除尘器比电除尘器高约4%），运行费和维护费袋式除尘器比电除尘器高一些。不过关键还在于袋式除尘器选用何种滤料。有的滤料价格每平方米只有几十元，而有的却是二三百元，这就直接影响了初投资。滤袋的使用寿命有的1～2年，有的可达3～4年，这就给维护费拉开了很大的差距。此外，虽然电除尘器和袋式除尘器都有很高的除尘效率，但袋式除尘器在处理微细粉尘时要强一些，因而在目前对环保要求日趋严格的情况下，采用袋式除尘器更为有利。

随着环保技术的不断提高及环保产业的发展，大型袋式除尘器设计的不断优化，部件质量的提高，新型高品质滤料的出现，越来越多的水泥窑窑头、窑尾的废气处理采用了大型袋式除尘器。此外，根据目前我国的制造水平，很多厂家已完全具备生产大型袋式除尘器的装备和力量，能够满足水泥工业及其他工业生产的要求。展望未来，袋式除尘器将在水泥工业设备应用中占有绝对的优势。

第三节　袋式收尘器的结构、工作原理及其安装

一、袋式收尘器的结构及工作原理

1. 袋式收尘器的结构

袋式收尘器由上箱体、中箱体、灰斗、导流板、支架、滤袋组件、喷吹装置、离线阀、

卸灰装置及检测、控制系统等组成。整套除尘器还包括检修平台、照明系统、检修电源等辅助设备，如图 9-1 所示。

2. 袋式收尘器的工作原理

袋式收尘器的工作原理是尘粒在绕过滤布纤维时因惯性作用与纤维碰撞而被拦截。细微的尘粒（粒径为 1 微米或更小）则受气体分子冲击（布朗运动）不断改变着运动方向，由于纤维间的空隙小于气体分子布朗运动的自由路径，尘粒便与纤维碰撞接触而被分离出来。其工作过程与滤料的编织方法、纤维的密度及粉尘的扩散、惯性、遮挡、重力和静电作用等因素及其清灰方法有关。滤布材料是布袋除尘器的关键，性能良好的滤布，除特定的致密度和透气性外，还应有良好的耐腐蚀性、耐热性及较高的机械强度。耐热性能良好的纤维，其耐热度目前已可达到 250～350℃。

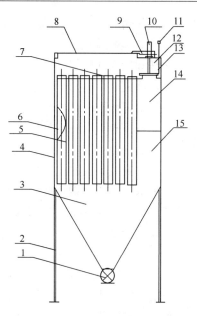

图 9-1　袋式收尘器的结构示意图
1—卸灰阀；2—支架；3—灰斗；4—箱体；5—滤袋；6—袋笼；7—清洁室；8—顶盖；9—储气罐；10—汽缸提升阀；11—电磁脉冲阀；12—气箱；13—喷管；14—净化气体出口；15—含尘气体出口

袋式除尘器按其清灰方式的不同可分为：振动式、气环反吹式、脉冲式、声波式及复合式等五种类型。其中脉冲反吹式根据反吹空气压力的不同又可分为：高压脉冲反吹和低压脉冲反吹两种。脉冲清灰袋式除尘器由于其脉冲喷吹强度和频率可进行调节，清灰效果好，是目前世界上应用最为广泛的除尘装置，见图 9-2 所示。

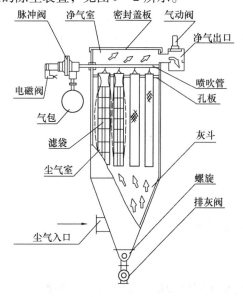

图 9-2　脉冲反吹式袋式除尘器结构及工作原理示意图

二、袋式收尘器的安装施工

1. 袋式收尘器安装

袋式收尘器的安装顺序为：立柱→灰斗→壳体→平台扶梯→提升阀喷吹装置→压缩空气

195

管道→放灰阀等。

（1）钢支柱安装

①基础检查和划线。将基础地脚螺栓清理干净，并对钢支柱基础编号，向土建索取基准线，做好标记，根据图纸所示位置，画出每个钢柱的坐标位置，用墨线弹出，测量准确做好记录，测量每根地脚螺栓的位置误差并校正、调直。

②设备检查。设备到货后，组织人员对设备外观、焊接及规格数量进行检查，检查合格的设备倒运到施工现场，码放整齐，垫实，按图编号，并与基础相对应。

③柱脚安装。按照土建所给标高调整好预埋钢板标高，通过调整预埋钢板下部螺母来找预埋钢板水平。预埋钢板标高、水平找正后，按图示位置安装柱脚，用水平仪找正，通过调整预埋钢板下部螺母来找柱脚水平、标高。柱脚安装完毕，作好记录，紧死地脚螺栓，然后报验。验收合格之后，将柱脚底板与预埋钢板焊接牢固，并申请二次灌浆。

④钢支柱安装。吊装前将立柱底板划线然后吊起找正后与柱底板螺栓连接，总体吊装顺序为先吊装中间固定支柱，而后依次向外吊装；吊装使用经纬仪找支柱铅垂度，后用钢卷尺检查柱距、对角线，注意栓好拖拉绳。每根钢支柱安装完，用临时横撑固定（成四方形）。待所有钢支柱安装完，搭满堂红架子，铺好脚手板，挂好安全网。吊车配合，安装斜撑。安装斜撑时注意保证钢支柱铅垂度、柱距、对角线，斜撑点焊后，应校核钢支柱铅垂度、柱距、对角线，合格后再进行斜撑焊接，全部钢支柱立好后按设计标准校验钢支柱的柱距、标高、垂直度符合质量要求。

（2）膨胀支座及底梁安装

每根钢支柱顶部安装一个膨胀支座，用来调整整个电除尘的膨胀，其中一个固定支座，其他为活动支座，首先在地面按其安装位置编号，按设计调好每个活动支座的膨胀量和膨胀方向，做好标记，用吊车就位在钢支柱顶部。与钢支柱顶板焊接，焊接时应分几次施焊，以防温度过高损坏中间的聚氯乙烯板。

底梁在地面分两部分组合吊装，组合前对设备进行外观检查，如有缺陷和变形须处理后再进行组合，梁间距和对角要符合设计要求，预留一定的焊接收缩量，组合后吊装就位在膨胀支座上。

（3）灰斗组合吊装

首先将灰斗各片组合，在平台上清点编号，对缺陷进行校正，将灰斗上部四片大口朝下按编号对接施焊，再将下部在灰斗与上部焊成一体，然后在灰斗四周安装弧形板及支撑，用吊车翻转，安装导流板，各部组合要按图施工，焊缝严密、美观，组合好后做渗油试验，发现渗漏及时补焊。

灰斗利用250t履带吊吊装到底梁上的支座进行找正，安装灰斗与底梁间的密封板，焊缝要均匀、密封良好。

（4）壳体结构安装

首先进行立柱大梁的安装（阳极板即安装在两排大梁侧下方座上）。为减少高空作业和施工难度，一排三根立柱和一根顶部大梁在地面组合后吊装，把立柱大梁按图纸位置摆好，用枕木找平、找正，安装连接螺栓定位，校正各部尺寸，立柱间距允许偏差5mm，顶部和柱脚对角线偏差允许7mm，合格后施焊。

用250t履带吊将第一排立柱大梁组合件吊起就位在底梁上，拧紧与底梁间的连接螺栓，用经纬仪与拖拉绳配合将立柱找正固定，再吊装第二排立柱大梁组合件，依此类推，将五排立柱大梁全部安装完毕。

墙板以电场为单位在地面组合后吊装就位。

（5）其他部件的安装

①进、出气烟箱安装

每台电除尘有两个进气烟箱和两个出气烟箱。烟箱组合须在平台上进行。组合时大口朝下，按设计尺寸组合焊接，组合后安装内部装置，烟箱组合焊接后做渗油试验，发现渗漏及时补焊。

用250t履带吊将烟箱吊装到进出口立柱大梁安装位置，固定焊接。

②楼梯平台的安装

平台的牛腿生根在底梁和立柱上，在底梁立柱组合时按设计尺寸安装焊接牢固。

扶梯平台的栏杆安装要严格按图进行。立杆垂直、横杆平行、外表美观、焊缝牢固饱满，所有楼梯扶手与平台栏杆在相连处焊为一体。

③顶部密封

顶部密封分为两层，下一层铺设在阳极板的横梁上，用角钢定位后接缝处敷设涂料密封。上层密封顶板与大梁上端密封焊接，两层顶板间空气静止，起到了保温的作用。

电除尘的密封至关重要，所有的密封焊缝必须做100%检查，发现渗漏及时补焊。因部分焊缝无法做渗油试验，密封工作结束后电除尘应做整体密封试验，将电除尘所有门孔封闭，在除尘器内部点燃两个烟雾弹，同时利用风机给电除尘内部吹风，检查电除尘外部密封处是否有烟冒出，发现问题及时处理补焊。

（6）龙骨、滤袋安装

布袋除尘器箱体安装焊接完，经检查验收合格后，即可进行龙骨、滤袋等的安装。龙骨安装时应检查无毛刺、变形，龙骨固定后应垂直、牢靠，各龙骨间距均匀、排列整齐，与箱体保持一定的安全距离。

布袋安装时应检查有无孔洞、破损等缺陷，安装时应缓慢，防止布袋与周围硬物、尖角物件接触、碰撞。禁止脚踩、重压，以防破损，并用专用卡套固定牢靠。除尘器布袋安装过程严禁烟火，安装完成后应采取一定措施，防止火灾事故发生。

（7）除尘器安装注意事项

①为便于运输，布袋除尘器设备通常解体发运交货，收到设备后，先按设备清单，检查是否缺件，然后检查在运输过程中是否损坏，对运输过程造成的损坏应及时修复，同时对到货设备做好防损防窃等保管工作。

②对排灰装置进行专门检查，转动或滑动部分要涂以润滑脂，减速机箱内要注入润滑油，使机件正常动作。

③安装时应严格按除尘器设备厂家图纸、技术要求和国家、行业有关安装的规范要求执行。

④安装设备由下而上，设备基础必须与设计图纸一致，安装前检查进行修整，然后吊装支柱，调整水平及垂直度后安装横梁及灰斗，灰斗固定后，检查相关尺寸，修正误差后，吊装下、中箱体及上箱体、风道，再安装气包、脉冲阀及喷管以及电气系统，压气管路系统。

⑤喷吹管安装，严格按图纸进行，保证其与花板间的距离，保证喷管上各喷嘴中心与花

板孔中心一致，其偏差小于2mm。

⑥各检查门和连接法兰均应装有密封垫。检查门密封垫应用胶粘结。密封垫搭接处斜接或叠接，不允许有缝隙，以防漏风。

⑦安装压缩空气管路时，管道内要吹扫除去污物防止堵塞，安装后要试压，试压压力为工作压力的1.15倍，试压时关闭安全阀。试压后，将减压阀调至规定压力。

⑧按电气控制仪安装图和说明安装电源及控制线路。

⑨除尘器整机安装完毕，应按图纸再做检查修整。对箱体、风道、灰斗内外的焊缝做详细检查，对气密性焊缝特别重点检查，发现有漏焊、气孔、咬口等缺陷应进行补焊，以保证其强度及密封性。必要时，进行煤油检漏及对除尘器整体用压缩空气进行打压检漏。

⑩图纸有打压要求时，按要求对除尘器整体进行打压检验。试验压力按要求，一般为净气室所受负压乘以1.15的系数，最小压力采用除尘器后系统风机的风压值。保压一小时，泄漏率<2%。

⑪最后安装滤袋和涂刷面漆。先拆除喷吹管再安装滤袋。滤袋的搬运和停放，要注意防止袋与周围硬物、尖角物件接触、碰撞。禁止脚踩、重压，以防破损。滤袋袋口应紧密与花板孔口嵌紧，不得歪斜，不留缝隙。袋框（龙骨）应垂直、从袋口往下安放。

2. 试运转

在收尘器进风管应设置温控器，如气体温度超过滤袋的允许温度应发出声、光信号，以便操作人员及时采取措施。收尘器的进风管和排风管之间应装压力计，通过压差值，随时调整清灰周期和脉冲喷吹的频率。

（1）空载试运转

①严格地检查机内是否有混杂物，如工具、小零件、零星钢材、棉纱破布等，如有应在试运转之前清理出去。

②检查各检查门是否密封、关严。收尘器运行期间，为了防止收尘器内部高温烟气异常正压伤人，严禁开启任何人孔门。

③检查螺旋闸门是否全开，星型下料器是否运转。

④检查袋室进口翻板阀是否处于开启状态。

⑤将压缩空气管路系统通以压缩空气，压力应保持在0.5~0.7MPa，检查各连接处是否漏风，压力计指示是否正确。调节进入气包的减压阀到0.21~0.35MPa。

⑥通过清灰程序控制仪检查提升阀和脉冲阀是否动作协调和符合设计要求。在检修任何压缩空气系统和喷吹系统的元件之前，应关闭相应的阀门并将对应系统内的压缩气泄压到0Pa，以防意外伤人。

⑦检查各运转部位，润滑油（脂）是否加足。

⑧空负荷试车注意事项：

按开车顺序启动收尘器，检查各个运动部分，以振动小、噪声低和运转平稳为正常。

检查进出风管的压力差，其读数应小于800Pa。检查消灰程序控制仪是否按整定值进行动作，脉冲喷吹是否正常，观察滤袋抖动情况是否正常。空负荷运转4h后，检查各部件是否运转正常，如有故障要及时清除。空负荷试车正常后，方可进行负载试运行。

（2）负载试运行

在负载试运行以前应注意观察设置在袋收尘器进风管处的温度计指示，当温度超过

260℃时，应使窑尾风机关闭，停止向袋收尘器内拉风，采取一定的措施，降低温度，以保证收尘器的安全。

1）负载试运转应在额定风量的80%条件下进行。

2）负载试运转的连续试验时间应为4h以上。

3）负载试运转各项技术指标均应达到设计要求。

4）负荷试车注意事项：

①开车前关闭所有的人孔门。

②负荷试车4h后，进出风管的压力差应控制在800~1500Pa之间。条件允许时，投入压差自动控制清灰程序。

③如排出粉尘浓度不正常，此时应检查滤袋是否有破损。

④负荷试车8h后，收尘器运行正常，电机轴承温度不高于50℃，即可投入正式运行。

第十章　水泥工业余热发电及其工程

第一节　我国水泥工业发展余热发电的意义

自 1985 年起，水泥工业即开始开展水泥窑余热发电技术的研究、开发、推广、应用工作：从 20 世纪 80 年代初为水泥干法中空窑配套高温余热发电技术起，到 20 世纪 90 年代初期为新型干法窑配套带补燃锅炉的中低温余热发电技术，再到本世纪为成熟的新型干法窑配套纯低温余热发电技术。截至 2010 年底我国有近 700 条新型干法水泥生产线建设了余热发电系统，发电机组达到 561 台套，装机容量 4786 兆瓦。也就是说，水泥窑余热发电技术是随着水泥工艺技术的发展而不断发展的，同时也为我国水泥工业的发展、节能技术的进步、推动资源综合利用工作的开展做出了重要贡献，为其他行业树立了典范。

国家发改委与科技部为贯彻落实中央的要求，以国家《节能中长期专项规划》为依据，以进一步推进节能工作、引导节能技术进步为目的，共同组织起草颁发了《我国节能技术政策大纲》，该大纲进一步明确支持水泥、钢铁、冶金等行业节能技术的研究、开发及应用。

开展资源节约及综合利用已是当前摆在世人面前，涉及人类生存和发展的重大课题，我国水泥行业发展水泥窑余热发电技术的目的和意义也就在于：

1. 发展循环经济、节约能源、环境保护的需要

发展循环经济是党中央、国务院为贯彻落实科学发展观、实现经济增长方式根本转变而提出的一项重大战略任务，是建设资源节约型、环境友好型社会和实现可持续发展的重要途径。按照科学发展观的要求，加快建立循环经济发展模式，实现以尽可能小的资源消耗和环境成本，获得尽可能大的经济效益和社会效益。

随着《中华人民共和国清洁生产促进法》、《水泥工业清洁生产技术规范》的实施及经济发展水平和人们认识的不断提高，人们对环境保护和水泥质量的认识不断增强。环保问题、质量问题和可持续发展问题日益成为制约社会和经济发展的最重要因素之一，先发展经济，再解决环保和质量问题的诸多弊端已经日益显现，而且日趋严重，结果必然会导致经济发展上不去，环境问题也解决不好，更保证不了经济的可持续发展。

随着水泥熟料煅烧技术的发展，发达国家水泥工业节能技术水平发展很快，低温余热在水泥生产过程中被回收利用，水泥熟料热能利用率已有较大的提高。但我国由于节能技术、装备水平的限制和节能意识影响，在窑炉工业企业中仍有大量的中、低温废气余热资源未被充分利用，能源浪费现象仍然十分突出。通过纯低温余热发电技术的应用，可对新型干法水泥熟料生产企业中由窑头熟料冷却机和窑尾预热器排出的 350℃ 以下的废气进行回收，部分转化为电能，相应地减少了火力发电生产过程中产生的 CO_2 等废气排放，另一部分转化为接近环境温度的废气排入大气，减轻了热污染，提高了水泥企业能源利用率，且经济效益十分可观；其次，水泥窑废气经过余热锅炉后能够沉降大量的粉尘，使进入水泥窑废气收尘器

的含尘浓度大幅度降低，减轻收尘器的工作负荷，从而减轻了粉尘污染。余热发电机组运行的社会环保效益十分明显。

随着世界经济快速发展、新型节能技术的推广应用，充分利用有限的资源和发展水泥窑余热发电项目已经成为水泥业发展的一种趋势，也完全符合国家产业政策。本项目符合我国采用循环经济的模式实现国民经济可持续发展的要求，有利于推动循环经济的发展。

2. 行业可持续发展和国家产业政策的要求

从国家的产业政策来看，早在1996年国务院曾以国发［1996］36号文批转国家经贸委等部门《关于进一步开发资源综合利用意见》的通知，明确指出："凡利用余热、余压、城市垃圾和煤矸石等低热值燃料及煤层气生产电力、热力的企业，其单机容量在500kW以上，符合并网条件的，电力部门都应允许并网……单机容量在1.2万kW以下（含1.2万kW）的综合利用电厂，不参加电网调峰……"2005年12月2日国家发展和改革委员会发布的"产业结构调整指导目录（2005年）"日产2000t及以上熟料新型干法水泥生产线余热发电属鼓励类。

因此，利用新型干法水泥窑的废气余热建设纯低温余热发电项目，在政策和法规上是国家大力扶持和提倡的，建设水泥余热利用项目适应了国家产业政策的要求。

3. 推进清洁发展机制（CDM）项目

清洁发展机制是《京都议定书》第十二条确定的一个基于市场的灵活机制，其核心内容是允许发达国家与发展中国家合作，在发展中国家实施温室气体减排项目。

清洁发展机制的设立具有双重目的：促进发展中国家的可持续发展和为实现公约的最终目标作出贡献；协助发达国家实现其在《京都议定书》第三条之下量化的温室气体减限排承诺。通过参与清洁发展机制项目，发达国家的政府可以获得项目产生的全部或者部分经核证的减排量，并用于履行其在《京都议定书》下的温室气体减限排义务。对于发达国家的企业而言，获得的CERs可以用于履行其在国内的温室气体减限排义务，也可以在相关的市场上出售获得经济收益。由于获得CERs的成本远低于其在国内采取减排措施的成本，发达国家政府和企业通过参加清洁发展机制项目可以大幅度降低其实现减排义务的经济成本。

对于发展中国家而言，通过参加清洁发展机制项目合作可以获得额外的资金和（或）先进的环境保护技术，从而可以促进本国的可持续发展。因此，清洁发展机制是一种"双赢"的机制。清洁发展机制合作也可以降低全球实现温室气体减排的总体经济成本。

4. 企业降低生产成本、提高市场竞争力的需要

在新型干法水泥生产企业中，由窑头熟料冷却机和窑尾预热器排出的350℃左右的废气，其热能大约为水泥熟料烧成系统热耗量的35%，低温余热发电技术的应用，可将排放到大气中的废气余热进行回收，使水泥生产企业能源利用率提高到95%以上，项目的经济效益十分可观，扩大了产品的盈利空间，从而大大提高了企业的市场竞争力。

由此，水泥生产企业遵照国务院关于《进一步开展能源综合利用意见的通知》精神，积极响应国家发展和改革委员会颁布的《水泥工业产业发展政策》的号召，决定利用水泥窑烧成系统废气余热进行纯低温余热发电。这不仅有利于环境保护，有助于缓解当地电力供应的紧张状况，同时也有利于降低企业水泥熟料的生产成本，提高企业产品的竞争力。

水泥生产企业建设余热电站，投资小，见效快，可以大幅降低水泥生产能耗即成本，相应地可以大幅提高企业经济效益。

5. 为钢铁、冶金工业提供经验

水泥窑余热发电技术为钢铁、冶金等高能耗企业开展降低生产成本、提高经济效益、加快开展资源综合利用工作提供可以借鉴的经验。

6. 区域经济环境的现实要求

随着我国国民经济的高速增长，能源特别是电力需求的增加将越来越紧张。而水泥企业是煤、电的消耗大户，在水泥企业中实施节能措施，对推动国民经济的发展是十分重要的。水泥生产企业实施纯低温余热发电工程，这将有助于带动当地水泥企业积极实施节能措施，推动当地经济发展。

第二节 我国水泥余热发电技术的发展经历

一、我国水泥窑余热发电技术

下面介绍我国水泥行业余热发电技术的发展历程，以及当前开发研制的三种主要余热发电型式，同时介绍我国水泥行业当前采用的余热发电技术的基本情况，并针对它存在的问题，提出了水泥生产工艺技术与余热发电技术相结合的问题，同时展望了今后如何依据中国的国情来发展具有中国特色的余热发电技术。

1. 水泥窑余热发电的发展历程

早在20世纪二三十年代，我国工业极其落后，当时基本上不存在电力工业，因此水泥厂用电要由水泥厂自身解决。基于这种现状，日本人在我国东北及华北地区建设的若干水泥厂均采用带余热发电系统的干法中空窑（简称"余热发电窑"）。当时对余热发电技术的要求仅限于在不影响窑的运行条件下能确保连续稳定地供电，对能耗及其他技术指标没有更高要求。因此，余热发电系统基本上是原始技术。发电设备有日本的、美国的、德国的，系统采用1～1.6MPa低参数运行，电压等级五花八门，单台装容量均小于3000kW，发电指标基本在熟料热耗为7400kJ/kg时，每吨熟料发电量为110kWh左右。尽管该技术落后，但是满足了当时水泥厂的用电需要，为我国自己发展这一技术提供了范例。

五六十年代，由于国民经济的发展对水泥需求量的增加和电力供应的紧张，为我国水泥窑余热发电技术的发展创造了条件，使我国水泥窑余热发电技术经历了第一个发展时期。这期间，国家在大力发展湿法窑、扩大水泥产量的同时，到70年代末及80年代初完成了对日伪时期建设的余热发电窑的技术改造，并且新建了若干条余热发电窑。其中大部分以国产发电设备（主要为余热锅炉、汽轮机、发电机）改造了众多水泥厂，在提高水泥产量的同时，余热发电技术水平也有了较大的提高；采用了带回热的朗肯循环系统，运行参数提高到2.5MPa左右，单台装机容量达到3000kW，发电指标达到熟料热耗为6700～7400kJ/kg时，每吨熟料发电量达到100～130kWh。在供电非常紧张的情况下，该种类型水泥厂的生产基本上没有受到影响。国产第一代水泥窑余热发电专用锅炉和国产的1500kW、3000kW汽轮发电机组满足了水泥厂余热发电系统的需要。

80年代，随着国家对节能工作的重视，水泥工业以发展新型干法窑为主。但由于水泥需求量增加而电力供应紧张局面一时难以缓解，余热发电窑仍然有发展的条件。因此80年代余热发电技术以节能降耗、提高余热发电量、缓解供电不足为目标，经历了第二个发展阶段。

水泥窑余热发电技术经过第一个发展阶段后有了较大提高。80年代我们在余热发电方面主要解决了三个方面的问题：一是提高单台窑的水泥产量及提高发电系统的运行参数；二是减小余热锅炉的漏风；三是减轻锅炉受热面磨损，提高余热锅炉寿命。结合大连一水、工源、锦西等厂的技术改造，基本达到了预期目标：缩小了与国外余热发电技术水平的差距，其中700t/d及500t/d（窑规格分别为 $\phi4m \times 75m$、$\phi3.6m \times 60m$）的余热发电系统，运行参数提高到：熟料热耗为 6000~6600kJ/kg 时，每吨熟料发电量 140~160kWh。在完成上述三厂技术改造的同时，新建了十余条余热发电窑，其余热发电量满足了全厂用电量的80%以上，对确保水泥产量、减少电费支出、提高水泥厂的经济效益起到了重要的作用，显示了余热发电窑及余热发电技术的优越性。

80年代末，国家仍没有从根本上解决电力供需矛盾、煤电比价不合理的状况，为余热发电技术的进一步发展提供了市场。为适应这一市场的需要，国家及具有余热发电技术开发能力的单位分别投入了大量的人力、物力、财力开发各种新型的余热发电工艺及装备，以满足不同窑型的需要。开发研制工作主要有以下几方面：

（1）余热发电窑

国内某水泥工业设计研究院与某锅炉生产企业合作开发研制的余热发电窑第三代余热锅炉 HG - F3150 - I（高温立式锅炉）于1994年5月安装于江苏某水泥有限公司 $\phi4m \times 75m$、700t/d 余热发电窑上，1995年1月投入试运行。两年后，余热发电系统已达到熟料热耗为 6562kJ/kg 时、每吨熟料发电量 180~195kWh 这一国外设计指标，年平均每吨熟料发电量达到173kWh 以上，大大高于国内其他余热发电窑年平均 110~150kWh 的水平。实现了这一指标，这种窑型正常生产已不再需外购电，水泥综合能耗接近于同规模的预分解窑，而经济效益在当时经济环境条件下远高于预分解窑。

（2）预分解窑

该水泥工业设计研究院与锅炉厂、水泥厂联合承担的"八五"全国重点科技攻关课题《带补燃锅炉的中低温余热发电工艺及装备的研究开发》已全面完成攻关任务，并获得"八五"国家重大科技成果奖。为某水泥厂两条 2000t/d 预分解窑建设的 12000kW 余热电站和北京某水泥厂一条 2000t/d 预分解窑建设的 12000kW 抽汽供热余热电站，已完成试生产并通过了政府组织的工程竣工验收。

国内某建材研究院与有关单位合作承担的"八五"全国重点科技攻关课题——纯低温余热发电工艺及装备的研究开发，也已完成实验研究工作。目标是在预分解窑上完全依靠低温余热进行发电，在热耗为 3553kJ/kg 情况下每吨熟料发电指标达到30kWh。

（3）悬浮预热器窑

某建材研究院与有关方面合作承担的"八五"全国重点科技攻关课题——对余热发电窑的水泥生产系统加装流态化分解炉及二级预热器，以提高余热发电窑的水泥产量，余热发电量达到熟料热耗为 6562kJ/kg 时，每吨熟料余热发电 160kWh 的要求。

我国80年代初以前建设和改造的均为余热发电窑。据不完全统计，20至30年代在近十个水泥厂建设的余热发电窑装机容量均为 3000kW 以下。70年代末80年代初新建和改造的有近十个余热发电窑装机容量在为 3000kW 至 6000kW，也有部分为 1500kW。

2. 几种不同窑型的余热发电技术

水泥窑余热发电技术经过几十年的发展，特别是"八五"国家攻关课题的顺利完成，为不同窑型提了几种可供选择的余热发电系统。

（1）余热发电窑的发电系统

过去几十年来采用最多的是余热发电窑发电系统。这个系统的优点是运行可靠，缺点：首先是汽轮机组的容量往往与水泥窑的余热发电能力不匹配；其次卧式余热锅炉漏风量难以控制，影响发电量；第三，水泥工艺系统的其他余热不能充分利用。针对上述缺点，研究出了余热发电窑的第二种热力系统。此系统在保持了常用系统优点的基础上，使锅炉漏风量得到了大幅度下降，在水泥熟料热耗、产量相同的情况下，余热发电量可以提高20%左右。

根据上述两种系统，结合篦冷机有大量200℃左右的废气余热可以利用，以及煤粉制备系统有含煤粉废气排放的特点，该院正在研究另外两种发电系统，即二级余热发电系统和二级余热补燃发电系统。

（2）预分解窑的发电系统

预分解窑发电系统有两种基本类型：一是带补燃锅炉的中低温余热发电系统；再一个是不带补燃锅炉的纯低温余热发电系统，这两种发电系统均为"八五"国家攻关课题。

带补燃锅炉的中低温余热发电系统，在国内2000t/d预分解窑上已经得到推广应用，并取得了良好的节能效果和经济效益。这种发电系统主要是利用窑尾预热器的320～400℃废气余热生产高压饱和蒸汽及高温热水，通过补燃锅炉将蒸汽量、蒸汽压力、蒸汽温度调整至汽轮机所需要的参数；其次是利用熟料冷却机200℃左右的废气生产低压饱和蒸汽及120℃左右的热水，作为锅炉给水除氧并取代汽轮机回热抽汽，从而可以降低汽轮机的发电汽耗率。

这种发电系统的缺点：由于国产标准系列汽轮机组没有低压付进汽装置，使200℃左右的废气余热所生产的低压蒸汽不能完全用于发电（这也是我们同国外先进水平的差距所在），如果水泥厂不需要生活用热，将浪费部分低压蒸汽；其次，由于补燃锅炉需要消耗部分燃料，当国内燃料价格与电价之比趋于合理及全国电网平均供电煤耗由目前的431g标煤降至低于350g标煤/kWh时，节能效果及经济效益将低于不带补燃锅炉的纯低温余热发电系统。

对于不带补燃锅炉的纯低温余热发电系统，也主要是利用窑尾预热器320～400℃废气余热及窑头熟料冷却机200℃左右的废气余热。按理论分析计算，余热发电量根据窑尾预热器废气温度也可达到每吨熟料22～32kWh。

（3）悬浮预热器窑的发电系统

悬浮预热器窑有两种类型：一是带有2～5级悬浮预热器的悬浮预热器窑；再一个是在余热发电窑基础上增设流态化分解炉，同时设置1～2级悬浮预热器的余热发电窑。

带有2～5级悬浮预热器窑发电系统与预分解窑相同，目前国内在这种窑型上还没有应用余热发电技术的实例。

增设流态化分解炉及1～2级悬浮预热器的余热发电窑技术，同为"八五"国家攻关课题。某水泥厂余热发电窑在窑尾烟室增设燃油的流态化分解炉及二级悬浮预热器后，水泥产量显著增加，余热发电量也有所提高。这项技术适用于普通余热发电窑的发电系统装机容量偏大而水泥熟料产量偏小的老厂改造，它对提高水泥产量、充分利用发电系统富裕容量有显著作用，而对提高余热发电指标降低能耗作用不大。此项技术与发电技术结合起来，既可以提高余热发电窑的水泥产量，也可以提高余热发电量、降低水泥生产能耗，更有效地提高企业经济效益。两项技术的成功结合，将成为今后老式余热发电窑及悬浮预热器窑进行技术改造的主要模式。

3. 余热发电技术的发展趋势

我国水泥窑余热发电技术最近十余年有了长足的进步，开发了各种各样的并能满足不同窑型要求的发电系统。根据这些发电系统实际生产中所取得的成效，我们认为，在未来相当长的时期内，我国水泥窑余热发电技术的发展趋势主要有如下几方面：

（1）余热发电窑

采用立式余热锅炉和带有低压付进汽的汽轮发电机组的二级余热发电系统。立式余热锅炉彻底解决了卧式余热锅炉漏风及炉内温度场实际分布与锅炉设计时所假想的温度场完全不同的问题，可以大大提高锅炉蒸汽产量；出箅冷机或立式余热锅炉排出的 200℃ 左右废气余热可以充分回收并用以发电。这样可使每吨熟料余热发电量在熟料热耗不变的前提下提高到 195kWh 以上，使水泥窑综合能耗达到同规模预分解窑的能耗水平，而经济效益远高于预分解窑。

采用余热发电窑二级余热补燃发电系统，除具有二级余热发电系统的优点外，还可解决水泥窑煤粉制备系统的运行安全及环保问题，对于严重缺电地区或具有多种窑型的水泥工厂，既可解决供电问题又能进一步提高经济效益。

（2）预分解窑及悬浮预热器窑

为了克服带补燃炉的中低温余热发电系统的缺点，采用带低压付进汽装置的汽轮发电机组，充分回收 200℃ 左右的废气余热，降低发电煤耗，可进一步提高经济效益。

现已投入生产的小型余热发电窑及小型悬浮预热器窑（包括立筒预热器窑）流态化分解炉（或烟道式分解炉）＋2～5 级悬浮预热器＋余热发电窑二级余热发电技术是今后对已投产的小型余热发电窑及小型悬浮预热器窑进行技术改造的主要模式。这项综合技术可使窑增产 20%～100%，每吨水泥熟料发电量也可达 110～195kWh，收到增产、降耗、提高经济效益的三重效果，且其改造投资也大大低于其他模式。

上述工作的完成，对我国水泥工业的节能以及缓解供电矛盾、提高水泥产量、促进水泥工业"上大改小"战略的实施将起到重要作用，为企业提高经济效益提供了相应的手段。当前我国余热发电技术也已接近国际先进水平，今后要继续努力，开辟我国余热发电技术发展的未来之路。

二、我国水泥工业余热发电技术的发展历程

改革开放以来，水泥工业取得了举世瞩目的成绩。新型干法水泥技术装备进入世界先进行列；科学发展、技术创新、节能减排成为全行业实际行动；水泥结构调整成绩斐然，到 2008 年底新型干法水泥比例突破了 60%；世界知名水泥公司在我国落地生根；水泥工程总承包足迹遍及全球，带动机械装备大量出口。这些成绩的取得，为水泥工业的发展创造了辉煌。与此同时，"十一五"期间水泥纯低温余热发电，实现了跨越式发展，截至 2008 年底，有 263 条新型干法熟料生产线装有余热利用电站，装机总容量达到 1662MW。到 2010 年水泥行业余热发电装机总容量将是近两个葛洲坝电站总装机容量，余热发电为水泥工业再次创造了辉煌。

我国水泥窑余热发电技术的发展从第一个五年计划开始起步，经过半个多世纪的发展，水泥窑余热发电技术的研究、开发、推广、应用工作经历了四个阶段。

1. 第一阶段为 1953 年至 1989 年

这 30 多年的主要工作是开展了中空窑高温余热发电技术及装备的开发、推广、应用工作。首先参照上世纪三十年代日本引进德国技术在我国东北、华北地区建设的中空窑高温余热发电技术装备，对老厂进行改造，同时在老厂扩建中得到应用。总计投运了约 290 条中空窑余热发电系统。形成了不同主蒸汽参数、余热锅炉形式、装机容量的高温余热发电窑系统。为我国开展水泥窑中低温余热发电技术及装备的研究开发奠定了坚实基础。

2. 第二阶段为 1990 年至 1996 年

"八五"期间，国家安排了水泥行业科技攻关课题，其一是《带补燃锅炉的中低温余热发电技术及装备的研究开发》，主要内容为采用国产标准系列汽轮发电机组，回收 400℃ 以下废气余热进行发电。该课题在 1996 年完成了攻关工作，形成了《带补燃锅炉的水泥窑中低温余热发电技术》；这项技术的研究、开发、推广、应用，为我国开发水泥窑纯低温余热发电技术及装备工作积累了丰富的经验；其二是《水泥窑纯低温余热发电工艺及装备技术的研究开发》；其三是《纯低温余热发电技术装备——螺杆式膨胀机研究开发》。根据带补燃锅炉的水泥窑中低温余热发电技术应用的经验，以日本某公司为某水泥厂 4000t/d 水泥窑提供的 6480kW 纯低温余热电站的建设为契机，基本形成了我国水泥窑纯低温余热发电工艺技术装备体系。

3. 第三阶段为 1997 年至 2005 年

推广、改进《带补燃锅炉的水泥窑中低温余热发电技术》和《水泥窑纯低温余热发电技术》。截至 2005 年底，利用《带补燃锅炉的水泥窑中低温余热发电技术》，国内有 23 个水泥厂 36 条 1000~4000t/d 预分解窑生产线上安装了 28 台带补燃锅炉的中温余热发电机组，总装机为 45.36MW。与此同时，分别于 2001 年、2003 年利用我国自主研发的技术和国产设备，在 2000t/d、1500t/d 水泥窑上投运了装机容量分别为 3 MW、2.5 MW 的纯低温余热电站。2001 年至 2005 年，我国水泥行业利用国产设备和技术在 12 条新型干法窑生产线上，配套建设了装机容量分别为 2.0MW、3.0MW、6.0MW、7MW 的纯低温余热电站。

4. 第四阶段为 2005 年以后

由于水泥窑纯低温余热发电技术装备已经成熟，进入了蓬勃发展阶段。大量的工程实践机会，给技术不断创新提供了最佳的机遇。随着纯低温余热电站投入运行数量的增多，运行情况反过来指导了工艺技术装备的提高，使我国水泥窑纯低温余热发电技术装备更加成熟可靠，也给我国这项技术达到世界先进水平提供了机遇。

第三节　水泥生产企业余热的利用

一、水泥企业选择余热利用方式及原则

水泥生产企业采用什么样的余热利用系统，应根据熟料生产线的实际情况而定。生产线规模小，当地电价较低（如西部地区的小规模生产线），可以采用余热利用的其他方式——因为建设余热电站的经济效益并不一定高；如果生产线利用污泥进行配料，选择用废热对污泥进行烘干，经济效益可能要好于余热发电；或者利用废热供应城市集中供暖、制冷，造福一方百姓，也是不错的选择。由此可见，余热利用方式的选择取决于水泥生产企业的规模；企业所在地的经济发展程度；企业所在地供电价格水平以及电力入网的可能性等多方面的因

素。不管水泥生产企业的余热如何利用，余热利用的经济帐一定要算。实践证明，水泥低温余热发电系统的建设是水泥生产企业增加经济效益的一个新的增长点。

水泥窑低温余热发电的建设和设计应遵循以下原则：

1. 条件允许时，水泥生产企业应对生产线进行系统热工标定，对水泥生产运行数据的稳定性进行系统分析；

2. 在满足水泥生产工艺自身余热的需要、不影响水泥窑的热工操作、不增加水泥熟料烧成热耗及电耗的前提下，最大限度获取、利用余热资源；

3. 水泥生产企业应合理梯级利用不同品位的余热，充分发挥水泥生产余热的做功能力；

4. 根据水泥生产企业的实际情况，通过对性价比的分析，确定热力系统循环方式；

5. 在新的水泥生产线不同步建设余热发电系统时，新生产线的设计应在窑头和窑尾为建设余热发电系统留有余地，为余热发电设备的安装预留接口。

二、水泥余热发电建设模式

水泥余热发电建设模式有三种，即传统模式、EPC 模式和 BOT 模式。

1. 传统模式

传统模式，由设计单位提供水泥余热发电的技术方案和电站设计，水泥生产企业自己安排余热发电的建设和管理。由于设计单位只承担水泥余热发电工程的设计工作，工作量较大，利润较薄，因此，目前相当一部分设计单位不愿意单纯地提供这种模式的服务。由于余热发电建设目前尚处于卖方市场，所以这种服务模式的比例正在逐年下降。

2. EPC 模式

EPC 模式，即工程总承包模式。目前水泥余热发电的建设采用 EPC（总承包）模式比较普遍，市场占有率大约在 70% 左右。采用这种模式主要原因是水泥余热发电市场比较火爆，技术供应商希望以工程总承包方式承接任务——以获得更高的效益；另一方面水泥生产企业对水泥余热发电的设备采购、工程施工、技术管理比较生疏，这方面正是技术供应商的优势。一般采用 EPC 模式时将土建工程拿出去，由业主自行招标。

3. BOT 模式

BOT 模式，是一种由出资方建设、运营、转交的模式，由电站投资方全部投资、建设和管理。水泥企业可以解决资金短缺问题，近期可以获得优惠电价，最终可以获得电站。投资方依靠资金、技术、配套、CDM（清洁发展机制）、管理等方面的优势，可以有效规避投资风险和取得较好的经济效益。这种模式目前应用份额不大——约占 10% 左右。这种模式双方合作的条款是比较灵活的，关键是条款的内容双方均能接受。

后两种模式总体经济性评价是双赢的，可以说是优势互补，双方盈利。但是 BOT 模式由于目前余热发电效益好，水泥企业不愿意将废热资源交予他人管理；另一方面，发电效果与熟料生产热工参数的稳定性有很大关系，双方在合作过程中会出现一些矛盾，所以 BOT 模式有一定的阻碍，因此发展速度较慢。

三、各种规模余热发电装机容量方案

1. 2500t/d 水泥熟料生产线余热发电装机容量方案

利用 2500t/d 水泥熟料生产线窑头、窑尾余热资源，设置窑头冷却机余热锅炉（AQC炉）和窑尾余热锅炉（SP 炉），可建装机容量 4500kW 的纯低温余热发电站。

窑头冷却机经过改造后的废气参数为：$65000m^3$，350℃。这部分废气全部用于发电，废气经 AQC 炉后进入原段收尘，收尘后排放。

窑尾出五级旋风预热器废气参数为：150000m³，340℃（这部分废气经过利用后废气温度应保持在 220℃ 以上，用于生料粉磨与煤磨烘干）。

根据 2500t/d 水泥熟料生产线的工艺流程和设计参数，生产过程中生产的废气余热在利用纯低温余热回收技术和国产装备的前提下，具有每吨熟料 36～38kWh 的发电能力。

（1）装机容量的配置

①设置一台窑头余热锅炉（AQC 炉）。在窑头冷却机中部废气出口处，设置 AQC 锅炉，该锅炉分两段设置，其中 I 段为蒸汽段，II 段为热水段。AQC 锅炉的 II 段生产 135℃ 饱和水提供给 I 段和 SP 锅炉，AQC 炉 I 段生产 1.6MPa、300℃ 的过热蒸汽作为主蒸汽与 SP 炉生产的同参数过热蒸汽合并后，一并进入汽轮机做功。汽轮机凝结水进入 AQC 炉 II 段，加热后分别作为锅炉给水进入 SP 炉和 AQC 炉的 I 段。

②设置一台窑尾余热锅炉（SP 炉）。在窑尾预热器废气出口管道上设置 SP 锅炉，SP 余热锅炉产生蒸汽与 AQC 炉 I 段产生的蒸汽合并后送入汽轮机做功。

③设置适合于低温余热发电站的凝汽式汽轮机。凝汽式汽轮机的额定功率为 4500kW，主汽参数为 1.27MPa、290℃。

④设置配套于凝汽式汽轮机的发电机。发电机为 4500kW 的 6（10）kV 的普通交流式发电机，通过水泥生产企业原有 5 降变压站 6（10）kV 母线与当地电网并网运行（并网不上网）。

⑤设置一套循环冷却水系统，满足电站生产设备冷却水的需要。

⑥设置一套"过滤器＋二级钠串联"的化学水处理系统，满足电站锅炉生产用水的需要。

⑦设置一套 DCS 计算机控制系统，满足电站监控运行的需要。

（2）主要设备

2500t/d 水泥熟料生产线余热发电主要设备及技术参数见表 10-1。

表 10-1 2500t/d 水泥熟料生产线余热发电主要设备及技术参数一览表

序号	设备名称	数量	主要技术参数、性能、指标
1	凝汽式汽轮机	1	额定功率：4.5MW 主汽门前压力：1.27MPa 主汽门前温度：290℃
2	发电机	1	额定功率：4.5MW 出线电压：6300V（10500V）
3	SP 余热锅炉	1	入口废气量：15000m³/h 入口废气温度：340℃ 出口废气温度：250℃
4	AQC 余热锅炉	1	入口废气量：65000m³/h 入口废气温度：350℃ 出口废气温度：100℃

（3）主要技术经济指标

水泥生产企业建设 2500t/d 水泥熟料生产线余热发电项目的主要技术经济指标见表10-2。

表 10-2 2500t/d 水泥熟料生产线余热发电项目主要技术经济指标一览表

序号	项 目	单 位	指 标
1	装机容量	MW	4.5
2	平均发电率	MW	4.0
3	年发电量	10^4 kWh	3000
4	年耗水量	10^4 t/a	~30
5	小时吨熟料余热发电量	kWh/t	38~40
6	平均发电成本	元/kWh	0.10~0.15
7	工程总投资	万元	3100
8	投资回收期	年	2.5~3

2. 2×2500t/d 水泥熟料生产线余热发电装机容量方案

利用 2×2500t/d 水泥熟料生产线窑头、窑尾余热资源，设置窑头冷却机余热锅炉（AQC 炉）和窑尾余热锅炉（SP 炉），可建装机容量 7500kW 的纯低温余热发电站。

窑头冷却机经过改造后的废气参数为：2×65000m^3，350℃。这部分废气全部用于发电，废气经 AQC 炉后进入原段收尘，收尘后排放。

窑尾出五级旋风预热器废气参数为：2×150000m^3，340℃（这部分废气经过利用后废气温度应保持在220℃以上，用于生料粉磨与煤磨烘干）。

根据 2×2500t/d 水泥熟料生产线的工艺流程和设计参数，生产过程中生产的废气余热在利用纯低温余热回收技术和国产装备的前提下，具有每吨熟料 36~38kWh 的发电能力。

（1）装机容量的配置

①设置两台窑头余热锅炉（AQC 炉）。在窑头冷却机中部废气出口处，设置 AQC 锅炉，该锅炉分两段设置，其中Ⅰ段为蒸汽段，Ⅱ段为热水段。AQC 锅炉的Ⅱ段生产135℃饱和水提供给Ⅰ段和 SP 锅炉，AQC 炉Ⅰ段生产 1.6MPa、300℃的过热蒸汽作为主蒸汽与 SP 炉生产的同参数过热蒸汽合并后，一并进入汽轮机做功。汽轮机凝结水进入 AQC 炉Ⅱ段，加热后分别作为锅炉给水进入 SP 炉和 AQC 炉的Ⅰ段。

②设置两台窑尾余热锅炉（SP 炉）。在窑尾预热器废气出口管道上设置 SP 锅炉，SP 余热锅炉产生蒸汽与 AQC 炉Ⅰ段产生的蒸汽合并后送入汽轮机做功。

③设置一台适合于低温余热发电站的凝汽式汽轮机。凝汽式汽轮机的额定功率为7500kW，主汽参数为 1.27MPa、290℃。

④设置一台配套于凝汽式汽轮机的发电机。发电机为 7500kW 的 6（10）kV 的普通交流式发电机，通过水泥生产企业原有 5 降变压站 6（10）kV 母线与当地电网并网运行（并网不上网）。

⑤设置一套循环冷却水系统，满足电站生产设备冷却水的需要。

⑥设置一套"过滤器+二级钠串联"的化学水处理系统，满足电站锅炉生产用水的需要。

⑦设置一套 DCS 计算机控制系统，满足电站监控运行的需要。

（2）主要设备

2×2500t/d 水泥熟料生产线余热发电主要设备及技术参数见表 10－3。

表 10－3　2×2500t/d 水泥熟料生产线余热发电主要设备及技术参数一览表

序号	设备名称	数量	主要技术参数、性能、指标
1	凝汽式汽轮机	1	额定功率：7.5MW 主汽门前压力：1.27MPa 主汽门前温度：290℃
2	发电机	1	额定功率：7.5MW 出线电压：6300V（10500V）
3	SP 余热锅炉	2	入口废气量：15000m³/h 入口废气温度：340℃ 出口废气温度：250℃
4	AQC 余热锅炉	2	入口废气量：65000m³/h 入口废气温度：350℃ 出口废气温度：100℃

（3）主要技术经济指标

水泥生产企业建设 2×2500t/d 水泥熟料生产线余热发电项目的主要技术经济指标见表 10－4。

表 10－4　2×2500t/d 水泥熟料生产线余热发电项目主要技术经济指标一览表

序号	项　目	单　位	指　标
1	装机容量	MW	7.5
2	平均发电率	MW	8.0
3	年发电量	10^4 kWh	5800
4	年耗水量	10^4 t/a	~60
5	小时吨熟料余热发电量	kWh/t	38 ~ 40
6	平均发电成本	元/kWh	0.10 ~ 0.15
7	工程总投资	万元	4800
8	投资回收期	年	2.5 ~ 3

3. 5000t/d 水泥熟料生产线余热发电装机容量方案

利用 5000t/d 水泥熟料生产线窑头、窑尾余热资源，设置窑头冷却机余热锅炉（AQC 炉）和窑尾余热锅炉（SP 炉），可建装机容量 9000kW 的纯低温余热发电站。

窑头冷却机经过改造后的废气参数为：240000m³，340℃。这部分废气全部用于发电，废气经 AQC 炉后进入原段收尘，收尘后排放。

窑尾出五级旋风预热器废气参数为：340000m³，350℃（这部分废气经过利用后废气温度应保持在 220℃以上，用于生料粉磨与煤磨烘干）。

　　根据5000t/d水泥熟料生产线的工艺流程和设计参数，生产过程中生产的废气余热在利用纯低温余热回收技术和国产装备的前提下，具有每吨熟料36~38kWh的发电能力。

（1）装机容量的配置

①设置一台窑头余热锅炉（AQC炉）。在窑头冷却机中部废气出口处，设置AQC锅炉，该锅炉分两段设置，其中Ⅰ段为蒸汽段，Ⅱ段为热水段。AQC锅炉的Ⅱ段生产135℃饱和水提供给Ⅰ段和SP锅炉，AQC炉Ⅰ段生产1.6MPa、300℃的过热蒸汽作为主蒸汽与SP炉生产的同参数过热蒸汽合并后，一并进入汽轮机做功。汽轮机凝结水进入AQC炉Ⅱ段，加热后分别作为锅炉给水进入SP炉和AQC炉的Ⅰ段。

②设置一台窑尾余热锅炉（SP炉）。在窑尾预热器废气出口管道上设置SP锅炉，SP余热锅炉产生蒸汽与AQC炉Ⅰ段产生的蒸汽合并后送入汽轮机做功。

③设置一台适合于低温余热发电站的凝汽式汽轮机。凝汽式汽轮机的额定功率为4500kW，主汽参数为1.27MPa、290℃。

④设置配套于凝汽式汽轮机的发电机。发电机为7500kW的6（10）kV的普通交流式发电机，通过水泥生产企业原有5降变压站6（10）kV母线与当地电网并网运行（并网不上网）。

⑤设置一套循环冷却水系统，满足电站生产设备冷却水的需要。

⑥设置一套"过滤器＋二级钠串联"的化学水处理系统，满足电站锅炉生产用水的需要。

⑦设置一套DCS计算机控制系统，满足电站监控运行的需要。

（2）主要设备

5000t/d水泥熟料生产线余热发电主要设备及技术参数见表10-5。

表10-5　5000t/d水泥熟料生产线余热发电主要设备及技术参数一览表

序号	设备名称	数量	主要技术参数、性能、指标
1	凝汽式汽轮机	1	额定功率：9MW 主汽门前压力：1.27MPa 主汽门前温度：290℃
2	发电机	1	额定功率：9MW 出线电压：6300V（10500V）
3	SP余热锅炉	1	入口废气量：340000m³/h 入口废气温度：350℃ 出口废气温度：250℃
4	AQC余热锅炉	1	入口废气量：240000m³/h 入口废气温度：340℃ 出口废气温度：100℃

（3）主要技术经济指标

水泥生产企业建设5000t/d水泥熟料生产线余热发电项目的主要技术经济指标见表10-6。

表 10-6 5000t/d 水泥熟料生产线余热发电项目主要技术经济指标一览表

序 号	项 目	单 位	指 标
1	装机容量	MW	9
2	平均发电率	MW	9.6
3	年发电量	10^4kWh	6200
4	年耗水量	10^4t/a	~50
5	小时吨熟料余热发电量	kWh/t	38~40
6	平均发电成本	元/kWh	0.10~0.15
7	工程总投资	万元	6000
8	投资回收期	年	2.5~3

4. 2×5000t/d 水泥熟料生产线余热发电装机容量方案

利用 2×5000t/d 水泥熟料生产线窑头、窑尾余热资源，设置窑头冷却机余热锅炉（AQC 炉）和窑尾余热锅炉（SP 炉），可建装机容量 18000kW 的纯低温余热发电站。

窑头冷却机经过改造后的废气参数为：2×120000m³，360℃。这部分废气全部用于发电，废气经 AQC 炉后进入原段收尘，收尘后排放。

窑尾出五级旋风预热器废气参数为：2×340000m³，350℃（这部分废气经过利用后废气温度应保持在 220℃以上，用于生料粉磨与煤磨烘干）。

根据 2×5000t/d 水泥熟料生产线的工艺流程和设计参数，生产过程中生产的废气余热在利用纯低温余热回收技术和国产装备的前提下，具有每吨熟料 36~38kWh 的发电能力。

（1）装机容量的配置

①设置一台窑头余热锅炉（AQC 炉）。在窑头冷却机中部废气出口处，设置 AQC 锅炉，该锅炉分两段设置，其中Ⅰ段为蒸汽段，Ⅱ段为热水段。AQC 锅炉的Ⅱ段生产 135℃饱和水提供给Ⅰ段和 SP 锅炉，AQC 炉Ⅰ段生产 1.6MPa、300℃的过热蒸汽作为主蒸汽与 SP 炉生产的同参数过热蒸汽合并后，一并进入汽轮机做功。汽轮机凝结水进入 AQC 炉Ⅱ段，加热后分别作为锅炉给水进入 SP 炉和 AQC 炉的Ⅰ段。

②设置一台窑尾余热锅炉（SP 炉）。在窑尾预热器废气出口管道上设置 SP 锅炉，SP 余热锅炉产生蒸汽与 AQC 炉Ⅰ段产生的蒸汽合并后送入汽轮机做功。

③设置一台适合于低温余热发电站的凝汽式汽轮机。凝汽式汽轮机的额定功率为 15000kW，主汽参数为 1.27MPa、290℃。

④设置一台配套于凝汽式汽轮机的发电机。发电机为 15000kW 的 6（10）kV 的普通交流式发电机，通过水泥生产企业原有 5 降变压站 6（10）kV 母线与当地电网并网运行（并网不上网）。

⑤设置一套循环冷却水系统，满足电站生产设备冷却水的需要。

⑥设置一套"过滤器＋二级钠串联"的化学水处理系统，满足电站锅炉生产用水的需要。

⑦设置一套 DCS 计算机控制系统，满足电站监控运行的需要。

（2）主要设备

2×5000t/d 水泥熟料生产线余热发电主要设备及技术参数见表 10-7。

表 10 - 7　2 × 5000t/d 水泥熟料生产线余热发电主要设备及技术参数一览表

序　　号	设备名称	数　　量	主要技术参数、性能、指标
1	凝汽式汽轮机	1	额定功率：18MW 主汽门前压力：1.27MPa 主汽门前温度：290℃
2	发电机	1	额定功率：18MW 出线电压：6300V（10500V）
3	SP 余热锅炉	1	入口废气量：340000m³/h 入口废气温度：350℃ 出口废气温度：250℃
4	AQC 余热锅炉	1	入口废气量：120000m³/h 入口废气温度：360℃ 出口废气温度：100℃

（3）主要技术经济指标

水泥生产企业建设 2 × 5000t/d 水泥熟料生产线余热发电项目的主要技术经济指标见表 10 - 8。

表 10 - 8　2 × 5000t/d 水泥熟料生产线余热发电项目主要技术经济指标一览表

序　　号	项　　目	单　　位	指　　标
1	装机容量	MW	18
2	平均发电率	MW	17.5
3	年发电量	10^4kWh	12600
4	年耗水量	10^4t/a	~100
5	小时吨熟料余热发电量	kWh/t	38 ~ 40
6	平均发电成本	元/kWh	0.10 ~ 0.15
7	工程总投资	万元	12000
8	投资回收期	年	2.5 ~ 3

第四节　水泥余热发电工程系统的设计

水泥余热发电工程的设计与火力发电工程设计基本相同。其内容主要包括：水泥余热发电工程建筑结构设计；余热锅炉系统设计；汽轮发电机系统设计；给排水和水处理系统设计；电力、电气和配电系统设计；热工仪表及自动控制系统设计；采暖通风与空气调节系统设计等内容。本节我们分别就几个主要系统的设计进行阐述。

一、水泥余热发电的设计的基本要求

1. 水泥余热发电的总体规划设计

（1）水泥余热发电的总体设计

余热发电总平面规划设计的要求，除应符合国家标准《水泥工厂设计规范》GB 50295

的有关规定外，还应满足：水泥生产线改、扩建工程的余热发电，应结合生产系统统筹规划，并应合理利用现有设施、减少拆迁和施工时对生产的影响；余热发电与水泥生产线的衔接应紧凑、合理，功能分区应明确；余热发电的建筑型式和布置，宜与水泥生产线的建筑风格相协调。

主厂房宜布置在现有生产线的扩建侧；站区竖向布置的标高与形式、排水设计，应与工厂的总平面、竖向、排水设计相协调。

建筑物和构筑物的耐火等级，应根据生产过程中的火灾危险性确定，且应符合建筑物火灾危险性类别、耐火等级及最小防火间距的要求。

（2）主要建筑物、构筑物和厂区道路、管网的设计

①水泥余热发电的主要建筑物、构筑物有主厂房、冷却塔和喷水池等。

主厂房位置的确定，还应考虑：主厂房应布置在余热锅炉附近，宜使并网接入联络线的出线顺畅以及当同一厂区拥有三条及以上水泥窑生产线时，经采取技术措施后，主蒸汽阻力降仍超过 0.2MPa 或温降超过 20℃时，宜分设主厂房。

冷却塔或喷水池不宜布置在室外配电装置、主厂房及主干道的冬季主导风向的上风侧。

各建筑物和构筑物之间的防火间距，除应符合国家标准《建筑设计防火规范》GB 50016、《水泥工厂设计规范》GB 50295 的有关规定外，还应满足表 10－9 的要求。

②厂区道路的布置和设计要求如下：

站区道路布置。应满足生产、安装检修和消防要求，并应与绿化、管线、竖向布置相协调，同时应与厂内道路有平顺简捷的连接，路型、路面结构应协调一致。此外，还应按《建筑设计防火规范》GB 50016 规定设置消防通道。

站区道路设计。应考虑：专为站区服务的支道，可采用单行车道，道宽应为 4.0～5.0m，最小曲率半径（道路弧线内边线）应为 9m，路肩宽度应为 0.75～1.5m；车间引道，道宽应为 4.0m，最小曲率半径（道路弧线内边线）应为 6m；人行道的宽度，不宜小于 1m；站区道路及车间引道，最大纵坡不应超过 9%；路面标高的确定，应与厂区竖向设计及雨水排除相适应。公路型道路的标高，应与附近场地标高相协调。城市型道路的路面标高，应低于附近车间室外散水坡脚标高，并应满足室外场地排水的要求。

③管网的布置与实践要求如下：

热力管道可与水泥工艺管道同管廊、管架敷设；当管线综合布置发生矛盾时，应按国家标准《工业企业总平面设计规范》GB 50187 规定的原则处理。

当地下管线布置在路面范围以内时，管线应经技术经济比较确定架空、直埋或设沟敷设。架空管线的布置，应利用水泥生产线的建筑物、构筑物；不应妨碍交通、检修及建筑物自然采光和自然通风，并应做到整齐美观；架空管线宜与地下管线重叠布置。

管线至建筑物和构筑物、道路、铁路及其他管线的水平距离，应根据工程地质、构架基础形式、检查井结构、管线埋深、管道直径和管内介质等确定。

地下管线最小水平净距，地下管线、架空管线与建筑物、构筑物之间的最小水平净距，地下管线之间或地下管线与铁路、道路交叉的最小垂直净距，宜符合国家标准《水泥工厂设计规范》GB 50295 的有关规定。

2. 水泥余热发电的设计理念

水泥余热发电的设计理念是：在不影响水泥生产的前提下最大限度地利用余热；在技术

方案上统一考虑回收利用水泥生产线窑头熟料冷却机及窑尾预热器的废气余热；冷却机采用中部抽风，合理设计中部抽风口，并设余风再循环；在生产可靠的前提下，提倡技术先进。要尽可能采用先进的工艺（热力系统）技术方案，以降低操作成本和改造基建的投入；以生产可靠为前提，采用成熟、可靠的工艺和装备，克服同类型、同规模项目中暴露出的问题；余热电站主、辅机的过程控制采用集散型计算机控制系统。

3. 余热发电工程的设计，应符合的规定

不应影响水泥生产的正常运行；不应提高熟料可比综合能耗和降低熟料产量；宜在水泥生产线稳定运行后，对运行工况进行热工调查后实施；当与水泥生产线同步建设时，废气参数可按已投产、条件相近的余热发电系统参数与水泥工艺设计参数确定；原有水泥生产线增加余热发电系统时，应对生产线中的相关设备能力进行核算。

4. 水泥余热发电的设计指标

在新建、扩建水泥生产线的余热发电设计指标应符合表10-9的规定：

表10-9 水泥余热发电设计指标

项 目　　　　　　　　　　　指 标	余热发电系统热效率（%）	站用电率（%）	相对于窑的运转率（%）
4000t/d 及以上	≥20.0	≤8	≥95
2000~4000t/d（含2000t/d）	≥18.5	≤9	≥95

水泥余热发电系统控制水平不应低于水泥生产线的控制水平；废气调节阀门的调控应征得水泥生产线中调控操作授权，其控制状态、参数值应反馈至各自控制系统。

水泥余热发电工程设计中应选用安全可靠、技术先进、经济实用及节能的设备，严禁选用已被淘汰产品和劣质产品。

5. 水泥余热资源、热力系统和装机规模的确定

（1）水泥余热资源的确定

对已建成投产的水泥生产线增设余热发电系统时，应进行能源审计，确定合理的余热资源量。水泥生产线的热工标定及余热资源的计算方法，应符合国家标准《水泥回转窑热平衡测定方法》JC/T 733 和《水泥回转窑热平衡、热效率、综合能耗计算方法》JC/T 730 的有关规定。废气余热的利用应满足水泥生产线物料烘干的要求。应依据梯级利用原则并确保在余热回收系统不影响水泥生产用热需求的前提下，确定余热利用方案。

（2）热力系统及装机规模

热力循环系统的选取，应根据废气参数、热力系统对废气余热的回收利用率确定。蒸汽参数的选择应根据余热条件、汽轮机内效率等因素确定。当利用同一厂区两条水泥生产线余热时，可选用1台机组。当产量较低，一条水泥窑余热锅炉产汽量低于机组额定进汽量30%或水泥窑运转率低于60%时，宜选用2台机组。当利用同一厂区3条及以上生产线余热时，宜选用2台或多台机组。

二、建筑结构的设计

1. 水泥余热发电工程建筑结构设计的一般要求

建筑结构设计，应满足发电工艺设备布置要求，通道布置应简捷、顺畅。应根据环境保

护、地区气候特点，满足采光、通风、防寒、隔热、节能、防水、防雨、隔声等要求，并应符合国家标准《建筑设计防火规范》GB 50016、《工业企业设计卫生标准》GBZ 1、《厂房建筑模数协调标准》GBJ 1、《建筑模数统一协调标准》GBJ 2、《水泥工厂设计规范》GB 50295 和《水泥工厂节能设计规范》GB 50443 的规定。

主厂房、汽轮发电机基础、余热锅炉平台应设沉降观测点，沉降观测点的设置应符合国家标准《建筑地基基础设计规范》GB 50007 的规定。

汽轮发电机基础应按国家标准《动力机器基础设计规范》GB 50040 并按制造厂的要求设计；汽机房的吊车梁，应按轻级工作制设计。地基基础的设计，应根据地质勘探资料、结构载荷，因地制宜地确定基础型式及地基处理方式。必要时，应验算沉降及稳定。

改、扩建工程的窑头、窑尾余热锅炉的基础型式及地基处理方式，应考虑对原有建筑物的影响。建筑物、构筑物的抗震设防应按国家标准《建筑抗震设计规范》的规定。

余热锅炉建筑物、构筑物的设计，余热锅炉可利用相邻车间的楼梯、通道等设施；余热锅炉系统的烟风管道支架、操作平台等的承载，经核算允许，宜利用相邻车间的构筑物。

余热发电的室内环境、建筑构造与装修、生活与卫生设施、结构选型、结构布置、设计荷载等，应符合国家标准《水泥工厂设计规范》GB 50295 和《小型火力发电厂设计规范》GB 50049 的规定。

2. 水泥余热发电建筑结构设计中的防火、防爆与安全疏散

建筑物、构筑物构件的燃烧性能和耐火极限，应符合国家标准《建筑设计防火规范》GB 50016 的有关规定。

汽轮机头部主油箱及油管道阀门外缘水平 5m 范围内的钢梁、钢柱，应采取防火隔热措施，其耐火极限不应小于 1h。主油箱上方的楼板开孔时，开孔水平边缘周围 5m 范围所对应的屋面钢结构承重构件应采取防火隔热保护措施，其耐火极限不应小于 0.5h。

配电室、主控制室等电气间的室内装修应采用不燃烧材料。配电室内最远点到疏散出口的直线距离不应大于 15m。控制室、电缆夹层的安全出口不应少于 2 个，当建筑面积小于 60m² 时可设 1 个。配电室、电缆夹层、控制室的门应向疏散方向开启。当门外为公共走道或其他房间时，该门应采用乙级防火门。主控制室内装修应符合国家标准《建筑内部装修设计防火规范》GB 50222。

主厂房内工作地点到最近外部出口或楼梯的距离不应超过 50m。主厂房至少应设 2 部楼梯，其中应有一部楼梯通至各层平面和楼梯所处位置的屋面。主厂房的疏散楼梯可为敞开式。每层建筑面积大于 400m² 的主厂房，安全出口不应少于 2 个。当相邻车间设有能直接通向室外的门时，可将通向相邻车间的门兼作第二安全出口。主厂房内疏散走道的最小净宽度不宜小于 1.4m。门的最小净宽度不宜小于 0.9m。

余热发电的其他防火设计，应符合国家标准《建筑设计防火规范》GB 50016 和《火力发电厂与变电站设计防火规范》GB 50229 的有关规定。

3. 水泥余热发电工程中的建筑、结构的设计

建筑物的节能设计，应符合国家标准《水泥工厂节能设计规范》GB 50443 的规定。余热发电主厂房的使用性能、功能特征和节能要求的分类，应为 C 类。

屋面设计，应符合下列要求：

（1）屋面的坡度应根据防水面材料、构造及当地气象等条件确定。当为改、扩建工程

时，防水面材料与构造的选择宜与水泥生产线建筑一致。

（2）钢筋混凝土屋面坡度不应小于1：50，金属压型板屋面坡度不宜小于1：10。

（3）各类屋面的结构层及保温（隔热）层，应采用非燃烧体材料。设保温层的屋面，应采取防止结露的措施。

（4）凡高度超过6m的建筑物，应设有上屋面的设施。当垂直爬梯的高度超过6m时，应设有护笼。

厂房的柱网应整齐，并应符合建筑模数的要求；平面梁、板的布置应规则。厂房内的大型设备基础、整体的地坑等，应与厂房柱基础分开设置。

三、余热锅炉系统的设计

1. 余热锅炉系统设计的一般规定

余热锅炉与烧成系统连接时，必须设置旁通管道；余热发电汽水管路的设计，应保证任何一台余热锅炉能从发电系统中迅速解列；余热锅炉应布置在废气热源附近；余热锅炉的进出口管道及旁通管道上应设置可靠的控制阀门；余热锅炉厂房的布置方式，应根据当地的室外气象条件确定（非寒冷地区，应采用露天布置；一般寒冷地区，可采用露天布置，但应对导压管、排污管等易冻损的部位采取伴热措施；严寒地区的余热锅炉，不宜采用露天布置）。

2. 余热锅炉设备

窑头余热锅炉应采取防磨措施，窑尾余热锅炉应设置清灰装置。窑头余热锅炉漏风系数不应大于2%，窑尾余热锅炉漏风系数不应大于3%。余热锅炉收集的粉尘应回送到水泥生产系统。

3. 余热锅炉与水泥生产线的连接

余热锅炉进、出口的废气管道的设计，应简捷、顺畅、附件少、气密性高和具有较好的空气动力特性，主要要求是：窑头废气管道风速不宜大于12m/s，窑尾废气管道风速不宜大于18m/s；管道倾角应符合规范的要求，当不能满足表中条件时，应设置防积灰装置；管道应设热膨胀补偿；与设备连接的管道设计，应满足设备对振动、推力、荷载等要求；管道支架设置应稳妥可靠。进入窑头余热锅炉的废气宜设置粉尘分离装置。

四、汽轮机和发电机系统的设计

余热发电机组容量应根据余热资源条件在保证水泥窑正常生产、提高热力系统整体循环热效率的前提下确定。余热发电宜采用凝汽式机组，当有稳定热用户时，可采用抽凝机组等型式。余热发电机组可在30%～110%负荷率的范围内运行。负荷率宜在50%以上连续运行。当有2台或2台以上汽轮机组时，主蒸汽管道宜采用切换母管制系统。给水管道应采用母管制系统，并应符合下列要求：

①给水泵吸水侧的低压给水母管，宜采用分段单母管制系统。其管径应大于给水箱出水管径1～2级。给水箱之间的水平衡管的设置，可根据机组的台数和给水箱间的距离等确定。

②给水泵出口的压力母管，当给水泵出力与锅炉容量不匹配时，宜采用分段单母管制系统；当给水泵出力与锅炉容量匹配时，宜采用切换母管制系统。

③给水泵出口处，宜设有再循环管和再循环母管。

④备用给水泵的吸水管，宜位于给水泵进口母管两个分段阀门之间；出口的压力管道，宜位于分段压力母管两个分段阀门之间或接至切换母管上。

余热锅炉给水系统应设置 1 台备用给水泵。锅炉给水泵的总容量，应保证在任何一台给水泵停用时，其余给水泵的总出力，仍能满足全部锅炉最大蒸发量的 110%。给水泵的扬程应按满足系统最大给水压力要求进行计算，并应另加 15% 的裕量。

除氧器的总出力，应按全部锅炉最大给水量确定。每台机组宜对应设置一台除氧器；多台相同参数的除氧器可采用母管制系统。

给水箱的总容量，一般要求是：6MW 及以下机组，水箱容量为 20～30min 的锅炉最大给水消耗量；6MW 以上机组，水箱容量为 10～15min 的锅炉最大给水消耗量。采用热力除氧时，除氧器及水箱应设置安全装置。

余热发电的凝结水系统宜采用母管制。凝汽式机组的凝结水泵的台数、容量的要求：每台凝汽式机组，宜设置两台凝结水泵，每台流量应为最大凝结水量的 110%。最大凝结水量应为下列各项之和（汽机最大进汽工况时的凝汽量；进入凝汽器的经常补水量和经常疏水量；进入热井的其他水量）。凝结水泵的扬程应按满足凝结水系统最大给水压力要求进行计算，应另加 15% 的裕量。当循环水有腐蚀性时，凝汽器的水室、管板、管束应采用耐腐蚀的材质。

五、给排水和水处理系统的设计

余热发电的供水设计，应与水泥生产线供水统一规划。技改工程的余热发电水源宜在水泥生产线水源的基础上扩容。当需要另辟水源时，应符合国家标准《水泥工厂设计规范》GB 50295 的有关规定。

在条件允许的情况下，锅炉辅机循环冷却水、生活、消防给水和排水管网应与水泥生产线对应的管网相接。取水构筑物、水泵房、水工建筑物和生活、消防、给水、排水设计应符合国家标准《水泥工厂设计规范》GB 50295 的有关规定。

1. 供水系统

生产用水量应根据发电工艺的要求确定。生活用水量、绿化与浇洒道路用水量、设计未预见水量的确定应符合国家标准《水泥工厂设计规范》GB 50295 的有关规定。余热发电供水系统设计，应符合国家标准《小型火力发电厂设计规范》GB 50049 的有关规定。附属设备冷却用水水质和水温，应满足设备的要求。冷却塔循环供水系统水质标准应符合国家标准《工业循环冷却水处理设计规范》GB 50050 的有关规定。补给水系统应设置水量计量装置。

2. 冷却构筑物和循环水泵

冷却塔塔间净距以及与附近建筑物的距离应符合相关的要求。循环水泵运行的总流量，应采用最大的计算冷却水量。循环水泵宜设置备用泵。

3. 水处理系统的设计

设计应根据全部可利用水源的水量、水质全分析资料、水源变化规律，合理确定水处理系统。原水预处理设备的出力、预处理方式、澄清过滤设施选型与设置，可按国家标准《小型火力发电厂设计规范》GB 50049 有关规定执行。

锅炉补给水处理系统设计，除应符合国家标准《小型火力发电厂设计规范》GB 50049 有关规定外，尚应符合下列规定：

（1）水处理设备的出力，应不小于全部余热锅炉最大蒸发量的 10%。

（2）各类水箱的容积，应满足下列要求：

①清水箱的总有效容积，不应小于最大一台余热锅炉额定蒸发量的 2h 出力要求，同时

亦应满足单台水处理设备反洗或清洗一次的用水量要求。

②中间水箱的总有效容积，单元制系统宜为每套水处理设备出力的 5min 贮水量且最小不小于 2m³；母管制系统宜为水处理设备出力的 15～30min 贮水量。

③除盐（软化）水箱的总有效容积，不应小于最大 1 台余热锅炉 2h 蒸发量。

化学水处理的主要设备，可布置在主厂房内，或设置在单独的建筑物内。

每台锅炉应设置 1 台加药泵，并宜另设 1 台备用泵。热力系统应设置水汽取样器。其系统、布置及选材的设计，宜符合下列要求：水汽取样冷却器，宜布置在余热锅炉附近，并应便于运行人员取样及通行；露天布置锅炉的水汽取样冷却器，应有防雨、防冻措施。

当循环冷却水系统内和凝汽器水侧有生物生长、腐蚀或结垢的可能时，其处理措施应符合国家标准《工业循环冷却水处理设计规范》GB 50050 的有关规定。

六、电力、电气及配电系统的设计

1. 电力系统的设计

电力接入系统并网点的选择、接线方式及并网联络线回路，应符合下列要求：

（1）余热发电与总降压变电站或厂区配电站必须设置并网联络线。发电机组与电力系统接入点应选择在总降压变电站低压侧某母线段，也可选择在厂区某配电站的某母线段；联络线的回路数量宜根据发电机组数量确定。

（2）应在发电机出口断路器处设置余热发电并网同期点。

（3）发电机组解列点可设置在并网联络线的电站侧、总降侧或厂区配电站侧断路器处。余热发电的启动电源设计，宜利用并网联络线，由总降或厂区配电站并网母线段系统提供。当站用电系统仅为低压负荷时，也可由水泥生产线就近电力室提供。电力负荷计算应包括水泥工厂现有及新增的生产规模、主要电力负荷的容量、年耗电量、用电负荷的组成及其性质、计算负荷等基础资料。用电自给率应按余热发电年供电量占水泥生产线年总用电量的百分比计算。系统保护设计，应符合国家标准《电力装置的继电保护和自动装置设计规范》GB 50062 的有关规定。发电机出口断路器、并网联络线断路器应设置安全自动保护装置。系统通信及系统远动设计、余热发电的照明设计，应符合国家现行标准《小型火力发电厂设计规范》GB 50049 有关规定。

2. 电气设备及系统的设计

水泥余热发电发电机的额定电压应按下列要求选择：

（1）发电机电压为直配线时，应根据水泥生产线电力网络发电机并网点的电压等级进行选择。

（2）发电机与变压器组为单元连接时，宜根据水泥生产线电力网络中压系统电压等级进行选择。

发电机电压母线的接线方式，应根据余热发电的机组数量确定，并宜符合下列要求：

（1）当发电机为 1 台时，宜采用单母线接线。

（2）当发电机为 2 台及以上时，宜采用单母线分段接线。

当发电机电压母线的短路电流超过总降压变电站或厂区配电站断路器的额定开断电流时，可在联络线出口开关处设置限流装置。

余热发电站用高压系统电压宜为 6kV 或 10kV，采用中性点不接地方式；站用低压系统电压宜为 380V，采用中性点直接接地方式。

当2台变压器采用暗备用方式配设时，每台变压器的负荷率不宜超过50%；当2台变压器采用明备用方式配设时，备用变压器负荷率不宜超过80%。

站用变压器接线组别的选择，应使站用工作电源与备用电源之间相位一致，低压站用变压器宜采用"D，yn"接线。

当余热锅炉距站用电力室较远时，其电源也可取自水泥生产线就近电力室，并应设电能计量装置。

站用电力室宜布置在主厂房内，其高、低压配电设备可合并布置在同一配电间内。高压配电设备与低压配电设备应保持一定的安全绝缘距离和操作、检修距离，以及必要的巡检通道。

余热发电直流系统设计，除应符合国家标准《小型火力发电厂设计规范》GB 50049 的有关规定外，尚应符合下列规定：

（1）直流电源装置应为双电源 380/220V 输入，并应设置双电源自动切换装置，宜采用高频开关电源装置。直流电源宜采用1组铅酸免维护蓄电池，并宜配置2组充电、浮充电设备，同时每只电池应带有在线自动监测功能，站用电事故停电时间应按1h计算。

（2）直流输出应设置合闸母线和控制母线，控制母线应带有自动调压功能，输出电压宜为220V 或 110V。

（3）高压开关柜合闸电源、直流润滑油泵动力电源、事故照明电源等均应引自合闸母线，电站系统所需的直流控制电源均应引自控制母线。

（4）直流动力电源及控制电源开关选择，应选用直流型微型断路器或直流型塑壳断路器，并应按各回路容量选择断路器的额定电流。

余热发电的电气测量仪表设计，应符合国家标准《电力装置的电测量仪表装置设计规范》GBJ 63 的有关规定。设置在并网计量关口的双向计量电能表、CT 的精度为 0.2s 级，PT 的精度为 0.2 级。

余热发电的继电保护和安全自动装置设计，应符合国家标准《电力装置的继电保护和自动装置设计规范》GB 50062 的有关规定。

余热发电的电缆选择与敷设的设计，应符合国家标准《电力工程电缆设计规范》GB 50217 的有关规定。

余热发电的过电压保护和接地，应符合国家标准《交流电力工程接地设计规范》GB 50065 的有关规定。

余热发电的厂内通信，应包括余热发电系统与水泥生产线系统的联络通信和发电系统内部生产调度通信。可利用水泥生产线程控交换总机的富裕量，增加各岗位生产管理和调度通信电话。余热发电主控制室应设置与地调通信的直拨电话。

余热发电爆炸火灾危险环境的电气装置的设计，应符合国家标准《爆炸和火灾危险环境电力装置设计规范》GB 50058 的有关规定。

七、热工仪表及自动控制系统的设计

热工自动化的设计，应包括热工检测、热工报警、热工保护、热工控制等方面内容。当余热发电分期建设时，对控制方式、设备选型、公共辅助生产系统等有关设施，应全面规划、合理安排。主控制室热工报警及保护，应符合国家标准《小型火力发电厂设计规范》GB 50049 的有关规定。

余热锅炉系统、汽轮机系统、除氧给水系统、循环水系统、化学水处理系统的除盐水泵等，应采用 DCS 系统进行控制。辅助车间的工艺系统（如化学水处理系统等），宜在本车间控制。

热力系统重要辅机的自动联锁，应符合国家标准《小型火力发电厂设计规范》GB 50049 的有关规定；余热发电系统的输灰装置与下游的水泥工艺系统输送设备之间应设置电气联锁。设置在水泥工艺系统烟风道上的余热锅炉进口、出口及旁通烟风道的各电动调节阀之间，应设置电气联锁；热工仪表和控制应设安全可靠的电源。DCS 系统应采用不间断电源供电；电缆、导管和就地设备布置，应符合国家标准《小型火力发电厂设计规范》GB 50049 的有关规定。露天布置的热控设备及导管、阀门等部件，应采取防尘、防雨、防冻、防高温、防震、防腐、防止机械损伤等措施。在寒冷地区布置时，要采取有效的伴热措施。

八、采暖通风与空气调节系统的设计

采暖通风、空气调节室外气象计算参数，应按国家标准《采暖通风与空气调节设计规范》GB 50019 的规定选用。当该规范中无建厂地区的气象资料时，可采用周围地理条件相似地区的气象资料。余热发电采暖热媒应与工厂的采暖热媒保持一致。当由余热发电供热时，采暖热媒应选用热水。一般地区，宜采用 95～70℃低温热水；严寒地区，宜采用 110～70℃高温热水。

当由余热发电向厂区采暖供热，且供热系统中仅有一台水泥窑设有余热锅炉时，应设置备用热源。当有两台及以上水泥窑设有余热锅炉时，可不设置备用热源。

当位于非集中采暖地区设有集中采暖时，可不设置备用热源。

汽机房以外各建筑的通风设计，应根据消除有害气体计算风量，当缺乏必要资料时，可按房间换气次数确定。换气次数应符合国家标准《水泥工厂设计规范》GB 50295 的规定。

主控制室、计算机房、工程师站等，当通风不能满足工艺对室内温度、湿度要求时，应设空气调节装置。

北方地区露天布置的酸、碱贮罐应设有伴热保温设施。

加氯间和充氯瓶间，应设有不小于 15 次/h 换气次数的机械排风装置，排风口设在房间的下部，风机应选用防腐型。

化验室、天平室等应根据工艺要求设置通风装置。采暖通风设计应符合国家标准《水泥工厂设计规范》GB 50295、《小型火力发电厂设计规范》GB 50049 的规定。

第五节　水泥余热发电的设备

水泥余热发电的基本过程是：废气余热通过锅炉产生蒸汽，蒸汽进入汽轮机，通过机械能传递到发电机产生电能。

通过余热回收装置——余热锅炉将水泥生产中排出的废气余热进行回收换热，产生过热蒸汽或饱和蒸汽推动汽轮机实现热能与机械能的转换，再带动发电机发出电能，并供给工业或生活中的用电负荷。

整套水泥低温余热发电系统由八部分组成，它们分别是：

1. 余热锅炉。余热锅炉包括窑尾 PH 锅炉和窑头 AQC 锅炉，余热锅炉回收水泥窑头和窑尾的废气余热产生过热蒸汽或饱和蒸汽。

2. 汽轮机发电机组。汽轮机多采用多级补汽凝汽式汽轮机,利用压力参数较低的主蒸汽和来自闪蒸器的饱和蒸汽导入汽轮机做功。发电机为三相交流同步发电机,采用同轴交流无刷励磁或静止可控硅励磁方式。

3. 汽轮机排汽通过凝汽器冷凝成凝结水,经凝结水泵增压,通过管道进入汽封凝汽器加热,加热后的凝结水再通过管道与闪蒸器下降管来水汇合,作为锅炉给水泵进口给水,经锅炉给水泵增压后通过锅炉给水管道送往 AQC 锅炉省煤器,提高锅炉给水温度后作为余热锅炉的给水。

4. 循环冷却水系统。循环冷却水系统的作用主要是为凝汽器及其他冷却设备提供冷却循环用水,系统包括冷却水泵和一套机械强制通风立式冷却塔及相应的冷却水管道等,根据实际需要,也可以采用自然通风逆流双曲线型冷却塔。在水资源缺乏的地区,也可以采用风冷凝汽技术。

5. 化学水处理装置。化学水处理装置一般是采用离子交换方式来置换出原水中的阴阳离子,形成软化除盐水,作为发电系统的补充水。

6. DCS 集散控制系统。余热发电机组采用先进、成熟的集散控制系统(DCS)进行控制、监视。

7. 汽轮机综合控制系统。DEH 控制系统主要是控制汽轮发电机组的转速和功率,以满足安全供电的要求。系统具有转速控制回路、电功率控制回路、主汽压控制回路、超速保护回路等基本控制回路以及同期、调频限制、解耦运算、信号选择、判断等逻辑回路。

8. 接入系统主接线。余热发电站发出的电能一般是并网但不上网,自发自用发电机发出的电能通过水泥工厂的总降压变电所向水泥生产的设备提供电能。

一、窑尾余热 SP 炉和窑头余热 AQC 炉

窑头熟料冷却机的余热回收锅炉(称 AQC 锅炉)与用于水泥生产线上窑尾预热器的余热锅炉(称 SP 锅炉)构成水泥回转窑余热回收锅炉系统。

随着水泥熟料煅烧技术的发展,水泥工业节能技术有了长足的进步,高温余热已在水泥生产过程中被利用,水泥熟料热耗已由以往的 4600～6700kJ/kg,下降至 3000～3300kJ/kg。但由于水泥熟料煅烧技术及目前国内节能水平的限制,大量的中、低温余热仍不能充分利用,由其造成的能源浪费仍很大。由窑头熟料冷却机和窑尾预热器排掉的 400℃以下的中低温废气,其热量约占水泥熟料烧成系统总热耗量的 35% 以上。所以水泥生产企业投入窑头 AQC、窑尾 SP 余热锅炉以回收能源是必然的趋势,这将大大降低能耗,进而大幅度提高水泥生产企业的经济效益。

SP 锅炉采用单锅筒自然循环方式、露天立式布置,结构紧凑、占地少。烟气从上向下分别横向冲刷过热器、五级蒸发器、省煤器,气流方向与粉尘沉降方向一致,且每级受热面都设置了振打除尘装置,粉尘随气流均匀排出炉底。

SP 锅炉最大外形尺寸为(长×宽×高):13500×10200×35000(该尺寸长、宽是指平台扶梯最外边尺寸,高是雨棚的最高点标高)。

1. 锅筒

锅筒直径为 ϕ1800,壁厚 24mm,材料 20g,安装在钢架顶部。锅筒内部装置的一次分离采用双层孔板结构,二次分离元件为特殊的钢丝网分离器。为了保证好的蒸汽品质和合格的锅水,还装有加药管和表面排污管。为了便于控制水位,还装有紧急放水管。

2. 受热面

烟气从上向下冲刷，沿着烟气方向分别布置有一级过热器、五级蒸发器、一级省煤器，为保证锅炉水循环的安全，在 SP 锅炉生产时对受热面管子及管道做了必要的处理。

3. 钢架与平台扶梯

钢架按七度及七度以下地震烈度设防。为便于运行和维修，设有八层平台，扶梯全部设置在锅炉的右侧。

4. 振打装置

由于余热烟气中含有大量的灰，SP 锅炉特设置了振打除灰装置，每一层管组都设置了 4 组振打装置，在受热面下面用连杆将所有管子连在一起。每组均由 1 只电动机带动，共 28 组，布置于锅炉的两侧。振打频率为每分钟 3 次，冲击力为 1500N。根据实际运行情况也可以把链轮互换，频率变为每分钟 1 次，为了更好地调节，用户可以设置变频器控制电机，进而调节振打频率。

振打装置是锅炉的重要组成部件，其电机的自动控制采用每组有单独的停启开关，即每组振打装置都可单独控制，以便检修 1 组振打装置的时候不至于影响其他振打装置的工作。

5. 护板、烟道、炉墙

SP 锅炉四周布置有内护板，与热烟道组成烟气通道，内护板、热烟道外敷设轻型保温层。锅炉整个外表面都布置了彩色钢板，角部为钢板条，使整个锅炉更加美观、悦目。

二、窑头余热锅炉（以下简称 AQC）

AQC 锅炉采用双压结构，高压段出口额定蒸汽压力 1.6MPa，低压段出口额定蒸汽压力 0.35MPa，采用双压结构可提高锅炉效率，降低锅炉排烟温度。

AQC 锅炉整体采用管箱式结构，自上而下有高压过热器管箱、两级高压蒸发器管箱、高压省煤器低压过热器管箱、低压蒸发器管箱、两级省煤器管箱，管箱采用左右对称结构共 14 只管箱。这些管箱均通过底座型钢将自身重力传递到钢架的钢横梁上。采用这种管箱式结构，可将锅炉漏风降至最低，减少锅炉漏风热损失，提高锅炉效率，减少现场安装的工作量。

AQC 锅炉受热面全部使用异型换热元件——螺旋鳍片管。

AQC 锅炉的省煤器出水分两部分，一部分供 AQC 锅炉使用，另一部分通过管道输送到 SP 锅炉的省煤器中。低压段给水为独立的系统，省煤器出水直接进低压锅筒。省煤器的出口管道上装有一只安全阀，供启炉时保护省煤器。

一般情况，AQC 锅炉主受热面部件在生产厂组装出厂，其余部件散装出厂。减少了现场安装工作量，缩短了安装周期。AQC 锅炉采用箱体外保温，在保温层外面设外护板，对保温材料加以保护。

为运行操作和检修的方便，AQC 锅炉设了多层平台，为适应露天布置的需要，所有平台及扶梯全部采用栅架及部分花纹钢板结构，并且锅炉顶部设置有雨棚，以改善司炉工的操作环境。

三、水泥余热发电的汽轮机

目前国内最先进的水泥生产线，仍然有大量 350℃ 以下的低温余热不能完全利用，回收水泥生产过程中的低温余热，用来发电，可有效减少水泥生产过程中的能源消耗，同时降低废气排放的温度，有效地减轻水泥生产对环境的热污染，具有显著的节能和环保意义，符合循环经济和可持续发展的战略方针，有很大的推广价值和应用前景，国内某汽轮机专业企业研制开发了水泥余热发电专用的汽轮机，引起水泥行业和汽轮机行业的普遍关注。

由于窑头和窑尾的废气温度较低，采用纯低温余热进行发电，对装备和系统技术的要求较高。受水泥生产工艺流程、原料特性、主机设备选型、气候条件等诸多因素的制约，相同规模的水泥生产线，其余热品质和余热量不尽相同。因此，尽管针对纯低温余热进行回收并进行发电的理论技术基本一致，但纯低温余热发电系统的规模和配置、系统参数、设备性能和特性则不完全相同。

水泥炉窑低温余热利用系列汽轮机，为低压、单缸、冲动、带一级补汽（双压）凝汽式汽轮机。汽轮机采用节流调节，无调节级。汽轮机转子根据进汽参数和功率的不同分别由9、10、11个压力级组成，其结构为组合套装结构。

水泥炉窑余热锅炉产生的低压蒸汽经电动隔离阀进入位于汽轮机前部的一个或者两个主汽调节联合汽阀，通过主蒸汽管路，由前汽缸下部进入前汽缸蒸汽室，经若干级做功后，与补汽混合，再经后几级压力级做功后排入凝汽器凝结成水，借助于凝结水泵打出，经汽封加热器及除氧器后，再重新进入余热锅炉。

四、水泥余热发电的发电机组

水泥余热发电用的汽轮发电机机组与火力发电用发电机机组基本相同，其功率比较小。目前，世界上最大的水泥纯低温余热发电机组为30500kW的混汽凝汽式汽轮发电机组。部分用于水泥余热发电的汽轮发电机的主要参数见表10-10：

表10-10 部分水泥余热发电汽轮发电机主要参数一览表

型 号	额定功率/kW	额定电压/V	额定电流/A	功率因数	额定转速/(r/min)	效率	相数	频率/Hz
QFK-K1.5-2	1500	10500	103	0.8	3000	95	3	50
		6300	172					
QFK-K3-2	3000	10500	206	0.8	3000	96	3	50
		6300	344					
QF-K3-2	3000	10500	206	0.8	3000	96	3	50
		6300	344					
QF-K4-2	4000	10500	275	0.8	3000	96	3	50
		6300	458.2					
QF-K4.5-2	4500	10500	309.3	0.8	3000	96.3	3	50
		6300	516					
QF-K5-2	5000	10500	344	0.8	3000	96.3	3	50
		6300	573					
QF-K6-2	6000	10500	412.4	0.8	3000	96.8	3	50
		6300	688					
QF-K7.5-2	7500	10500	515.5	0.8	3000	97	3	50
		6300	859.2					
QF-K8-2	8000	10500	550	0.8	3000	97.2	3	50
		6300	916					

型　号	额定功率 /kW	额定电压 /V	额定电流 /A	功率因数	额定转速 /(r/min)	效率	相数	频率 /Hz
QF – K9 – 2	9000	10500	619	0.8	3000	97.2	3	50
		6300	1031					
QF – K10 – 2	10000	10500	687	0.8	3000	97	3	50
		6300	1145					
QF – K12 – 2	12000	10500	825	0.8	3000	97	3	50
		6300	1375					
QF – K15 – 2	15000	10500	1031	0.8	3000	97	3	50
		6300	1718					
QF – K20 – 2	20000	10500	1375	0.8	30000	97.4	3	50
		6300	2291					
QF – K25 – 2	25000	10500	1718	0.8	30000	97.4	3	50
		6300	2860					
QF – K30 – 2	30000	15000	1941	0.8	3000	97.4	3	50
		6300	3234					
		6300	6469					

汽轮发电机为三相两极式。采用空气冷却，座式滑动轴承，定子、转子线圈均为 B 级绝缘，励磁方式有同轴直流励磁、可控硅励磁和无刷励磁三种型式。有单层快装和双层布置两种型式。发电机在出厂前经过严格的电气检测和整机特性实验。具有工艺先进、结构合理、绝缘等级高、电气性能良好、运行可靠等优点。

第六节　水泥余热发电工程的施工

一、水泥余热发电建筑结构的施工

下面介绍水泥余热发电建筑结构的施工，其主要内容有：汽轮发电机厂房、配电室、控制室、烟囱、冷却塔、锅炉基础、发电机组基础，等等。

1. 主厂房及设备基础施工

（1）水泥余热发电工程中的主厂房：通常是指汽轮发电机组厂房和控制室的建筑，是整个工程的主体建筑，工程量最集中，工期要求快，质量工艺要求高，集中地反映了设计和施工水平；锅炉及汽轮发电机组基础，是水泥余热发电工程的三大主机的基础，基础尺寸精密度要求高，施工技术复杂，混凝土工程量大，应严格控制施工质量和进度。

（2）主厂房零米以下基础施工：涉及到许多设备基础、沟道及埋设管道、电气接地网等。需要认真细致全面地合理组织，为尽快进入上部结构施工或交付锅炉炉架吊装，创造良好的施工条件，关键是在回填土前，必须把主辅设备基础、地下沟道、电缆遂道、管道、电缆管、接地网等施工完毕。

（3）基础施工：一般应先深后浅，主厂房最重要的基础，通常是汽轮发电机基础，而习惯要求先交付安装的却是锅炉基础。尤其是锅炉采用钢结构炉架，用大吨位无轨移动式起重机吊装的情况下，锅炉基础往往是要求先开工，可以满足先交付安装，对整个工期的提前是有利的。土建和安装紧密协作配合，在工序间采取交叉作业施工，是取得缩短工期良好的经济效益。为此，工程施工管理应具有较高的集中组织管理水平，否则上下立体多层交叉施工时，安全施工问题比较突出，事故较多，应采取有效可靠的施工技术措施，防止事故发生。

（4）水泥余热发电工程的主厂房：包括汽机间、除氧间、锅炉控制室或锅炉基础、冷却水泵房及冷却塔基础及烟囱。由业主或监理组织，业主、设计、土建施工，设备安装、监理等单位参加，对施工图进行会审，施工单位根据施工图及施工图会审意见，修改或编制施工方案，报相关单位审批。主厂房一般都采用机械大开挖的土建施工方案，对主厂房基础、主设备基础、主要辅助设备基础，厂房内的沟道进行施工。首先施工主厂房及主设备基础，然后施工辅助设备基础及厂房内沟道。地下水位高于基础底板，可采用降低水位的技术措施，在基础外侧设井点，抽水降低水位。在基槽内设有雨水排水井沟，以便排除基槽内的积水，保证做到干状态下进行施工。锅炉基础可安排同时施工，汽机间、除氧间、冷却水泵房、冷却塔，可同时或按机组分段组织施工，烟囱工期安排以不影响炉后设备施工为原则。冷却塔、冷却水泵房、除氧间有预制板、梁等，一般由电建安装单位配合吊装就位，其余由土建施工单位塔吊完成提升吊装和水平运输。

2. 设备基础施工质量控制

水泥余热发电工程的主设备：锅炉及汽轮发电机组和主变压器设备基础；主要辅助设备有钢球磨煤机、风机、给水泵、循环水泵等设备基础，大多数具有质量大，转数高等特点，因此它们对基础的质量要求比较高。加强对主设备基础和主要辅助设备基础施工质量监控，一般按如下五步组织实施：

（1）基础：基础在施工前，应在施工图会审的基础上，由业主工程部与设备制造厂家联系，并确定厂家供货设备有无修改，且将书面意见通知设计院、监理和施工单位，做到施工图与设备实际相符。

（2）预埋件安装：预埋件交土建施工单位，由土建施工单位负责安装，并拿出安装后的测量结果。由业主或监理组织、土建、安装和监理参加，检查复核测量数据准确可靠，如有误差进行调整复测直至合格，各方检查确认合格，会签后浇筑混凝土。锅炉基础安装单位，还应单独拉钢丝进行测量，确保锅炉基础和炉膛中心线准确无误。

（3）混凝土浇筑：浇筑混凝土施工过程中，土建施工单位，必须架设测量仪器，进行监测控制，发现问题及时调整加固，确保成型基础误差满足规范要求。在汽轮发电机组基础大方量混凝土浇筑过程中，采取措施，控制温度差，保证浇筑质量。

（4）基础交安：土建施工单位，将施工基础交安资料，按相关规定整理合格，由土建提出、监理主持、安装参加，对主设备和主要辅助设备基础，一起进行复核测量检查验收，合格后正式交安，如有问题由土建施工单位负责处理。

二、余热锅炉的施工

以下我们以5000t/d水泥生产线为例，介绍余热发电的窑尾SP余热锅炉和窑头AQC余热锅炉。由于目前国家没有制定水泥余热发电施工相关规范，施工依据电力建设相关规范执行。

1. 窑尾 SP 余热锅炉

（1）窑尾 SP 余热锅炉结构及布置

SP 锅炉采用自然循环的立式结构（见图 10-1），烟气自上而下冲刷过热器、Ⅰ～Ⅴ级

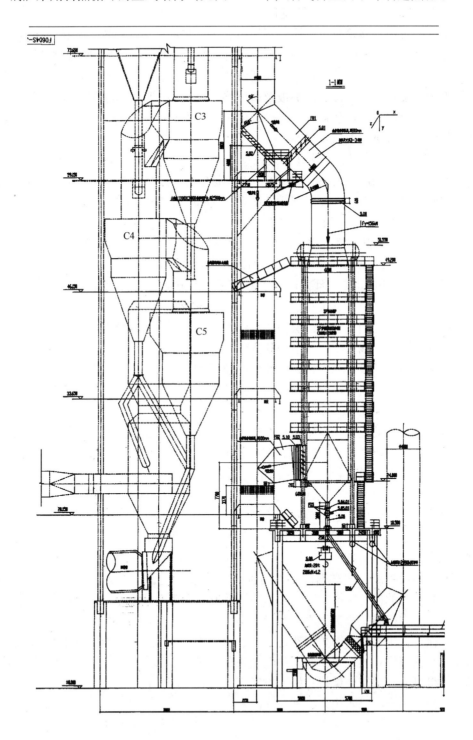

图 10-1　窑尾 SP 余热锅炉结构及布置简图

蒸发器、省煤器，气流方向与粉尘沉降方向一致，每级受热面上均设置机械振打除灰装置，锅炉受热面为散装管片现场组装；一般 SP 锅炉布置在高温风机上部混凝土平台（约 15 ~ 20m）上，锅炉安装最高点约在 50 ~ 60m，高空设备部件的吊装难度大。

（2）窑尾 SP 余热锅炉施工工艺流程

设备部件检查→基础验收、放线→钢架组合→吊装灵机桅杆布置→钢排架吊装→固定侧及预留口侧下部间横梁及拉撑安装→平台、栏杆安装→锅筒安装→锅炉出口烟道安装→管片通球、水压试验→省煤器管片组合→省煤器管片组件、内护板通风梁等安装→由下至上依次安装 V ~ I 级蒸发器管片组件、内护板及通风梁等安装→按照 V ~ I 级蒸发器组装顺序管片组合→过热器管片组合→过热器管片组件、内护板等安装→本体管路安装→整体水压试验→锅炉本体保温→进入机组调试阶段。

（3）窑尾 SP 锅炉专用灵机桅杆的设置

由于 SP 锅炉安装在高温风机上部 15 ~ 20m 混凝土框架平台上，锅炉本体高度在 30m 左右，锅炉安装最高点在 50 ~ 60m。锅炉主要部件质量为：锅筒 9.6t，起止高度 49.65m；省煤器 35t，起止高度 30.74 ~ 34.12m（共 6 组，每组质量约 6 t）；过热器 36t，起止高度 46.44 ~ 49.52m（共 6 组，每组质量约 6 t）；蒸发器（$3 \times 35 + 2 \times 32$）t，起止高度 33.45 ~ 47.11m（从上到下共 5 级，每组约 6 t）；钢架 17.5t/排，起止高度 20.15 ~ 49.65m（排整体重控制吊装质量 17.5t）；进口烟道 7.4t，起止高度 49.65m；出口烟道 16.65t。

①专用灵机桅杆的位置确定和设置原则：方位应在窑尾钢塔架靠近锅炉侧设备吊装预留口方位，位置应在窑尾钢塔架合适层钢架平台的钢立柱上。以既能覆盖工作场地，满足吊装高度要求，又与原生产线高温风管不碰杆为原则。

②专用灵机桅杆的设计：根据锅炉部件的质量和安装位置，计算桅杆所需直径和长度，校核强度和稳定性，最后确定直径、长度和具体结构。桅杆钢管一般在 $\phi377 \times 14$ ~ $\phi426 \times 14$，桅杆钢管长度一般在 21 ~ 26m。

③专用灵机桅杆的配套：滑轮组和卷扬机的配置：桅杆上端分别设置四组起吊钩环，分别挂起吊滑轮组、变幅滑轮组和左、右摆杆滑轮组；起吊滑轮组（H20 × 4D）的跑绳从桅杆端头定滑轮组引下，通过转向滑轮到 10t 起吊卷扬机；变幅滑轮组（H20 × 4D）系于桅杆端头与塔架立柱上方，其相应跑绳沿立柱而下，通过转向滑轮到 5t 变幅卷扬机；摆杆滑轮组钢丝绳置于桅杆两侧面，通过转向滑轮到 3 ~ 5t 摆杆卷扬机。钢丝绳的选择：起吊和变幅均用 $6 \times 37 + 1 - \phi19.5$ 钢丝绳，摆杆用 $6 \times 37 + 1 - \phi13$ 钢丝绳。

（4）设备部件检查存放

运到现场的设备部件应根据部组件的种类、质量、外形尺寸及包装方式等分别进行露天、半露天和室内的保管和保护。应根据现场情况，合理布置设备部组件存放场地，存放场地应平整、有排水措施、避免积水、保持干燥，严禁在泥土地上直接堆放。

①露天保管：主要包括锅炉钢架、平台、过热器、蒸发器、集箱、下降管及连接管等。钢架的立柱和梁应放在预先制作好、并经校正的支架上，以防止变形。平台、集箱应垫高，凸起部位不得触地，盖帽应保持完好。蛇形管、散装出厂的管子、管道均应垫高，并应防止变形，管盖帽应齐全，以防止杂物进入管内。

②半露天保管：主要包括内外护板、散装钢板件、保温用的金属件等。

③室内保管：主要包括阀门、法兰、紧固件、仪器仪表、水位计、取样器、电动执行机

构、保温材料等。

（5）钢架组合与受热面检查

1）钢架组合：锅炉钢架由 Z1、Z2、Z3、Z4 四根立柱及柱间梁及拉撑组成，根据构架布置的特点和吊装方案，先将钢架在地面组成两个侧面排架（Z1 - Z3 排架、Z2 - Z4 排架）。

①钢架组合程序：按照组合平台搭设→钢架立柱检查→单根立柱组对→钢排架组合的程序进行组合。其方法与火电小机组锅炉钢架组合相同。

②需要特别注意的是排架组合质量控制在专用灵机桅杆吊装质量以内，个别连接横梁及支撑待排架吊装后进行。

③根据图纸和焊接工艺要求将排架焊好，其余面的连接板及生根在柱子上的平台支架也在吊装前焊上，以减少高空作业。

2）受热面检查：对省煤器、蒸发器、过热器和厂家供货的汽、水管道，在组合或安装前均按《火电施工质量检验及评定标准》炉 3 ~ 6 进行设备检查，并做好记录；省煤器、蒸发器、过热器为若干片蛇形管组成，分为若干组。所以到现场后应做好吹扫、通球或单体试压工作；用钢支墩和型钢搭设组合平台，将受热面组件吊放到平台上，进行吹扫和通球或单体试压，完毕后将管口盖住做好防护，以防杂物进入；受热面如有缺陷要立即处理好，以免在安装完毕不易修正；对各个集箱进行检查、吹除、通球和划线；将每个集箱下的槽钢固定在临时支架上，再将集箱用螺栓固定在槽钢上。槽钢开连接集箱支座的孔时，要考虑集箱的膨胀问题；对管座、蛇形管焊接头进行检查及修整坡口和打磨焊口。

（6）钢架安装

①在起吊前要割开全部排架与组合台的焊点，并在地面打磨掉焊渣、毛刺。在排架竖直过程中，注意不要碰撞组合平台。

②用灵机桅杆吊住排架上部（2/3 高度处，分四点），汽车吊吊住排架下部，吊平离地30cm，保持 5min，检查灵机各部位受力和汽车吊受力情况，如无异常现象，然后再缓慢地正式起吊，汽车吊配合抬送徐徐起吊。

③当钢排架完全直立后，松开吊车吊钩，由灵机桅杆独立起吊就位到钢架基础上。排架落到垫铁上时，使柱子底脚座板与基础中心对正。

④起吊前预先在钢架顶部设置 4 根揽风绳，就位后将 4 根揽风绳拴在事先选定的位置，揽风绳与水平夹角在 30°左右，地锚承载能力应足够，注意揽风绳的设置不能影响下一步的吊装。在钢排架就位后，将揽风绳收紧，方可松掉灵机桅杆的吊装绳。

⑤在呈 90°的排架两面架设经纬仪进行测量监控，在排架中心正确的情况下，两面必须垂直，采用松紧风绳的方法调正排架。

⑥两个排架找正后随即安装固定侧和留吊装口下部之间的梁和拉撑。

⑦单根连梁和排架安装的质量要求，主要是控制构架安装允许偏差，具体为：各柱中心与基础划线中心（±5）；任意两立柱间的距离（间距的 1/1000，最大不大于 10——取正偏差）；柱子上的 1m 标高线与标高基准点偏差（±2）；各立柱相互间标高差（3）；各立柱垂直度（高度的 1/1000，最大不大于 10）；各立柱相应对角线（长度的 1.5/1000，最大不大于 15）；两柱子间在垂直面两对角线（长度的 1.5/1000，最大不大于 10）；支承锅筒的横梁标高（0，-5）；支承锅筒的横梁水平度（长度的 1/1000，最大不大于 3）；立柱标高与设计标高（±5）；其他横梁标高（±5mm）；其他横梁水平度（5）。

（7）锅筒安装

①锅筒吊装前的准备：锅筒吊装前要放在一干净空地，两端垫400mm（躲开支座位置），将与支座接触筒体部分污物除去，用砂布打光，然后放在支座上检查接触情况。按规范进行全面细微地检查、划线。若设备出厂时未划线和未打铳眼，则根据主要管座，在上、下、左、右沿纵向划出中心线，并打上铳眼。将检查过的锅筒两个底座吊放到炉顶上进行找正。

②锅筒的吊装：将准备起吊的锅筒预先运输到起吊的垂直平面内，以免起吊过程中发生可能的晃动而碰撞锅筒；起吊时绳索不得挤压在管接头上；试吊无误后，方可正式起吊；当锅筒离开地面后，静止10min，找正锅筒的横向水平度，然后缓慢提升到安装高度，旋转桅杆使锅筒到达锅筒安装位置的上方，对准锅筒底座，缓慢降落到底座上。

③锅筒安装就位后，进行标高、中心、水平找正，锅筒安装位置允许偏差：锅筒标高（±5mm）；锅筒纵横向水平度（2mm）；锅筒与柱间距（±5mm）；锅筒轴向位置（±5mm）。

④锅筒内部的检查和清理：与锅筒相连各连接管对接完毕后，锅炉整体水压试验前应进行锅筒内的严格清理和检查。打开两端人孔，将内部装置能拆下的全部拆下暂放在走台上，进行清洗检查，然后复原。特别注意拆前要打印、编号，加垫地方按要求加垫，螺栓拧牢，封门前切勿将工具零件等遗忘。经验收合格后，严密封闭人孔门。锅筒安装结束后，应检查锅筒中心，标出水位表0水位（正常水位）以及最高、最低水位，水位表0水位在锅筒中心线以下100mm处。

（8）受热面的安装

1）采用的安装工艺：设计简易实用的专用提升吊具、8片蛇形管片中间加固组合为一组的安装工艺，提高工效6~8倍。

2）受热面的总体安装顺序自下而上：省煤器→蒸发器Ⅴ→蒸发器Ⅳ→蒸发器Ⅲ→蒸发器Ⅱ→蒸发器Ⅰ→过热器。

3）锅炉受热面即省煤器、五级蒸发器、过热器等在安装前，均已通球检查合格。每组受热面管片都应校平，管片安装应平整、节距均匀。该类型规格锅炉的受热面（五级蒸发器、过热器）的结构基本相同（吊挂结构），现以蒸发器为例说明如下：

蒸发器安装大致顺序：临时支承梁→两侧内护板、膨胀节→管片组件（边组对边吊装）、集箱→汽包内侧护板及中间隔板→通风梁→管片组件吊挂→预留吊装口内护板、上层平台、出口集箱→管片与进出口集箱上的管座对口焊接→密封。

4）受热面安装要点：

①吊装三根临时支承梁，定位在通风梁正下方，焊在两侧的钢架横梁上。

②吊装两侧的内护板并临时焊一角钢于柱上定位，再将膨胀节焊于内护板上部，在不留吊装预留口侧横梁上装上内护板下部槽钢及下部梳齿型密封。

③吊装前省煤器每组件（8片蛇形管片为一组）经过通球和单体试验合格。按照顺序逐组件吊装，为防止倾翻，就位后用倒链与横梁拉紧临时固定。

④进出集箱安装允许偏差：集箱标高偏差（±5mm）；集箱水平度（3mm）；上下集箱中心线距离（±5mm）。

⑤管片组吊装完后，吊装汽包侧护板及中间隔板。

⑥通风梁在地面预先焊接吊挂座，吊装三根通风梁并按照图纸用角钢限位。

⑦用槽钢做成的临时活动吊装架卡在两根通风梁上，挂上倒链提升各管片直到能够穿上销子，挂在通风梁下。按照图纸要求焊接有关部位。

⑧吊装该层预留吊装口上的内护板、上横梁、上走台栏杆及出口集箱。

⑨将管片与进出口集箱焊接：

应按《锅炉受压元件焊接技术条件》（JB/T 1613—93）的规定执行，制定焊接工艺指导书，焊工资格应符合《锅炉压力容器与压力管道焊工考试与管理规则》的有关规定。

焊接管口的端面倾斜度当管径≤60mm时偏差≤0.5mm，其他管径不应超过0.6mm；管子对接中心错口不应大于壁厚的10%，且不得超过0.8mm；管子由焊接引起的弯折度在距焊缝中心200mm处检查，其值应不大于1mm。

⑩护板、膨胀节等安装：

由于炉内负压较大，密封工作十分重要。内护板、热烟道、膨胀节等的安装应随每级受热面的安装进行，应严格按照图纸进行施工，以利于膨胀、保证密封、稳定牢靠为原则。

特别要注意安装顺序：两侧的膨胀节及汽包侧内护板的下横梁必须先密封焊接，才能安装管片组件。否则管片组件安装后，无法焊接。

按照图纸在管片穿墙位置与内护板处，用梳齿型密封板密封焊接，对四片内护板连接处、内护板与上层内护板之间用膨胀节密封焊。

密封件焊接时，应注意焊接质量，不可损伤承压管件，所有直接与管件焊接的密封处应在水压试验前完成，安装完毕后，应进行严密性试验。

测温测压布置按照测点布置图切割护板施工，施工要求按照图纸要求。

（9）振打装置安装

各层机械振打装置在各层管片安装完毕后即可严格按照图纸尺寸和位置及技术要求安装；安装振打杆装置前，要确保各振打杆端部在同一直线上，距内护板框架边缘尺寸21mm，允许安装偏差±1mm；要求振打杆装置与内护板焊接时，用圆钢按照实际形状切割后添实缝隙施焊，以确保密封；振打装置安装必须严格执行图纸中标识尺寸，控制安装偏差±2mm；要求振打杆头齐整，振打杆水平，振打锤敲击位置准确、畅通；振打装置与锅炉钢架连接处的焊接应符合锅炉图纸技术要求。

（10）锅炉有关管道连接和阀门安装

根据锅炉设备图纸进行各级受热面的管道安装连接。特别注意热膨胀和弹簧支架要严格按设备图纸要求进行；阀门安装前均应逐个进行严密性试验；安全阀应装泄放管，在泄放管上不允许装阀门，泄放管应直通；压力表应由计量单位校验合格，并贴检验合格证和铅封；排污疏水管路的安装应保持畅通，一般向水流方向倾斜不小于0.2%的坡度，且应尽量减少弯头；水位计安装时，标高偏差不应超过±2mm（正常水位线为准）。玻璃管上应准确标明"正常水位"、"最高水位"、"最低水位"标记。

（11）水压试验

在锅炉的汽水压力系统及其附属装置组装完毕后，要到工程所在地质量技术监督管理部门进行告知，并邀请质量技术监督部门对锅炉的整体水压试验进行监督检验。

①水压试验前至少应做好以下准备工作：将锅筒、集箱内的杂物清理干净，检查管子内有无堵塞，人孔、手孔、法兰是否拧紧密合；安装校验合格压力表，安装好排水管道和放空

气阀，所有仪表已隔离；按照安全阀说明书要求在锅炉水压试验时对安全阀采取保护措施。

②水压试验水质和温度要求：应使用质量好的试验用水，水压试验应在环境温度高于5℃时进行。

③锅炉水压试验压力：锅炉本体水压试验压力为工作压力的 1.25 倍。

④水压试验步骤：尽快地往锅炉内注水，以最有效地排除系统内空气→所有的放气阀在锅炉上水时都应该开启以排尽空气→水压试验压力升速一般不应超过 0.3MPa/min→锅炉充满水后金属表面结露应消除→当压力升至试验压力的 10% 左右时，应作初步检查，消除异常现象→水压试验升至工作压力时，暂停升压进行全面检查，并且保证工作压力无下降、无漏水和变形等异常现象→继续缓慢均匀地升压到试验压力→保持 20min→降至工作压力进行全面检查。

检查期间压力应保持不变，受压元件金属壁和焊缝上，无破裂、变形及漏水现象，则可认为水压试验合格。

2. 窑头 AQC 余热锅炉

（1）AQC 余热锅炉结构及安装位置

烧成窑头 AQC 余热锅炉一般为高压和低压两段压力单元结构的自然循环锅炉，一般整体采用管箱式结构。自上而下有高压过热器管箱、高压蒸发器管箱Ⅱ、高压蒸发器管箱Ⅰ、低压过热器管箱及高压省煤器管箱、低压蒸发器管箱Ⅱ、低压蒸发器管箱Ⅰ、低压及公用省煤器管箱；管箱均通过底座型钢将自重传递到钢架的横梁上，上下管箱之间以膨胀节密封并允许其向上膨胀。主要受热面部件组装为管箱结构出厂，其余部件散装出厂。AQC 锅炉安装在烧成窑头厂房的外侧面的混凝土平台上。

（2）AQC 锅炉安装程序

设备部件检查→钢架组合→吊装设备准备→基础验收、放线→钢排架吊装→固定侧及预留口侧下部间横梁及拉撑安装→平台、栏杆安装→锅炉出口烟道安装→低压及公用省煤器管箱安装→低压蒸发器管箱Ⅰ安装→低压蒸发器管箱Ⅱ安装→低压过热器管箱及高压省煤器管箱安装→高压蒸发器管箱Ⅰ安装→高压蒸发器管箱Ⅱ安装→高压过热器管箱安装→高压及低压锅筒安装→出口烟道安装→本体管路→整体水压试验→锅炉本体保温→机组调试。

（3）AQC 锅炉钢架安装

①由于锅炉安装位置处于窑头篦冷机厂房侧面标高约 5.0m 的混凝土平台上，与周围其他建筑物的空间位置因工程而异，当施工作业空间场地狭小不能满足钢架组合时，锅炉钢架单根安装；当施工作业场地可以进行钢架组合时，采用钢架组合成排架进行安装。

②钢架单根安装时安装顺序一般为：Z4 左→Z4 右→Z3 左→Z3 右→Z2 左→Z2 右→Z1 左→Z1 右→锅炉本体平台、栏杆。单根立柱安装后，及时连接不妨碍管箱安装的横梁及拉条。

③钢架组合安装时，先将钢架组合成 Z1 左 - Z1 右排架、Z2 左 - Z2 右排架→Z3 左 - Z4 左排架→Z3 右 - Z4 右排架，然后进行排架安装。安装顺序一般为：Z1 左 - Z1 右排架、Z2 左 - Z2 右排架→Z3 左 - Z4 左排架→Z3 右 - Z4 右排架→排架间横梁及拉撑安装、Z1 左 - Z1 右排架→Z2 左 - Z2 右排架→Z3 左 - Z4 左排架→Z3 右 - Z4 右排架→及时连接不妨碍管箱安装的横梁及拉条→锅炉本体平台、栏杆。

④单根安装施工时每根立柱单独设置临时揽风绳，找正后及时固定，与其他立柱连接；

组合安装时与 SP 锅炉相同,钢架安装要求与 SP 锅炉相同。

⑤钢架中梁的安装应结合管箱的安装,自下而上每安装一层管箱后安装上一层钢架横梁及通风梁。

⑥斜拉条的安装应以不影响其他部件安装为原则,两侧拉条应在该层管箱吊装前就位,以防止梁变形。过热器处通风梁在安装前,需在现场地面预先浇筑保温材料。

(4)受热面安装

按照从下至上的顺序分别进行:按照低压及公用省煤器管箱、低压蒸发器管箱Ⅰ、低压蒸发器管箱Ⅱ、低压过热器管箱及高压省煤器管箱、高压蒸发器管箱Ⅰ、高压蒸发器管箱Ⅱ、高压过热器管箱的顺序进行逐层安装。受热面安装施工的要点为:

①由于本锅炉受热面是管箱结构,管箱的吊装应结合钢架安装进行,以免造成管箱无法吊装。

②在安装各级管箱前,在其下起支撑作用的横梁、拉条安装完、焊接牢固,方可吊装相应高度受热面管箱。

③管箱的吊装采用 130t 汽车吊吊装。在吊装时,将管箱吊装吊起到安装层高度,旋转吊车壁杆从钢架预留口处,将管箱送至安装层内并将管箱到位。

④对管箱进行找正找平到位后,按照图纸要求定位管箱。管箱安装允许偏差:支撑框架上部水平度(3mm);支撑框架标高(±8mm);管箱垂直度(5mm);管箱中心线与钢架中心线间距离(±5mm);管箱顶部标高(±5mm)。

⑤进出集箱安装允许偏差:集箱标高偏差(±5mm);集箱水平度(3mm);上下集箱中心线距离(±5mm)。

⑥应按照锅炉本体图纸要求,进行管箱之间连接管和柔性膨胀节安装。

⑦有关焊接:

应按《锅炉受压元件焊接技术条件》(JB/T 1613—93)的规定执行,制定焊接工艺指导书,焊工资格应符合《锅炉压力容器与压力管道焊工考试规程》的有关规定。

焊接管口的端面倾斜度当管径≤60mm 时偏差≤0.5mm,其他管径不应超过 0.6mm;管子对接中心错口不应大于壁厚的 10%,且不得超过 0.8mm;管子由焊接引起的弯折度在距焊缝中心 200mm 处检查,其值应不大于 1mm。

(5)汽包安装

①汽包支座钢架安装合格后,先将汽包支座安装就位,用 130t 汽车吊直接吊装就位。

②锅筒吊装前要放在一干净空地,两端垫 400mm(躲开支座位置),将与支座的筒体部分除去污物,用砂布打光,然后放在支座上检查接触情况。按《火电施工质量检验及评定标准》炉 5-1 进行全面细微地检查、划线。如果设备出厂未划线和未打锤眼,则根据主要管座,在上、下、左、右沿纵向划出中心线,并打上锤眼。再对汽包壳体进行外观、测厚检查和 100% 的光谱复验,对汽包管座焊缝进行 100% 的超声波探伤复验。

③将检查过的锅筒两个底座放到炉顶上进行找正。

④锅筒试吊,试吊正常后正式起吊,放在支座上,进行标高、中心、水平找正,一切合格后再去掉吊装绳扣。

⑤在冲洗前,打开两端人孔,将内部装置能拆下的全部拆下,进行清洗检查,然后复原,注意拆前要打印、编号,安装时按图纸把漏焊的地方补全。加垫地方按要求加垫,螺栓

扭牢，封门前切勿将工具零件等遗忘。拆下零件暂放走台上尽快复装。

⑥锅筒安装位置允许偏差：锅筒标高（±5mm）；锅筒纵横向水平度（2mm）；锅筒与柱间距（±5mm）；锅筒轴向位置（±5mm）。

（6）锅炉本体管路和水压试验

锅炉本体管路和水压试验的方法和要求与SP锅炉基本相同，特别要注意的是分高压段和低压段工作压力不同，应分别按照设备技术文件要求进行试验。

3. 煮炉

鉴于水泥余热发电的锅炉绝大部分为炉外保温，真正的浇筑材料是通风梁的极少部分。在自然养护条件下即可达到所需的强度，其烘炉作业可省略。煮炉时采用原生产线的余热废气，煮炉采用碱性煮炉，过热器应隔离，不参与煮炉。煮炉工作要在化学专业人员指导下进行。

（1）煮炉具备的条件

水压试验验收合格和锅炉本体及烟道保温结束；锅炉与生产系统的进出管道连接完毕，具备原生产线废气送气条件；烟道电动调节阀及温度、压力、水位等仪表系统调试合格。

（2）煮炉的药品准备

药品纯度按100%计算，如没有磷酸三钠时，可用碳酸钠代替，数量为磷酸三钠的1.5倍，或单独使用碳酸钠煮炉，其数量为$6kg/m^3$。煮炉用药量配比为：氢氧化钠（NaOH）：当铁锈较薄时$2\sim3kg/m^3$水容积，当铁锈较厚时$3\sim4kg/m^3$水容积；磷酸三钠（$Na_3PO_4\cdot12H_2O$）：当铁锈较薄时$2\sim3kg/m^3$水容积，当铁锈较厚时$2\sim3kg/m^3$水容积。

（3）煮炉方法

①药品制备：按锅炉水容积计算加药量。

②向锅内加药：配制成浓度20%的均匀溶液注入锅炉进行煮炉，加药时，炉水应在低水位。煮炉时，溶液不应进入过热器内。

③煮炉：药品加入后升压，开启锅炉进口电动调节阀，使锅炉排气量为10%~15%额定蒸发量，从下部排污点排污，分三个阶段进行煮炉：在额定压力的75%工况下煮炉8~12h，在额定压力的50%工况下煮炉8~12h，在额定压力的3/4工况下煮炉20~24h，换水直至水质达到标准后停炉。煮炉时间一般为2~3天。如在较低的蒸汽压力下煮炉，则应适当地延长煮炉时间。

④煮炉期间，应定期从锅筒和下集箱取样分析，当炉水碱度低于45mmol/L时，应补充加药。煮炉末期使蒸汽压力保持在工作压力75%左右。

⑤煮炉完毕后，应清除锅筒、集箱内的沉积物，冲洗锅炉内部和曾与药溶液接触过的阀门等，检查排污阀有无堵塞。锅筒和集箱内壁应无油垢，擦去附着物后金属表面应无锈斑——呈现深蓝灰色钝化膜。

⑥在投入供水与供汽前，必须对锅炉范围的给水管道进行冲洗和吹洗，以清除管道内的杂物和锈垢。冲洗用的清水，其水质用软化水。冲洗水量应大于正常运行最大水量，直至出水水质符合要求，为冲洗合格。

⑦煮炉结束后，应用蒸汽吹洗过热器。吹洗时，锅炉压力应保持在工作压力的75%左右，同时保持适当的流量，吹洗时间不应少于15min。

（4）吹管

①吹管具备的条件：锅炉煮炉已结束；厂区蒸汽管道安装保温完毕、具备吹扫条件；临

时管路和靶板设置好，所用临时管的截面积应大于或等于被吹洗管的截面积，临时管尽量短捷以减小阻力。做好吹扫方向安全防护工作。

②吹管作业：首先，调整锅炉进口和旁路电动调节阀门，使锅炉蒸发量为60%～70%额定蒸发量。其次，在吹洗时蒸汽控制门应该全部打开。此外，各阶段吹洗过程中，至少应有一次停炉冷却（时间12h以上），冷却过热器及其管道，以提高吹洗效果。

③吹洗质量标准：在被吹洗管末端的临时排汽管内装设靶板；靶板可用铝板制成，其宽度为排汽管内径的8%左右，长度纵贯管子内径，在保证吹管系数前提下，连续两次更换靶板检查，靶板上冲击斑痕粒度小于0.8mm，且肉眼可见斑痕不多于8点为合格。

（5）蒸汽严密性试验和安全阀调整

在吹管结束后期可进行锅炉的蒸汽严密性试验、安全阀整定。

①蒸汽严密性试验：调整锅炉进口电动调节阀，当锅炉产生的蒸汽压力达到0.3～0.4MPa时，对锅炉范围内的法兰、人孔、导孔和其他连接部位螺栓进行一次热状态下的紧固。继续升压至额定工作压力，检查承压密封面、各受压部件及锅炉范围内的汽水管道、支座、吊杆、吊架等膨胀及受力情况。

②安全阀压力整定调整：在调整前校对锅筒压力表正确无误符合要求后，调整锅炉进口电动调节阀，进行锅筒安全阀的调整和校验。锅筒两个安全阀分别按1.06倍工作压力调整，随后进行过热器安全阀的调整（1.04倍工作压力）。调整完后检查安全阀是否有漏气和受冲击现象。

③安全阀经调整检验合格后，应做标记。安全阀校验后，始启压力、回座压力等校验结果应计入档案。

④AQC锅炉的公用省煤器、低压系统、高压系统工作压力不同，安全阀应分别整定。

上述工作合格后，锅炉开始全负荷下连续72h试运行，同时试运行过程中时刻检查。

（6）机组调试

由于是2台锅炉，AQC锅炉又是双压结构，相当于两台锅炉叠加，同时锅炉的热源来源于水泥生产线的余热废气。因而，在机组启动调试过程中既要考虑到机组本身设计要求，又要保证原水泥生产线的正常运行，它不同于一般机组调试，必须按照特定的调试程序和要求进行。

1）机组调试具备的条件：SP余热锅炉和AQC锅炉煮炉合格，吹管结束，具备运行条件；原水泥生产线正常运行；机组冷调合格，电气系统调试合格，具备启动条件。

2）机组调试要点：由于SP锅炉蒸发量较大、汽温和汽压相对AQC锅炉较低，故先用SP锅炉冲转汽机，易使汽机保持稳定；且低汽温低汽压情况下，对于参数较高的AQC锅炉蒸汽易于并汽，不易产生振动和扰动；同样在负荷达到60%～70%，低压蒸汽的压力、温度大于并接近汽机汽缸第四级压力、温度时才补入低压蒸汽。

①先将SP锅炉蒸汽送至汽机房冲转汽机。锅炉及厂区蒸汽管道吹管合格及汽机系统冷调合格后，可进行汽机冲转。调节SP锅炉进口调节电动阀，在不影响水泥生产线运行的条件下，先将SP锅炉蒸汽送至汽机冲转，待转速稳定且发电功率超过50%。

②AQC炉蒸汽送至汽机房冲转汽机。SP锅炉蒸汽冲转汽机，膨胀到位，上下缸温差小于50℃后转速稳定且发电功率超过50%后，将AQC炉蒸汽送至汽机房并入，并汽时AQC锅炉蒸汽参数必须与SP锅炉一致。

③AQC 炉补汽。待机组和原生产线运行参数等各个方面参数稳定 2h 后，且补汽压力及温度大于汽机第四级后的参数时进行补汽，使汽机转速稳定且发电功率接近达到额定功率。

④整套机组额定功率调试。在不影响原水泥生产线正常运行的条件下，逐步调试使 SP 锅炉和 AQC 锅炉及补汽状态使机组各项参数达到设计状态，在调试过程中，应以不影响水泥生产线正常运行为原则，还可通过调整电动调节阀、与生产车间协调，调整生产线进煤量、产量、调整窑头和窑尾风机等方法，综合运用使水泥生产线与电站达到最佳配合，全面达到或超过设计要求。逐渐摸索最佳运行状态参数。

4. 余热发电系统阀门选型与安装注意事项

增强余热发电系统设备可靠性对于提高余热发电运转率和余热回收效率至关重要，也是设计者和业主所共同关注的。高温烟道废气阀门作为纯低温余热发电与水泥生产线连接的关键辅机设备之一，直接关系到整个余热发电系统运行效率和可靠性，也是水泥企业提高余热发电效益，降低生产成本的有效措施。阀门制造厂家从众多余热电站高温烟道阀门的设计、制造、使用案例中水泥窑余热发电系统的烟气阀门选型总结出了一些重要的经验。

（1）水泥窑余热发电系统高温烟道阀门选型的重要性

随着国家节能产业政策的落实，水泥窑余热发电建设如火如荼，水泥窑余热发电系统高温烟道阀门也不断为适应水泥窑发电技术的进步而得到长足发展。

水泥窑余热发电系统高温烟道的阀门不同于一般火电厂的风阀。火电厂风阀一般在室内安装，工作介质一般是常温洁净的空气，阀门的作用主要是风量的调节，不存在阀板高温变形和粉尘磨损的问题，材质一般采用 Q235 钢板焊接，而且厚度很薄，大多在 6mm 以下，泄漏率要求比较高。水泥窑余热发电系统烟气温度高（350～450℃），并含有大量粉尘、速度高、负压大，特别是窑尾含尘量达到 80mg 以上、负压高于 7000Pa。如在余热发电系统中也同样采用此阀门，势必造成阀板变形，出现阀板卡死，旁路泄漏大，浪费了大量废气资源，调节性能较差。

就水泥窑余热发电系统本身，阀门的泄漏量也关系到余热电站的发电量。SP 旁路阀门的漏风对发电量影响很大，旁路阀门每漏风 1%，发电量下降 0.6%，因此必须严格控制，设计要求旁路阀漏风率为 1%，最大不应超过 1.5%，但实际情况远远大于 1.5%，甚至达到 5%。AQC 炉也一样，旁路阀门泄漏率大了，同样也能降低烟气的品质，造成 AQC 炉出力不足。

但是随着水泥窑余热发电阀门供应市场竞争日趋激烈，作为非标产品，高温烟道阀门产品质量良莠不齐。高温阀门的阀体材质和阀板厚度不尽相同，有些高温阀门阀体和阀板厚度刻意减薄，甚至有些阀轴也是采用 20# 材质，时间长了出现锈蚀。若在余热发电系统中也同样采用此阀门，势必造成阀板变形、卡死和漏风流量无法调节等现象，从而浪费大量余热资源。由于废气阀门的位置和生产运输的特殊性，决定了更换阀门的不易。阀门口径大、生产制造周期长、运输超宽、运费高、运输时间长等给业主增加了成本。特别是 SP 炉进口阀和旁路阀，安装位置高，更换一个阀门的安装费用就等于阀门本身的费用（还未计电站非正常运行所造成的损失）。

（2）高温烟气阀门选型

1）AQC 炉阀门

①AQC 炉进口阀。该阀设在篦冷机出风口于沉降室之间，开口在篦冷机中部靠前，作

为调节篦冷机出风口烟气量，该阀门是确保生产线和 AQC 炉正常运行的关键设备。因此要求该阀调节性能好，动作可靠。余热发电一般在篦冷机中部靠前抽风，设计正常时温度为 300～360℃，最高时达到 450℃以上，同时出篦冷机气体介质中含有不大于 $30mg/m^3$（标态）的熟料粉尘浓度，速度一般在 8～15m/s，对该阀的阀板冲刷量非常大，因此要求该阀的阀板能在高温下具有良好的耐磨性能，以提高阀门的使用寿命。

该阀根据实际情况有的选择圆形有的选择方形的，这里的温度是很不稳定的，很多设计根据理论上的计算，最高温度定在 450℃，但实际运行中很多时间都是超过此温度的，篦冷机料床的厚薄直接影响到废气的温度变化，因此，这里的温度都是长时间在 450℃左右，甚至达到 650℃，而且能维持 2h 左右。设计温度一般在 ≤450℃的阀板都采用 16Mn 或 20#钢，在 ≥600℃的阀板都采用 304 不锈钢材质，这两种材质的阀板在高温下几乎没有了机械性能，更谈不上耐磨性能了。现实运行中，在温度不超过设计范围的时候，一般使用寿命在一到两年之间，如果温度超过设计范围，使用寿命最多半年。由于此处废气温度高、腐蚀性大，熟料颗粒对阀板冲刷严重，因此，阀板必需采用补焊高强度龟夹网浇筑具有高温结构强度高、高温蠕变率低、热膨胀小、抗化学侵蚀性强、抗热震等优点的浇筑料。经过高温烘烤处理，阀板具有较强的抗高温和耐磨特性，可以大大地延长阀板的使用寿命。同时必须做好执行器的防热辐射工作，保证执行器的正常运行。最简单的方法是阀轴加长并在执行器和阀门连杆之间焊上一块薄钢板，以有效阻挡阀体受高温辐射。

②AQC 炉旁路阀与冷风阀。AQC 锅炉旁路阀设在篦冷机尾部的烟气至电除尘之间，冷风阀设在沉降室前用于进冷风。窑头余风温度波动较大（180～500℃），波动周期短，旁路调节阀频繁动作，当窑头产汽量太大时，过热蒸汽温度下降，开启旁路调节阀，以减少入窑头锅炉的烟气量，保证系统稳定。AQC 炉旁路废气虽然温度不高，但含有 $30mg/m^3$ 的熟料粉尘颗粒浓度，对阀板磨损比较大，而且具有一定的腐蚀性，阀板受到冲刷与磨损后泄漏率增大，严重时阀板产生脱落，系统漏风严重，造成 AQC 炉蒸发量的降低。当进口烟温过高，通过冷风阀给沉降室加冷风，该阀不会出现磨损的情况，但泄漏率大了，同样也能降低烟气的品质。因此，这两个阀门要求密封性能比较高。

这两个阀门往往不引起人们的重视，一般都是采用百叶窗式的，百叶窗式的阀门泄漏率是最高的，加工好的一般在 2%左右，很多都是 5%以上。若采用单叶式阀板，提高加工精度，把泄漏率控制在 1%以内，特别是旁路阀加强耐磨耐腐蚀性能，减少锅炉运行时旁路的漏风量，才能提高 AQC 炉的运行效率。

③AQC 锅炉出口阀。AQC 锅炉出口阀设在 AQC 锅炉与电收尘器之间，该阀废气温度一般在 360℃以下，温度波动较小，粉尘磨损也较弱，阀门启闭动作量少。一般情况下是在开启状态（只有在 AQC 锅炉检修时，才把阀门关闭），因此它的主要性能是切断性能，关闭时的密封性能好，切断该阀后，检修不受影响，以保证检修的安全性。

该阀一般都是设计电动百叶阀。采用百叶阀，泄漏率比较高，当锅炉需要检修而水泥生产线不停的时候，由于阀门的泄漏，还有一部分高温烟气从电收尘器往锅炉进，使得检修人员无法进入锅炉进行检修，给检修带来很大的困难。若把该阀设计为插板阀结构，传动装置采用链轮式，能避免阀体因积灰导致阀门启闭时阀板变形、阀杆弯曲或烧坏电动执行机构，不影响锅炉的正常运行。该阀泄露率小于 0.1%，是目前百叶阀无法比拟的，给锅炉检修带来了方便和安全保证。但需要注意的是在沉降室到拉链机之间应设置一套手动插板阀和刚性叶轮给料机，以清除锅炉停止运行期间所积累的大量粉尘。这里的温度最高可达到450℃，所以叶轮给料机阀体和电机联接方式采用联轴器联接，为防止料仓落入异物卡住卸料器叶轮、烧损电机，采用干式过载保护离合器，代替了产品中的安全销，同时在叶轮上方的壳体加装了检查孔，阀轴加长，轴承外置，增设加油孔，从而减少因卡料、高温产生的故障。

④过热器阀门。过热器阀门一般设置在篦冷机前端或窑头罩，抽取高品位热风供AQC炉过热器使用。抽取点在窑头罩，废气温度一般都在500~650℃，含尘量30mg/m³。

该阀一般设计为百叶式，阀板材质为304不锈钢（使用寿命较短）。在现实使用中，实际上这里的温度大多维持在650℃，有时甚至达到900℃。由于该阀所受烟气温度、腐蚀和冲刷特别严重，阀体应采用与管道同样厚度的保温层和浇筑料，确保气流不产生紊流而对阀体和阀板的冲刷，阀板材质至少也应该采用304双面焊龟甲网浇筑耐高温耐磨高强度浇筑料，确保阀门的调节性能，保证熟料生产线的正常运行。

2）SP炉阀门

①SP炉进口阀与出口阀。SP锅炉的进口阀设置在SP锅炉与预热器之间，预热器废气由此进入SP锅炉。该阀一般使用温度为330℃左右，最高450℃，该处烟气使用温度波动较小、粉尘磨损也较弱，阀门开启动作量少，当SP炉停运时打开旁路阀而关闭进口阀。目前设计使用温度≤450℃，含尘量80mg/m³，负压7000~8000Pa；SP锅炉的出口阀，设置在SP锅炉出口至增湿塔之间，设计温度最高在400℃。由于进SP炉温度比较稳定，而且废气中主要含的是粉尘，对阀门磨损很小，关键是要确保阀轴能长期使用不能生锈，调节灵活，阀体阀板在该使用温度情况下有足够的机械性能，不产生变形卡死。

SP锅炉的进口阀通常都是开的，泄漏率的大小并不引起注意。当SP炉检修停炉的时候，打开旁路阀关闭进口阀，这时进口阀就起着切断烟气的作用，保证SP炉的正常维修。该阀门的设置往往不能给予足够重视，导致因阀门设置不当造成阀门因积灰而打不开或关不上的问题产生，从而影响水泥窑及电站的正常生产运行、调整和检修。因此，如何设置窑尾SP炉废气进口管道阀门也是需慎重考虑的问题之一。

②SP炉旁路阀。锅炉旁路阀设置在高温风机与预热器之间，一般使用温度为330~450℃，该烟气使用温度波动较小，烟气含尘浓度在60~120g/Nm³之间，含尘量大，粒径小，平均粉尘粒径1~30μm，容易积灰，造成阀门打不开或关不严，因此该阀应设计为倾斜式的结构。要求阀轴能长期使用而不生锈，阀体阀板在该使用温度情况下有足够的机械性能。该阀一般情况下是在关闭状态，当SP锅炉检修时，才把阀门开启，因此它的主要性能是切断性能，关闭时的密封性能好，漏风对发电量影响很大，据测算每漏风1%，发电量下降0.6%，因此必须严格控制，设计要求该阀漏风率越小越好。

SP炉阀门虽然磨损小和温度比较稳定，但SP炉的启停和入炉烟气量的调节涉及到窑系统工况的波动和窑尾高温风机电流的波动。SP炉启停操作和风量调节时，原则上只要保持出口负压和温度不变，就不会影响窑系统的稳定。实现这一原则的重要手段是SP炉进出口挡板、旁路挡板及窑尾高温风机液力偶合器三者的协调操作。因此，SP炉阀门要确保阀体阀板在该使用温度情况下有足够的机械性能，加大阀体和阀板的厚度，叶片之间采用304不锈钢做搭接密封，达到良好的密封性能。

（3）水泥余热发电高温烟道阀门安装注意事项

①烟气阀门安装特别注意管道法兰接口的严密性，烟气管道漏风会引起风温下降。特别

是窑尾由于负压大，密闭性能差会导致大量冷空气漏入，使锅炉出力降低，更重要的是影响水泥窑的正常运行。

②阀门阀板调正应一致。由于窑尾负压大，调整不一致会影响密闭性，导致大量冷空气漏入，使锅炉出力降低，更重要的是影响水泥窑的正常运行。

③由于烟气管道壁薄，容易变形，因此在阀门两端管道内大约阀门三分之一口径处加焊梅花筋，以加强管道的机械性能，避免因管道变形，导致阀门阀板开启困难。

④安装阀门时，为了使吊装时阀板不因晃动导致变形，用钢筋将阀板临时焊接固定，阀门安装完毕后，切记拆除临时固定的钢筋。

水泥窑余热发电系统用高温烟气阀门作为电站系统的辅机设备，在数量上、价值上虽然不大，但对余热发电系统的安全经济高效运行至关重要，其发挥的作用不是其数量或价值比例所决定的。鉴于此，用户需应就水泥窑余热发电工艺设计特点进行正确选型和安装。

5. 汽轮机的安装

（1）施工准备

汽轮发电机组的安装是一项比较细致复杂的工作，技术性强，交叉配合多，要做到合理安排，这就要求做好充分的准备工作，具体从以下几个方面准备。

①施工现场应具备的条件是：组合场地、安装场地、设备存放场地及运输道路应畅通；有供安装用的临时水源、电源；场地平整、坚实不积水。

②交付安装的建筑工程应具备的条件是：行车轨道铺好，并经验收合格；主辅设备基础、基座浇灌完毕，模板拆除，混凝土达到设计强度70%以上，并经验收合格；厂房内的道路基本做完，土方回填好，有条件的部位做好平整的混凝土粗地面，并修好进厂通道；装机部分的厂房应封闭不漏水，能遮蔽风沙；土建施工的模板、脚手架剩余材料、杂物和垃圾等已清除；各基础具有清晰准确的中心线，厂房零米与运行层具有标高线；各层平台、走道、梯子、栏杆、扶手和根部护板装设完毕，而且焊接牢固，各孔洞和未完工尚有敞口的部位有可靠的临时盖板和栏杆；厂房内的排水沟、泵坑、管坑的集水井清理干净，并将水排到厂房外；对于建筑物进行装修时有可能损坏附近已装修好的设备的处所，应在设备就位前结束装修工作；基础沉降观测记录。

③人力、物力技术资料准备的内容有：汽轮发电机组的施工技术人员和施工负责人开工前必须熟悉其施工范围的施工图纸、资料及技术文件，制造厂供应的图纸及有关配套设备的相关文件资料、规程、规范，了解机组结构、特点、系统、性能和技术要求，掌握正确的安装程序、方法、工艺及有关精密测量技术。施工技术人员应对施工小组认真做好安全技术交底工作。工机具准备，设备安装、予检修等必须的工机具（包括施工用料）。

④技术资料的准备有：使用说明书；产品合格证明书，包括各种技术测量项目要求及原始数据记录，重大缺陷记录；供应项目清单，装箱清单，包括各种随机工具、备品备件清单；制造厂图纸（总图、结构图、装配图）；《电力建设施工及验收技术规范》汽轮机机组篇（DL 5011—92）；安装单位的施工方案。

（2）基础验收

土建基础交付安装前，应对其进行验收，应具备下列条件：

①基础混凝土表面应平整、无裂纹、孔洞、蜂窝、麻面和露筋等缺陷。

②设计要求抹面和粉饰的部分，尤其是发电机风室和风道，抹面应平整、光滑、牢固、

无脱皮、掉粉现象。

③基础的纵横向中心线及其他各项尺寸要符合图纸及规范要求。

④地脚螺栓孔内应清理干净，中心线垂直度都要符合设计要求，螺栓垫板与围绕栓孔端面的混凝土接触应平整良好。

⑤基础与厂房及有关运转平台间的隔震缝中的模板和杂物应清除干净。

（3）汽轮机组安装

汽轮机本体各部件安装前，必须做好各项设备的检查工作，使之符合安装要求，施工技术人员和施工小组人员应熟悉机组结构、特点、系统、性能和技术要求，这对保证安装质量和加快安装进度具有重要意义。汽轮机本体安装的好坏，对汽轮机组的安全、经济运行、生产有很大关系，在安装中严格把好质量关，使机组投入运行后能达到承压部分严密不漏汽，不漏油，受热膨胀自如，振动小，噪声小，真空严密性好，各部分间隙都符合技术要求，运行平稳良好。汽轮机本体安装的程序、方法和要求如下：

1）基础清理、划线及垫铁配置

①基础清理、划线：设备基础按图纸要求进行清理，检查验收后，就可以划出基础纵横中心线和各部标高线，埋设中心标板。架设钢丝线架，准备各部安装。

②垫铁配置、装设：按垫铁布置图划出垫铁安置方位线（每边比垫铁宽20mm），测量每一组垫铁位置之标高，并做好标记和记录，然后按标高配置垫铁。

基础与垫铁的接触面可用凿子、锤、斧、加工好的平垫铁研磨，用水平尺检查水平度、垫铁位置修平配合达到要求后，逐一再次测量其标高，对照设备安装标高计算出每组垫铁的高度，做好记录，进行加工。每组垫铁一般不超过三块，特殊情况下允许达到五块，其中只允许有一对斜垫铁；两块斜垫铁错开的面积不应超过该垫铁面积的25%；台板与垫铁及各层垫铁之间应接触密实，0.05mm塞尺一般应塞不进。

③环氧树脂压浆法：一般施工采用环氧树脂压浆法，将底部垫铁粘合在基础上。

所谓环氧树脂压浆法，简单地说，就是先用临时垫铁将设备就位，初步找正找平，然后在正式的研磨过的垫铁位置上，摊上一层配好的环氧树脂砂浆，再在砂浆与设备之间放上配置好的垫铁组，使垫铁与设备、垫铁之间的接触符合要求。砂浆要压实，砂浆厚度为1～2mm为宜，经过24h后，即可用正式垫铁来精平设备。

环氧树脂砂浆的配比为：环氧树脂：石英砂（质量比）=1：6（其中环氧树脂包括固化剂，一般环氧树脂配6%～8%乙二胺、10%二丁酯）。

2）台板就位、找平、找正

设备到货后，予先进行台板的清理检查，研配台板与汽缸支脚的接触，使其均匀接触，接触面积在75%以上，四周用0.05mm塞尺检塞不应塞入。

台板安装步骤：清理地脚孔，修理地脚螺栓，试配螺母，并作好标记。

台板就位，按中心线和标高要求进行测量调整找正、找平。修整垫铁与台板的接触，应接触良好，接触面积在65%以上，且0.05mm塞尺不应塞进。初步紧固地脚螺栓。

3）轴承座安装

安装前认真清理轴承座油室，确保无型砂、铁屑等一切污垢，清理油道使其畅通。油池要进行24h煤油试漏。前轴承座和台板的结合面应研磨检查接触情况，达不到要求可进行刮研磨，修配轴承座箱与台板配合纵向键的间隙，保证在0.04～0.08mm之间、且自由滑动无卡涩。

前轴承座安装到台板上后，要按轴系扬度、标高度进行找平、找正、找扬度。

4）汽缸组合安装

①汽缸组合

a）清理检查：认真清理汽缸的所有孔、道、汽室及内缸壁上的杂物、型砂、焊渣、焊瘤，各孔室用压缩空气反复吹除。

b）组合：汽机汽缸一般情况下，前、中汽缸为组合后发货，后汽缸单独发货，故现场需要进行组合，先将下半汽缸组合好，组合时搭好组合用台架，将下缸前后分别按工作状态（口向上）吊放到组合用台架上，进行组合找平，垂直、水平结合面应平齐，偏差不应超过0.05mm，经检查无误后，将下缸两段垂直接口面上加密封垫片，紧固螺栓（同时复查接合后的平齐度）。

将组合好的下半缸垫平、垫牢，然后将上半缸吊扣在下缸上，同样方法将上缸两段组合在一起。

②汽缸安装

将组合好的下缸，吊到已安装好的台板前箱猫爪承力面上，按基础纵横中心线，拉钢丝找平、找正，利用合像水平仪找平，在轴承和汽缸上定位置（预先划出检测位置）进行汽缸的水平和扬度的测量，各横向水平用水平尺在中分面处测量（按图纸规定所标测点），纵向扬度方向一致，各段差数不应超过0.05mm，纵向水平以后轴承座处为零，向前端扬起，横向水平偏差不应超过0.20mm/m。

5）轴承检查、安装、调整

汽缸、轴承座安装找平、找正后，即可对轴承各部进行检查装配。

①支持轴承

首先对组装在一起的成套轴承进行拆除，检查各配合部位及螺栓等有无钢印标记，无标记应打标记，检查有无夹渣、气孔、凹坑、裂纹等缺陷，可用煤油浸泡检查有无脱胎现象。支持轴承组合、研配、安装方法如下：

将轴承吊到轴承座内检查球面垫块与轴承座弧面的接触情况，研配使其接触良好均匀，接触面积在75%以上。

底部垫块未放转子前应有0.03~0.05mm间隙，以保证转子吊上以后各垫块有良好的接触。

检查上下轴、轴承盖等中分面的结合情况，在自由状态下，用0.05mm塞尺不应塞进，紧固螺栓，用0.03mm塞尺不能塞进。

在转子未安装前初步吊上、下瓦与相应轴颈配合检查，应与图纸要求一致。

检查上、下瓦与轴承接触情况，待转子就位后，转子稍压在下瓦上着色检查，以保证在工作状态下接触良好。

②支持推力综合轴承安检

支持瓦的检查方法，要求基本与前相同，对于球面与球面应着色检查其接触情况。接触面积75%以上，且每25×25mm面积上有3~5点接触。对于检查发现接触不良时一般不应修刮，通知制造单位研究处理，组装后的球面座的水平结合不允许有错口，接口处用0.03mm塞尺不应塞进。

推力轴承安装前应全部拆除，清理毛刺、油污杂质，将推力瓦块在平面上逐一进行检测，其厚度差不应大于0.02mm，对于误差过大时应修刮瓦块背面。

每个推力瓦块与推力盘有良好的接触，接触面积应为总面积的75%（不包括油囊所占面积），且呈点状接触。

推力轴承的装配、接触面研刮、间隙调整应在转子就位后进行，研配推力瓦、调整推力间隙应在工作状态下进行，推动转子使其推动盘紧靠工作面推力瓦盘动转子。

6）转子安装

汽缸、轴承安装好后即可装转子，其方法是：

①转子的情况检查

用煤油清洗转子轴颈叶轮、叶片、汽封沟槽、轴封、联轴节等各部，检查有无碰伤、裂纹、变形，尤其轴颈不能有任何损伤、划痕、锈蚀。

用外径千分尺测量轴颈的椭圆度和不柱度，每个轴颈测量三个部位，在前、后、中间测量，每个部位在0°和90°垂直端面测两点，测的直径应和图纸相符。椭圆度和不柱度都不得大于0.02mm。

②转子安装

使用制造厂带的转子吊装专用工具吊装转子，吊装时要在吊装绑扎点用软质材料包垫好，以免损伤转子，专用吊索应妥善保管，防止锈蚀和损伤。

转子吊起后，应用水平仪在轴颈上测量，其水平度应在0.2mm/m以内。

吊装要有专人指挥，落时前、中、后（尤其推力轴承位置）安排专人负责扶正、对准，落时要慢，第一次吊装时可将推力轴承放入，以作推力瓦顶靠推力盘限位用。

③利用转子精调研配轴承的接触角点面和修正各部配合间隙

支持轴承、推力轴承及滑销系统等各部间隙以制造厂说明书及出厂质量证明书上数据为准，未列出的要求可参照《电力建设施工及验收技术规范》（DL 5011—1992）中有关条款。

轴承安调好后，必须对轴承、油箱、各油孔油道、沟槽、油池等进行一次彻底清理，确保油系统的干净。

④转子扬度的调整

测调转子扬度可配合轴承调整进行，转子扬度用水平仪在轴颈上测量，转子扬度要求保证后轴承部位水平为零向前扬起。

⑤转子找中心

转子找中心，以前后油挡洼窝为准，得用内径千分尺测检转子与洼窝的距离，使其上下左右误差范围为0.04~0.08mm，中心位置的调整可借助于轴瓦球面垫块调整垫片调整。

⑥转子轴颈晃度测检

测量方法：将百分表固定在轴承结合面上，表指针垂直指向轴颈，将圆周分成8等份，然后盘动转子一周，百分表起点读数和终点读数相同，证明表架设正确。随后正式转动转子，记录各点的读数值，取最大值与最小值之差，即为轴的晃度，其晃动值不应大于0.02mm。

⑦测量转子各端面瓢偏

转子的叶轮、推力盘、联轴节等部件的端面应精确地垂直轴线，但由于加工、装配等误差，必不同程度地存在这些平面与主轴线的垂直偏差，这些偏差程度用瓢偏度表示。

测量方法：将被测端面分成八等份，在直径相对称180°方向（靠近同边）各装一百分表，指针垂直端面，盘动转子一周检查表架设无误后，盘动转子，分别记录各测点两表的读数，根据相应公式计算瓢偏度。

⑧测量转子的弯曲度

为测量轴的最大弯曲部位和弯曲度，必须沿轴的同一纵断面装设数只百分表，转子分八等份，危急速断器向上为第一点，各表针垂直轴颈，盘动转子一周，记录各部位表读数（测量不少于两遍）。同一表所测相对180°的两个读数差的一半即为该部的弯曲度，最大弯曲度应不大于0.06mm。

转子弯曲测量全长不少于6点（可按各测点值用曲线图求出最大弯曲度和最大弯曲点）。

7）喷咀、隔板套、隔板、汽封安装

①喷咀的检查、安装

外观应无裂纹、铸砂、焊瘤及油污，喷咀与蒸汽室或喷咀槽的结合面应无油漆；喷咀组与蒸汽室的结合面，用涂色法检查接触面，应达75%以上，且无贯通密封面的缺陷，组装好的喷咀组应无松动，出汽口平齐；紧固喷咀用的单头螺栓、紧固力矩应符合制造厂要求，螺栓与销钉在扣盖前用电焊或用保险垫圈锁紧固定。

②隔板、隔板套检查安装

静叶片应无铸砂、焊瘤，外观检查无裂纹。边缘平整，无卷曲或突出且不得松动；隔板、隔板套各部位应无油脂，各结合面应无损伤、油漆、锈污，并清理出金属光泽；隔板阻汽片应完整无短缺、卷曲，边缘应尖薄，铸铁隔板应无裂纹、铸砂气孔等缺陷；隔板、汽缸间的各部间隙应符合图纸规定；检查静叶片，汽封套、轴封套的轴向窜量应符合制造厂规定。

③隔板找中心

隔板找中心是使隔板静叶的中心对准转子动叶的中心，并使隔板汽封获得均匀的间隙，为此必须将隔板洼窝中心与转子中心尽量重合。

找中心的方法：拉钢丝找中心。拉钢丝找中心以高低压缸前后汽封洼窝中心为准，拉中心钢丝线，隔板安装就位后，用内径千分尺测量隔板两侧及下部到钢丝的距离（测量时，千分尺装设耳机装置以提高测量的精度）。中心偏差（水平方向左右偏差）高压缸不大于0.05mm，低压缸不大于0.08mm，上下偏差只允许偏下，其差值不大于0.05mm。

对于偏差的调整可利用挂耳调整垫片调整，左右偏差过大可修整底部定位键。

隔板找中心所用钢丝，最好选用琴钢丝或弹簧钢丝，钢丝的直径要求均匀，不能有锈蚀、打结和死弯等。钢丝的拉紧，多用挂线锤的方法，若用螺丝拉紧，其拉力不易控制。当用线锤拉紧，线锤的重力即为钢丝的拉紧力，线锤的重力G一般在所拉钢丝抗拉强度的30%~80%范围内选取。

④汽封安装及调整

对汽封进行清洗检查，汽封齿、汽封套、汽封环和汽封片都按编号查对，配装修整装配时，将汽封环从汽封套中拆出逐一打字头编号，清理毛刺、油污，然后按标记复位，安装后用手压每块汽封环，应能自由压入和弹出，汽封环接口应留有间隙，其接口总间隙0.03~0.06mm。

　　用贴胶布着色检查法检测汽封径向的上下侧间隙，转子吊入前，在各汽封片两端贴医用胶布，胶布厚 0.25mm，前、后汽封隔板汽封贴两层（搭接），在转子汽封部位轻涂以红丹漆，吊入转子，盘动转子之后吊出转子查看磨痕来判别间隙的大小。汽封径向的左右侧间隙应用塞尺进行测量。

　　汽封间隙的调整方法：径向间隙可调整汽封环的支承面，轴向间隙可以修磨一侧，另一侧用加垫的方法解决。

　　测量汽封轴向间隙时，转子的位置应正确，用楔型塞尺进行测量。

　　8）通流部分间隙调整

　　汽缸内动静部分的间隙统称通流部分间隙，在这些间隙中以喷咀和动叶片间的轴向间隙对机组的安全经济运行影响最大，应认真检查调整。

　　①通流间隙的测量

　　通流间隙的测量在隔板找好中心线，各汽封安装清理好后进行，其方法是：把转子吊入汽缸内，装好上下推力轴承，沿汽流方向将转子推向极端（推力瓦紧靠推力盘）然后测量，将转子危急遮断器飞锤放在上方位置作为第一点，在 0°~180°，90°~270°对称四个位置测量，以比较对称两侧的间隙值，中分面两侧轴向、径向间隙可用塞尺测量。

　　②通流间隙的调整

　　通流部分及汽封轴向间隙不合格时，与制造厂协商处理。

　　9）汽轮机扣大盖

　　汽轮机扣大盖是汽轮机本体安装过程中一个很重要的程序，它是在汽轮机本体调整等都达到规范和厂家图纸技术要求的情况下进行，扣大盖前要对整个安装过程做一次全面检查（包括施工记录），以确保扣大盖工作万无一失。扣大盖的方法、程序和注意事项如下：

　　①方法程序

　　试扣大盖：按正式扣大盖的质量检查标准进行试扣大盖，将汽缸内各零部件全部清理出来，清理检查各部，按程序复位。复测汽封套、隔板与汽缸间的径向间隙，紧好汽缸 1/3 连接螺栓，盘车侧听汽缸内部声响，无任何摩擦、碰撞方为合格。

　　正式扣大盖：清理汽缸各洼窝，用压缩空气吹除一切灰尘、杂质，对各抽汽孔、疏水孔、仪表孔应反复吹除，确保畅通，清理油池，用白面团粘净一切杂质。

　　根据零部件编号按隔板、汽封套、汽封片、轴承、转子等顺序进行，紧固各连接螺栓，锁紧各垫片。

　　汽缸盖吊装清理，找平。

　　②吊装就位

　　沿导向杆慢慢落下，到距结合面有 250mm 左右时，加密封涂料，待将要结合时将定位销装上，然后落下紧 1/3 螺栓，盘车听内部有无声响，一切正常扣大盖工作基本完成。

　　③汽缸上下连接螺栓紧固

　　汽缸扣大盖检查一切正常办好签证，即可进行汽缸中分面连接螺栓的紧固，其方法程序如下：

　　冷紧：首先将连接螺栓在常温下紧固，紧固顺序是从汽轮机中部开始，左右对称两边紧，紧固应反复一次，最后紧固小螺栓，紧固用 1m 长的死扳手，两人紧，紧大螺栓，可加 1.5m 长的套管紧固，保证每个螺栓受力均匀。

热紧：对于制造厂要求热紧的螺栓，在冷紧的基础上再进行加热紧固，首先按要求做出热紧转角度（或弧长）的样板，标划在所紧螺栓螺帽与汽缸的配合面上。

热紧利用设备带的螺栓加热装置加热，控制温度在400℃以下，直至螺母能自由（轻力）转到所需的旋转角为止。

10）盘车装置安装

盘车装置安装注意：清理检查油路、喷油咀，确保畅通；着色检查齿轮啮合，涡轮涡杆咬合情况，应达到配合要求，检查配合间隙；盘车装置各水平和垂直结合面在不加涂料的情况下，0.05mm塞尺不应塞进；组装好的盘车装置用手操作，能灵活地咬合和脱开。

11）调节保护系统安装

调节保护系统不仅能保证机组在设计允许的各种运行方式下平稳地运行，同时也防止机组在突然甩负荷时转速超过限额的危险情况，以保证机组的安全运行。

①调速离心泵安装：测量油封环的径向间隙不大于0.05mm；检查主油泵中心跳动值，一般不大于0.03mm；泵轮两侧面与泵壳的轴向间隙应相等，密封环与泵壳间应有不大于0.05mm紧力；油泵出口止回阀应动作灵活，无卡涩。

②油动机安装：拆除油动机上盖取出活塞，清洗，用面团粘净杂物；取出油门阀蕊，检查套筒外观及各部尺寸，清理杂物毛刺等；油动机安装程序与拆除相反，各部件再安装配套检查其灵活性，不允许有卡涩，涂上汽轮机油后装配。

③调节保安部套解体检查注意事项：周围环境应干净，主要部件从拆到安装要由专人负责到底；拆卸时应作标记，各配合间隙原始尺寸应检测清楚并做详细记录，必要时画草图，组装时各标记应相符；清洗要用干净的煤油，用干净的白棉布擦拭（不能用纱布），擦干后加洁净的汽轮机油组装，组装时各滑动部分作全行程动作试验应灵活，各连接部分的轴应不松旷、不卡涩；各连接部分和固定的销、保险垫圈、开口销、锁紧螺母、紧固螺钉等物均应装好锁紧。

12）油系统安装

油系统是汽轮机组液压自动调节系统、保护系统的动力来源，并供给润滑用油，它由油泵、油箱、射油器、滤油器、冷油器等以及它们的阀门、油管道组成。

①辅助油泵、直流油泵安装

辅助油泵、直流油泵一般为整体到货，应按图纸进行解体清洗检查，检查各配合间隙。组装时，对密封环应特别仔细，摩擦面应光滑，在密封套筒中若采用软填料，应排列整齐，盘根接口应错开，压盖不要压太紧，压盖密封圈与转轴间隙应调匀，不能有摩擦。

②油箱、注油器安装

油箱安装：油箱除有储油作用外，还担负分离油中水分和沉淀杂质的作用，油箱安装要按设计标高和中心位置找平找正，然后检查各处开孔、内部隔板、滤网等与图纸相符，认真清洗油箱内部，用白棉布擦，用白面团粘净油箱内一切杂质，必要时做漏水试验，应无渗漏。油箱油位计浮球、指示杆完好，组装牢固与油箱垂直，上下动作灵活、平稳。

注油器安装：注油器悬挂于油箱盖板上，应进行解体清洗检查，检查喷咀、扩散管的喉部直径，喷咀至扩散管喉部距离应符合图纸要求，并做好记录，喷咀及扩散管应组装牢固，各边连接螺栓应用锁片锁紧，吸入口应在油箱最低位以下，吸入口的滤网应清洁完好。

③滤油器、冷油器安装

滤油器安装：滤油器安装好后应进行解体检查，滤油器内部应无短路现象，滤网的保护板应完好，孔眼无毛刺和堵塞，滤油器切换用阀门应灵活且严密，阀杆不漏油。

冷油器安装：冷油器安装前，要进行拆检，其水侧、油侧、铜管及管板等均应彻底清理干净，不得留有型砂、焊渣、油漆膜、锈污等杂物。管束、隔板与外壳的间隙及油的流向都应符合要求，水室与外壳的相对位置应使冷却水管道的位置和水流回路相符合，油侧各隔板位置正确，固定牢固，不得松旷，组装后其法兰及仪表孔均应严密封闭，油侧进行工作压力1.5 倍的水压试验。

④油管道安装方法及要求

为了确保液压供油系统的安装质量，除认真对油系统设备清洗、检查、组装外，其油管道的安装是主要环节。实践证明往往由于油管道安装处理不当，造成溢漏、系统堵塞和杂物进入设备中，从而造成运转不灵和损坏设备而返工的现象，现就油管路的配置、安装方法和程序介绍如下：

熟悉工艺流程和安装图纸，按下列工序配装：下料配管→预安装→部分焊接→酸洗→正式安装 →压力试验（系统）→油循环冲洗管道。

预安装后拆除时应编号、打标记，以防正式安装错乱，安装时各法兰密封垫要采用耐油石棉橡胶板（或金属缠绕垫），决不允许使用普通橡胶板、塑料板及普通石棉橡胶板。

油管道的焊接：油管道的焊接一般不用电弧焊，应用气焊或氩弧焊，因为电弧焊易产生焊渣，并沿焊口渗入管道内而附着在管道上，这种焊渣在酸洗和油循环中很不容易除掉，而在系统工作时由于压力、振动、温度高压油的冲刷等原因，就会被剥离而混入工作油中，造成堵塞调节保安系统或烧瓦等损坏设备的严重后果，所以油管道尽量避免使用电弧焊。

对于低压系统或高压系统，回油管路上较小直径的管子（$\phi38$ 以下）可考虑采用气焊。

最理想的焊接方式为氩弧焊，焊口质量好，焊道表面无焊渣，对于大直径或厚皮管道可采用氩电连焊的方法。焊接时应尽量采用转动焊，焊接场地要有防风、雨、雪的措施。

安装时的注意事项：每根油管的内都应彻底清扫，不得有焊渣、锈污、剩余纤维和水分等，清扫时采用化学酸洗法。油管道清扫封闭前管道上所有测温、测压等孔全部做好，清扫封闭后不得再在上面钻孔、气割或焊接，否则必须重新清理、检查、封闭。

⑤管道的酸洗处理

液压润滑油管道的内部除锈、油污及杂质的清理一般采用酸洗清理法，现就其施工工艺和要求简介如下：脱脂→水冲洗→酸洗→中和→钝化→水冲洗→干燥→喷涂防锈油（剂）→封口。

13）凝汽器安装

由于凝汽器安装在汽轮机下面，与汽轮机低压缸排汽接管相连，且体积大、质量大，所以在汽缸就位前必须先将凝汽器就位，其安装程序和方法如下：

①对凝汽器的基础进行复验，测量冷凝器基础标高和中心位置，应与汽轮机相对标高、中心相符合。

②修整垫铁位置，配置垫铁，使之达到规定标高。

用行车吊起凝汽器放在临时支承的四个千斤顶上，就位前弹簧座架先不装，以防弹簧过载变形。

调整凝汽器中心位置，并将座脚调整至弹簧座架的距离约为弹簧的实际高度，然后对座脚进行一次灌浆、养生期后，把弹簧及其他零件装好，松开千斤顶，使设备压在弹簧上，弹簧倾斜全长不大于10mm。

穿管前必须对管板、隔板及管子进行详细检查，各项指标都应符合规范要求，抽查管子的质量，检查管子的剩余应力，工艺性能、做压扁试验、扩张试验，不合格时要处理后再进行下一步工作。

③胀管用自动胀管器，为保证胀管质量，可抽几根试胀，合格后再正式胀。

胀管长度为管板厚度的7/8～6/8范围内，管子露出管板长度为1～3mm，进水端扩大成喇叭形。胀管结束后即可进行渗水试验，灌水前要进一步对弹簧支座进行加固，不能使之因过载而变形。

④凝汽器进口平面与排汽接管底面焊接时应先点焊，然后对称向四周焊。焊接前，在排汽缸四周架上百分表（竖直指向排汽缸），焊接时密切注意表的变化，当表指示变化超过0.1mm时，应停止焊接，待表针恢复后再焊。

⑤待汽缸找平、找正结束，凝汽器、排汽接管、排汽缸连接好后再灌两次浆。

5. 发电机组的安装

因为发电机的标高和轴向中心都以汽轮机为基准，所以发电机的安装调整在汽轮机本体安装完毕、扣上盖后进行，其安装程序和注意事项如下：

（1）发电机基础清理、检查、划线、垫铁配置与台板安装同时进行，其方法基本相同，这里不再详述，但须注意以下几点：

安装前除基础完好外，装空冷器的风室，内壁应粉刷光滑，并刷漆；发电机台板中心纵向要与汽轮机中心线重合，横向中心线的确定，要根据制造厂提供的磁力中心偏移数值而定；为便于在安装和检修中调整发电机空气间隙，在轴承座与台板间，应垫上不小于2mm的调整片，在定子与台板之间也应垫调整垫片，后轴承座下要垫绝缘板（设备带），在计算台板标高时，这些垫片厚度应考虑进去；台板就位后，即可穿上地脚螺栓，相应标高调好后初步紧固，当汽轮机安装好后，再以汽机为准，精调标高及校正中心线。

（2）定子安装

在定子安装前，按图纸尺寸在台板上划出纵横中心线，并打上详细标记，在定子座外侧面也要划出中心线，以供安装就位时与台板中心相对。

定子就位时，纵横中心一定要对准台板中心线，以汽轮机为准。用钢丝（过定子中心）找正定子位置。

（3）转子安装

①转子的清洗检查

对转子轴上的防锈涂料，可采用煤油擦洗，不准用金属器具和砂布刮擦，清洗好的轴还应用黄麻或羊毛毡抛光处理，然后测量轴的椭圆度和不柱度，其方法和测汽轮机转子相同，对转子铁芯部分的沟槽更应认真清理，决不允许任何金属杂质存留，同时对定子再次清理吹净。

②转子吊装

转子吊装可采用预先将发电机后轴承座与转子装在一起的办法，以便转子重心向后轴承方向移动，为保护轴颈和轴瓦，在用后轴承座配重时，应用橡皮将轴包垫起来。

吊装转子时，将绑扎位置用长木板若干，或垫橡胶板，穿转子前，在定子内垫 3 ~ 5mm 的橡皮，约占圆周 1/3 的位置。

将转子吊平（可用方水平找平），对准定子中心，使转子平稳地装入发电机定子内，待联轴器伸出并能固定吊装点时，吊装点移向联轴器，继续向前滑，直到前轴承（3#轴承）放在前轴承座轴瓦内为止，然后将前后轴承清理好复位。

（4）轴承安装

发电机轴承的安装、清洗、检查、研刮、间隙调整等方法与汽轮机轴承安装相同。

①发电机后轴承座的绝缘：发电机内所产生的轴向电流会造成轴颈的腐蚀、轴瓦熔化及油质破坏，轴电流是由于发电机内部产生绕轴的变换磁流所引起的，该磁流发生在下列情况：发电机转子与静子空气间隙不均匀，系统内短路，转子线圈及励磁回路绝缘破坏，如果使后轴承座有可靠的绝缘，就可以切断电流的回路，防止轴电流的形成。为此，在发电机后轴承座下垫上绝缘板，同时在固定螺丝上套绝缘套管，此外与轴承座相连的各管路的螺丝、法兰也应加绝缘套管和垫。

②对于绝缘的要求：绝缘垫板最好是整体的，每组不应超过两层，应和调整钢制垫交错放置，垫板应比轴承座每边宽 20mm，在安置垫板时应清理干净，尤其四周不应有水分和铁杂质，以免影响绝缘效果。

绝缘垫安装完毕即通知电气人员检测轴承座与基础台板间的绝缘电阻，测量绝缘电阻时应先将后轴承座上轴瓦拆除，用吊转子工具吊起转子，使之不与轴承座接触。

（5）调整发电机与汽轮机的同心

目的是使发电机转子通过联轴器与汽轮机转子连成一平滑连续曲线。利用百分表测量（条件不允许也可用塞尺塞量），其具体方法步骤如下：

①百分表的装设：将百分表架固定在汽轮机转子联轴器上，百分表指在发电机转子联轴器上，径向表一块，端面表两块（位置相差 180°，对称），表针要垂直接触所在的面。两联轴器用四条比联轴器连接螺栓孔径小 2mm 的螺栓连接，端面应留 1mm 以上的间隙，以保证两联轴器不碰击。百分表装好后，两联轴器同时转动（按运转方向），从 0° 开始，每转 90° 测量记录一次。

②测量读数记录及误差值计算：在转动转子前两联轴器应对应打一标记，转子无论转到哪一角度位置，都要对准标记，每确定一次径向误差都要按上面的方法检验其测量的准确性，然后按确定的不同心不平行差量进行调整。

③左右轴向偏差值亦不应大于 ±0.03mm：为了保证调整的准确性，在调整位移时应架上百分表，移动量从百分表可直接显示出来，以避免调整过量或欠调。

（6）发电机磁力偏移值的测量与调整

为了保证发电机的电气性能，必须使运行状态下发电机的定子与转子的中心保持一致。由于在运行状态下，汽轮机因受热膨胀影响到发电机转子的热膨胀伸长，使发电机转子中心向后偏移一数值，此数值制造厂一般已给出，所以在安装发电机时，使定子中心预先向后移动这一偏移值，以保证运行时发电机转子的磁力中心与定子中心重合。

（7）发电机定子、转子空气间隙的测量调整

发电机定、转子空气间隙调整是控制定、转子的相对位置，空气间隙不均匀会引起轴电流，使定子线圈局部发热，还会引起汽机运行时振动加大，所以定、转子空气间隙应调整至

四周尽量相等。

测量调整方法：将定子、转子相对分四等份作上标记，而后按运行时旋转方向盘动转子，每转 90°，测量发电机两端定子与转子四周的间隙，这样转子转一周后每一侧间隙可得四组数值，取其平均值应相等，其偏差值不应超过平均值的 10％，否则应调整定子的左右位置和垫板高低来满足要求。

测量工具专用调整螺丝使其测量杆能塞进定子、转子气隙中测量，各测点的测量松紧程度应保持一样，然后用外径分尺测量数值，即为定、转子气隙。

（8）励磁机安装

汽轮发电机组所配的励磁机一般由一台主励磁机和一台副励磁机组成，其主机采用一台三相交流无刷励磁机，副机采用一台单相永磁发电机，主副励磁机设计在同一闭路管道通风壳体内，它的进风、出风全通到励磁机底架，然后再到同步发电机进风口处。

发电机定子、转子安装完毕后，将励磁机整流环上与励磁机导电杆相连一面的固定快速熔断器上的螺母卸下，并卸下熔断器，将励磁机转子的带绝缘轴头上的螺钉，导电铜排与发电机导电杆相连接的螺钉，整流环与磁机转轴相连的螺钉分别卸下。

将励磁机定子端盖（非永磁机）卸下，将永磁机定子和励磁机定子整体吊装到励磁机底板上并垫好垫片就位，按图纸要求调好永磁机和励磁机定、转子间隙 ｛［最大（小）值－平均值］／平均值≤5％｝，固定好励磁机、永磁机定子。

将整流环装到励磁机轴上并均匀地紧好连接螺钉，然后装上快速熔断器，将保险片垫上旋紧螺母，将垫片垫好旋紧导电铜排与发电机导电杆相连的螺栓，保上保险片、垫片，再将轴头装上，均匀旋紧螺钉。

将外端端盖、出风口分别安装到位，调整好风扇与端盖间的间隙，装上全部定位销并旋紧螺钉。

（9）空气冷却器安装

空气冷却器安装前应认真检查，并分组或整体做水压试验，安装时应按设计标高和中心位置对正，为使冷却器与风道等联接部位接合严密，需用毛毡填缝密封。

冷却器安装应有一定的斜度，以便检修时使管部的水滴干。

（10）汽轮发电机组二次灌浆

二次灌浆前机组应安装结束，并经检验合格，尤其扣大盖证书及隐蔽工程安装，检查记录齐全；各地脚螺栓紧牢固，各垫铁组接触配合良好，层与层间点焊牢固；按技术文件要求配制混凝土，并做试块；灌浆前基础底面应打扫干净，洒上水。浇灌时应捣固好，不要碰垫铁和螺栓；对设备、特别是发电机后轴承座的绝缘板、台板的滑动面以及发电机下部的电气设备等处应有妥善的保护，以免二次灌浆将其弄湿；浇灌完毕后，对飞溅到设备和螺栓表面的灰浆应立即擦拭干净，并按要求对灌浆层进行养护。

参 考 资 料

[1]　工信部. 水泥工业"十二五"发展规划. 工信部 2011.11

[2]　王建芳，胡于圭. 水泥工业余热发电及其工程［M］. 北京：中国建材工业出版社. 2011.10

[3]　熊会思，熊然. 新型干法水泥厂设备管理与维修手册［M］. 中国建材工业出版社. 2011.3

[4]　彭宝利. 水泥生产工艺流程及设备参考图册［M］. 武汉理工大学出版社. 2011.3

[5]　张殿印，王纯. 脉冲袋式收尘器手册［M］. 化学工业出版社. 2011.3

[6]　昃向祯. 我国水泥工业的当前特征与发展趋势［J］. 新世纪水泥导报. 2011.1

[7]　工信部. 新型干法水泥窑纯低温余热发电技术推广实施方案. 工信部节［2010］25 号

[8]　国家建筑材料工业标准定额总站. 建材工业设备安装工程施工及验收规范［J］. 中国计划出版社. 2010.12

[9]　郝国明. 水泥工业发展状况及发展趋势［J］. 中小企业管理与科技. 2010.6

[10]　中国水泥网. 水泥窑纯低温余热发电技术大全（修订版）［M］. 中国建材工业出版社. 2010.2

[11]　中国水泥网. 水泥生产机械设备［M］. 中国建材工业出版社. 2009.3

[12]　住建部. GB 50295—2008 水泥工厂设计规范［J］. 中国计划出版社. 2008.9

[13]　丁奇生，刘龙，陈建南，赵介山. 水泥熟料烧成工艺与装备［M］. 化学工业出版社. 2008.1

[14]　肖争鸣，李坚利. 水泥工艺技术［M］. 化学工业出版社. 2006.6

[15]　李海涛. 新型干法水泥生产技术与设备［M］. 化学工业出版社. 2006.1

[16]　温志德. 水泥厂投资估算指标［J］. 中国水泥. 2005.6

[17]　天津水泥工业设计研究院. 不同规模生产线设备配置与工程建设投资. 2005 中国国际水泥技术交流会. 2005

[18]　肖镇. 袋式除尘器在干法水泥生产中的应用［J］. 水泥工程. 2000.6

[19]　许良. 气箱脉冲袋式收尘器在水泥行业中的应用［J］. 江西建材. 1999.3

[20]　唐金泉. 水泥窑纯低温余热发电技术评价方法的探讨［J］. 中国水泥. 2007.5

[21]　蒋明麟. 我国能源形势与水泥工业的节能任务［J］. 建材发展导向. 2007.6

[22]　吴中伟. 我国水泥工业发展的方向［J］. 中国建材. 1997.4.